高等学校"十三五"规划教材

U0228491

普通化学实验

第三版

李金灵　张　黎　李聚源　主编

化学工业出版社

·北京·

《普通化学实验》（第三版）前五章对普通化学实验基础知识进行了介绍，如实验室常用仪器、实验室基本操作、普通化学微型实验、实验数据处理与实验报告的撰写等，相比于第二版，对常用仪器设备进行了更新，补充了一些精密仪器的介绍和使用，如红外光谱、X射线衍射、热重分析、透射电镜等。第6章共30个基础实验和综合性实验，第7章共17个设计性实验。本书实验项目选取注重经典和创新相结合，以培养学生严谨的科学态度，激发学生的探索精神。

《普通化学实验》（第三版）可作为理工类院校非化学化工类专业的教材，也可供相关人员参考。

图书在版编目（CIP）数据

普通化学实验/李金灵，张黎，李聚源主编. —3 版.
—北京：化学工业出版社，2019.7（2022.9重印）
高等学校"十三五"规划教材
ISBN 978-7-122-34098-6

Ⅰ.①普…　Ⅱ.①李…②张…③李…　Ⅲ.①普通化学-
化学实验-高等学校-教材　Ⅳ.①O6-3

中国版本图书馆 CIP 数据核字（2019）第 049610 号

责任编辑：宋林青　　　　　　　　文字编辑：刘志茹
责任校对：王鹏飞　　　　　　　　装帧设计：关　飞

出版发行：化学工业出版社（北京市东城区青年湖南街13号　邮政编码100011）
印　　装：北京科印技术咨询服务有限公司数码印刷分部
787mm×1092mm　1/16　印张11¾　彩插1　字数326千字　　2022年9月北京第3版第4次印刷

购书咨询：010-64518888　　　　　售后服务：010-64518899
网　　址：http://www.cip.com.cn
凡购买本书，如有缺损质量问题，本社销售中心负责调换。

定　　价：32.00元　　　　　　　　　　　　　　　版权所有　违者必究

前言

　　《普通化学实验》自第二版出版以来，已逾十载。在使用过程中，收到了使用者的很多宝贵意见和建议。鉴于当前高等教育教学改革的不断深化，尤其是目前高等学校的教学水平评估、专业认证等工作对高等教育教材提出了更高的要求，因此，有必要对本书进行修改，增补相关内容，以适应各兄弟院校、各理工科非化学化工类专业在普通化学课程实验开设时的多样性要求。

　　目前，我国高等教育的课程设置计划中，"普通化学"仍然为理工科非化学化工类专业必修的重要基础课，而"普通化学实验"是"普通化学"课程的重要实践教学环节。在理论课教学过程中，针对不同的专业，在教学重点和难点上已经有了一定的区分，但是在"普通化学实验"的开设中，专业性区分不是很明显，没有充足的实验让学生进行选择。这次修订的指导思想是：①加强基本概念、基本理论和基本技能训练，在原教材基础上对于基本的实验操作进行分类和细化，增加一些基本操作方法。②对实验中需要用到的各种仪器设备进行了一定的更新，将分析天平、电子天平这些目前已经被广泛使用的仪器放到了基本操作中进行介绍，增加了一些目前常用的精密仪器，如红外光谱分析、X射线衍射、热重、透射电镜等仪器。③注重新实验方法的引入，如微型反应和手持式反应的引入，满足了化学实验绿色环保和即时性的发展要求。④增加了一些综合性和设计性实验内容，对于各类实验提供了实验范例，帮助学生更好地理解设计性实验的性质，能自主地进行实验设计和实施，提高学生的动脑、动手能力，培养学生理论与实践相结合的能力。

　　本书在修订中得到了西安石油大学化学化工学院的领导及同事的热心帮助，也得到了化学工业出版社的热情支持和帮助，在此表示衷心感谢。

　　限于编者水平，书中还存在很多不足之处，敬请读者批评指正。

编者

2019年5月于西安石油大学

目 录

第1章 绪论 ……………………………………………………………………………… 1

1.1 普通化学实验的目的和要求 …………………………………………………… 1

1.2 实验室守则 ……………………………………………………………………… 1

    1.2.1 学生守则 ………………………………………………………………… 1

    1.2.2 实验室工作守则 ………………………………………………………… 2

    1.2.3 实验守则 ………………………………………………………………… 2

1.3 实验室安全基本知识 …………………………………………………………… 3

    1.3.1 实验室安全规则 ………………………………………………………… 3

    1.3.2 实验室常见急救用具 …………………………………………………… 3

    1.3.3 实验室中意外事故的处理 ……………………………………………… 3

1.4 学生损坏实验仪器的赔偿制度 ………………………………………………… 4

1.5 实验室废物的处理 ……………………………………………………………… 4

第2章 普通化学实验的常用仪器及使用注意事项 ……………………………… 5

2.1 普通化学常用仪器 ……………………………………………………………… 5

2.2 玻璃仪器的洗涤与干燥 ………………………………………………………… 13

    2.2.1 玻璃仪器的洗涤 ………………………………………………………… 13

    2.2.2 玻璃仪器的干燥 ………………………………………………………… 14

2.3 玻璃仪器的简单加工 …………………………………………………………… 14

    2.3.1 玻璃仪器的截断与熔光 ………………………………………………… 14

    2.3.2 玻璃管的弯曲 …………………………………………………………… 15

    2.3.3 玻璃管拉细和滴管的制作 ……………………………………………… 16

2.4 试剂的取用 ……………………………………………………………………… 16

    2.4.1 化学试剂的级别 ………………………………………………………… 16

    2.4.2 固体、液体试剂的取用 ………………………………………………… 16

2.5 称量 ……………………………………………………………………………… 18

    2.5.1 托盘天平 ………………………………………………………………… 18

    2.5.2 分析天平 ………………………………………………………………… 19

    2.5.3 电子天平 ………………………………………………………………… 23

2.6 加热 ……………………………………………………………………………… 25

2.6.1　酒精灯 ··· 26

2.6.2　酒精喷灯 ·· 26

2.6.3　煤气灯 ··· 27

2.6.4　水浴加热 ·· 28

2.6.5　油浴和沙浴加热 ··· 29

2.6.6　电加热 ··· 29

2.7　溶解、蒸发与结晶 ·· 30

2.7.1　溶解 ··· 30

2.7.2　蒸发 ··· 30

2.7.3　结晶 ··· 31

2.8　固-液分离 ·· 31

2.8.1　倾析法 ··· 31

2.8.2　过滤法 ··· 32

2.8.3　离心分离法 ··· 34

2.9　气体的发生、净化与收集 ······································ 35

2.9.1　启普发生器 ··· 35

2.9.2　气体钢瓶 ·· 36

2.9.3　气体的干燥和净化 ·· 36

2.9.4　气体的收集 ··· 37

2.10　温度的控制与测量 ··· 37

2.10.1　温度的控制 ··· 37

2.10.2　温度的测量 ··· 37

2.11　干燥器的使用 ··· 38

2.12　玻璃量器及使用 ·· 38

2.12.1　量筒的使用 ··· 38

2.12.2　容量瓶的使用 ··· 39

2.12.3　移液管的使用 ··· 40

2.12.4　滴定管的使用 ··· 41

2.13　试纸 ··· 44

2.13.1　pH 试纸 ·· 44

2.13.2　石蕊试纸 ·· 44

2.13.3　碘化钾-淀粉试纸 ·· 44

2.13.4　醋酸铅试纸 ··· 44

第3章　普通化学微型实验简介 ································· 45

3.1　微型化学实验的发展历史 ······································· 45

3.2　微型化学实验的特点 ··· 46

3.3　微型化学实验的仪器 ··· 46

3.3.1　成套玻璃仪器及一些单元操作装置 ······························ 46

3.3.2　高分子材料制作的仪器 ··· 48

3.3.3　微型仪器的组装示例 ··· 51

第4章　普通化学实验的精密仪器 ··· 52

4.1　pH 计 ·· 52
4.1.1　pH 计的组成 ··· 52
4.1.2　pH 计的工作原理 ·· 52
4.1.3　pB-10 型 pH 计的外形及功能 ·· 53
4.1.4　pB-10 型 pH 计的使用方法 ·· 54
4.1.5　pHS-25 型数显酸度计的使用方法 ·· 58

4.2　分光光度计 ··· 59
4.2.1　测定原理 ··· 59
4.2.2　721 型分光光度计 ·· 60

4.3　阿贝折射仪 ··· 62
4.3.1　阿贝折射仪的组成 ·· 62
4.3.2　阿贝折射仪的工作原理 ··· 64
4.3.3　阿贝折射仪的使用 ·· 65
4.3.4　注意事项 ··· 66
4.3.5　维护与保养 ··· 67

4.4　电导率仪 ·· 67
4.4.1　测量原理 ··· 67
4.4.2　操作步骤 ··· 67

4.5　旋转蒸发仪 ··· 68
4.5.1　旋转蒸发仪的基本操作 ··· 69
4.5.2　旋转蒸发仪的使用方法 ··· 70

4.6　索氏提取器 ··· 70
4.6.1　索氏提取器组成及工作原理 ·· 70
4.6.2　索氏提取器萃取操作 ·· 71

4.7　X 射线衍射仪 ··· 71
4.7.1　工作原理 ··· 71
4.7.2　X 射线衍射仪的结构 ·· 72
4.7.3　衍射实验方法 ··· 72

4.8　红外光谱技术 ··· 72
4.8.1　红外光谱简介 ··· 72
4.8.2　傅立叶变换红外光谱介绍 ·· 74

4.9　热重分析法 ··· 76
4.9.1　TG 和 DTG 的基本原理与仪器 ·· 76
4.9.2　影响热重分析的因素 ·· 78
4.9.3　热重分析法的应用 ·· 78
4.9.4　操作过程 ··· 78

4.10　差示扫描量热法（DSC） ··· 79

4.10.1 实验原理 ……………………………………………………… 79

4.10.2 影响 DSC 曲线的因素 ………………………………………… 80

4.10.3 耐驰公司 400PC DSC 仪使用方法 …………………………… 81

4.10.4 DSC 在高聚物研究中的应用 ………………………………… 82

第5章　实验数据处理及实验报告的书写 …………………………… 84

5.1 误差及有效数字的处理 ……………………………………… 84

5.1.1 误差 ………………………………………………………… 84

5.1.2 测定数据的取舍 …………………………………………… 86

5.2 有效数字 ……………………………………………………… 88

5.2.1 有效数字的概念 …………………………………………… 88

5.2.2 有效数字使用规则 ………………………………………… 88

5.3 实验报告书写方法 …………………………………………… 89

5.3.1 实验结果的表达 …………………………………………… 89

5.3.2 实验报告的书写 …………………………………………… 91

5.3.3 实验报告的基本格式 ……………………………………… 91

第6章　基础实验和综合性实验 …………………………………… 95

实验一　分析天平的称量练习 …………………………………… 95

实验二　化学反应摩尔熔变的测定 ……………………………… 96

实验三　醋酸解离度和解离常数的测定 ………………………… 100

实验四　氧化还原反应与电化学 ………………………………… 102

实验五　碳酸氢钠的制备 ………………………………………… 107

实验六　邻菲啰啉分光光度法测定铁 …………………………… 109

实验七　s 区、p 区元素 ………………………………………… 111

实验八　d 区元素与配位化合物 ………………………………… 116

实验九　去离子水的制备与检验 ………………………………… 121

实验十　自来水硬度的测定 ……………………………………… 123

实验十一　钙离子含量的测定——EDTA 法 …………………… 125

实验十二　硫酸根含量的测定——重量法 ……………………… 127

实验十三　水溶性表面活性剂临界胶束浓度的测定 …………… 128

实验十四　分子筛的合成 ………………………………………… 129

实验十五　塑料电镀 ……………………………………………… 130

实验十六　阿司匹林——乙酰水杨酸的合成 …………………… 133

实验十七　复方阿司匹林片中主要成分的分离与鉴定 ………… 135

实验十八　磺胺嘧啶银的合成 …………………………………… 137

实验十九　茶叶中茶多酚的提取 ………………………………… 139

实验二十　蔬菜中天然色素的提取、分离和测定 ……………… 141

实验二十一　聚乙烯醇缩甲醛反应制备胶水 …………………… 144

实验二十二　彩色电视三基色（红、绿、蓝）荧光粉的制备 …… 147

实验二十三　新型汽油、柴油消烟剂——二茂铁的制备 ·········· 149

实验二十四　由废定影液制备金属银和硝酸银 ·········· 151

实验二十五　纳米材料的合成及表征 ·········· 152

实验二十六　差示扫描量热法 DSC 测定聚合物的热性能 ·········· 155

实验二十七　均相沉淀法制备纳米 CeO_2 ·········· 156

实验二十八　洗衣粉中活性组分与碱度的测定 ·········· 158

实验二十九　利用微型实验仪器电解水实验设计 ·········· 160

实验三十　　利用手持技术研究酸碱中和反应电导率的变化规律 ·········· 161

第7章　设计性实验 ·········· 164

选题一　pH 试纸的系列微型化学实验 ·········· 165

选题二　稀溶液通性实验 ·········· 166

选题三　缓冲溶液的配制及缓冲性能实验 ·········· 167

选题四　催化剂对反应速率的影响 ·········· 167

选题五　氧化剂氧化能力大小的比较 ·········· 167

选题六　配合物的磁性实验 ·········· 167

选题七　碳酸盐的热稳定性 ·········· 168

选题八　铬酸盐与重铬酸盐的相互转化 ·········· 168

选题九　银氨配离子配位数的测定 ·········· 168

选题十　凝固点下降法测定分子量 ·········· 169

选题十一　醋酸解离常数的测定 ·········· 169

选题十二　盐类溶解热的测定 ·········· 170

选题十三　中和热的测定 ·········· 170

选题十四　1,2,4-三唑的制备 ·········· 171

选题十五　橘皮中果胶和橙皮苷的提取 ·········· 171

选题十六　利用手持技术研究酸碱中和反应 pH 值的变化规律 ·········· 172

选题十七　利用手持技术进行"温室效应"的探究 ·········· 172

附录 ·········· 175

1. 常用酸、碱的质量分数和相对密度（d_{20}^{20}） ·········· 175

2. 常见离子和化合物的颜色 ·········· 175

3. 弱酸弱碱的解离平衡常数 K ·········· 176

4. 标准电极电势 $E^{\ominus}$（298K） ·········· 176

5. 常见难溶电解质的溶度积 K_{sp}（298K） ·········· 178

6. 常见配离子的稳定常数 $K_稳$（K_f） ·········· 178

参考文献 ·········· 180

第1章

绪　论

1.1　普通化学实验的目的和要求

普通化学是非化学化工专业理工科学生必修的一门重要基础课，是化学中较早建立的一个分支，是培养高级工程人才综合素质和创新能力的必修基础课，要想充分领会和掌握普通化学的基本理论和基础知识，必须认真进行实验。普通化学实验是普通化学课程中不可缺少的重要组成部分，是培养学生独立操作、观察记录、分析归纳、设计方案、撰写报告等多方面能力的重要环节。普通化学实验教学目的如下：

（1）通过实验获得感性知识，帮助或加深对课堂讲授的基本理论和基础知识的理解，使课堂中讲授的重要理论和概念得到验证、巩固、充实和提高。普通化学实验不仅能使理论知识形象化，而且能使学生的感性认识升华为理性认识。

（2）正确掌握普通化学实验的基本操作方法和技能技巧，学习一些化学实验仪器的操作方法，使学生动手能力和化学素质得到提高，并为以后从事相关专业实验打下良好的基础。

（3）培养学生独立进行实验、独立思考、独立工作的能力。通过独立设计实验方案、细致观察和记录实验现象、分析和归纳实验结果，以及正确处理实验数据、撰写实验报告等教学环节，使学生得到化学实验过程的基本训练。从而提高发现、分析和解决化学问题的能力。

（4）化学实验也是训练学生非智力素质的理想场所，包括艰苦创业、勤奋不懈、谦虚好学、乐于协作、求实、求真、创新、奋进等科学品德和科学精神的训练，使学生养成整洁、节约和有条不紊的工作作风。

（5）通过实验逐步树立"实践第一"的观点，养成实事求是的科学态度和科学的逻辑思维方法。

普通化学实验是在大学一年级为非化学化工专业的理工科学生开设的，具有一定的启蒙性，要达到上述目的，完成普通化学实验教学的任务，同时为今后专业实验的学习打下基础，教与学的双方都必须积极努力。

1.2　实验室守则

1.2.1　学生守则

预习是实验前必须完成的准备工作，是做好实验的前提。为确保实验质量，学生必须完成以下内容：了解本实验的目的，明确实验原理以及实验的主要内容；了解实验所用仪器的正确操作方法和主要事项；在预习的基础上写出预习报告，其内容包括实验目的、实验原理和实验步骤等。进入实验室后将报告交给教师检查，无预习报告者不得进行实验。

1.2.2 实验室工作守则

（1）实验前清点仪器，如发现有破损或缺少，应立即报告教师，按规定手续向实验技术员补领。实验时仪器如有损坏，按学校仪器赔偿制度进行处理。未经教师同意，不得拿用别的位置上的仪器。

（2）实验时保持肃静，集中思想，认真操作，仔细观察现象，如实记录结果，积极思考问题。

（3）实验时应保持实验室和桌面清洁整齐。废纸、火柴梗和废液等应倒在废物缸内，严禁倒入水槽内，以防水槽和下水道堵塞或腐蚀。

（4）爱护公共财产，小心使用仪器和实验室设备，注意节约水、电和煤气。

（5）使用药品应注意下列几点：

① 药品应按规定量取用，如果书中未规定用量，应注意节约，尽量少用。

② 取用固体药品时，注意勿使其洒落在实验台上。

③ 药品自瓶中取出后，不应倒回原瓶中，以免带入杂质而引起瓶中药品变质。

④ 试剂瓶用过后，应立即盖上塞子，并放回原处，以免和其他塞子搞错，混入杂质。

⑤ 各种公用试剂和药品，严禁拿到自己的实验桌上。

⑥ 实验后要回收的药品，应倒入指定的回收瓶中。

（6）使用精密仪器时必须严格按照操作规程进行，细心谨慎，如发现仪器有故障，应立即停止使用，及时报告指导教师。

（7）实验后，应将仪器洗刷干净，放回规定的位置，整理好桌面。

1.2.3 实验守则

（1）学生进入实验室必须遵守必要的安全措施，确保实验安全。

（2）遵守纪律，不迟到，不早退，保持室内安静，不要大声谈笑。

（3）实验完毕应洗净、放好玻璃仪器，整理好公用药品。实验室任何物品不得私自丢弃。

（4）学生轮流值日，负责打扫实验室卫生。整理实验室，检查水、电和门窗是否关好。

（5）完成实验报告

实验报告是实验结果的总结，也是把感性认识上升到理性认识的思维记录，是研究成果的结晶，必须认真完成。

实验报告的要求如下：

① 简明扼要阐明实验原理；

② 实验步骤尽量以表格、框图表达，文字要简明或以方程式表示；

③ 实验现象应描述准确，数据记录要真实并力求完整，绝不允许主观臆造，弄虚作假；

④ 解释现象应尽量言简意赅、表达准确，结论要有理有据；

⑤ 曲线、作图应采用坐标纸完成，坐标、点、线的绘制力求规范。

1.3 实验室安全基本知识

1.3.1 实验室安全规则

化学药品中有很多是易燃、易爆、有腐蚀性或有毒的，在进行化学实验时，不可避免地会遇到这些药品。因此，在实验室要有安全防范意识，严格遵守实验室的安全规则。

(1) 实验室内禁止吸烟、进食和打闹。

(2) 不得随意混合各种试剂药品，以免发生意外事故。

(3) 产生有毒或有刺激性气体的实验，应在通风橱内（或通风处）进行。

(4) 使用酒精、乙醚、苯等易燃、易挥发物质时，应远离火源，且使用完毕后立即盖紧瓶塞或瓶盖。

(5) 加热试管时，不要将试管口对着别人或自己，也不要俯视正在加热的液体，以免液体溅出伤害眼、脸。

(6) 嗅闻气体时，应用手将少量气体轻轻扇向自己，不要用鼻子对准气体逸出的管口。

(7) 使用具有强腐蚀性的洗液、浓酸和浓碱等，应避免洒在衣服和皮肤上，以免灼伤。稀释浓硫酸时，应将浓硫酸慢慢倒入水中，切不能将水倒入浓硫酸中，以免迸溅。

(8) 使用汞盐、铅盐、氰化物和氟化物等有毒物质时，不要接触皮肤和洒落在桌面上，用后的废液不能随意倾入水槽，应回收统一处理。

(9) 水、电、气用完后立即关闭，不要用湿手触摸电器设备，以防触电。

(10) 实验中如不慎发生割伤、烫伤，应先贴上创可贴，再到医院治疗。如不慎发生试剂燃烧着火等状况，不要惊慌，应及时用灭火器等扑灭。

1.3.2 实验室常见急救用具

(1) 消防器材：灭火器（如泡沫灭火器、四氯化碳灭火器、二氧化碳灭火器），黄沙等。

(2) 急救药箱：红药水、3%碘酒、紫药水、烫伤药膏、3%双氧水、70%酒精、2%醋酸溶液、饱和碳酸氢钠溶液、1%硼酸溶液、5%硫酸铜溶液、甘油、凡士林、消炎粉、绷带、纱布、药棉、棉签、橡皮膏、医用镊子、剪刀等。

1.3.3 实验室中意外事故的处理

(1) 烫伤：可用高锰酸钾或苦味酸溶液揩洗灼伤处，再搽上凡士林或烫伤油膏。

(2) 割伤：应立即用药棉揩净伤口，搽上龙胆紫药水，再用纱布包扎。如果伤口较大，应立即到医护室医治。

(3) 受强酸腐伤：应立即用大量水冲洗，然后搽上碳酸氢钠油膏或凡士林。

(4) 受浓碱腐伤：应立即用大量水冲洗，然后用柠檬酸或硼酸饱和溶液洗涤，再搽上凡士林。

(5) 吸入刺激性或有毒气体：如吸入氯、氯化氢气体时，可吸入少量酒精和乙醚的混合蒸气解毒；吸入硫化氢气体而感到不适时，立即到室外呼吸新鲜空气。

(6) 毒物进入口内时，把5~6mL稀硫酸铜溶液加入一杯温水中，口服后，用手指伸入咽喉部，促使呕吐，然后立即送往医院治疗。

（7）触电：立即切断电源，必要时进行人工呼吸。

（8）起火：一般小火可用湿布或沙土等扑灭，如火势较大，可使用 CCl_4 灭火器或 CO_2 泡沫灭火器，但不可用水扑救，因水能和某些化学药品（如金属钠）发生剧烈反应而引起更大的火灾。如遇电气设备着火，必须使用 CCl_4 灭火器，绝对不可用水或 CO_2 泡沫灭火器。

1.4　学生损坏实验仪器的赔偿制度

学生在进行实验时，如因不慎或违反操作规程损坏实验仪器和设备，均应酌情进行赔偿，以便加强教育，督促改进。赔偿的处理办法如下：

（1）学生在教学实验中损坏玻璃仪器超过允许损耗定额者（具体规定数字），应照价赔偿。

（2）实验中因违反操作规程所损坏的玻璃仪器一律应照价赔偿（不考虑是否超过损耗定额）。所损坏的精密仪器则视其情节及本人改正错误的表现，折价赔偿。

（3）学生损坏仪器后，应及时向指导教师报告，填写领取单及时办理补领手续。如不报不领，而乱用别人的仪器，一经发现，即取消其本学期可容许的损耗定额，所有损坏仪器均应照价赔偿，并根据情节及改正的表现，降低其实验考试（考核）成绩。

（4）学生在实验中所遗失的仪器，亦同损坏一样处理，按本办法（1）进行赔偿。

（5）学生办理赔偿收费手续，按院（系）的要求办理。如不按期办理者，即停止其参加实验课。如实属家庭经济困难，现时无法赔偿者，经院（系）领导批准，可延迟到毕业后领得工资时补交。

（6）实验开始前，实验室应向学生公布本实验课所用仪器的价格。损耗较多而又不认真改正的学生，其实验考试（考核）成绩亦应酌情降低。

1.5　实验室废物的处理

化学实验中要用到大量的化学药品，实验过程中产生的有害气体、固体废弃物等会对实验室内外的空气造成污染，因此在实验中应根据实验室废弃物的特点，做到分类收集、存放，集中处理。

实验过程中若有少量刺激性或有毒气体产生，应在通风橱内进行实验。

在化学实验中产生的废液不能随意倒入水池，而应倒入指定的容器内，待实验结束后统一处理。为使处理过程简便可行，应将各种废液按化学组成特点分类收集，切不可随意混合导致处理难以进行，甚至引起意想不到的危险。

实验中的固体废弃等杂物，不应随便丢弃，而应在指定的地方收集，统一倒掉。对一些用量较大的有机残渣和实验过程中浸有有害物质的滤纸、包药纸等废弃物，焚烧之后作深埋处理。

第2章

普通化学实验的常用仪器及使用注意事项

2.1 普通化学常用仪器

进行化学实验以前，必须先了解一些基本仪器的特性、用途和使用方法，实验时应严格遵守仪器的使用规则，这样才能使仪器在实验过程中不致发生故障或损坏，保证实验顺利进行。普通化学实验常用仪器及注意事项见表2.1。

表 2.1 常用仪器名称及用途

名称	常用规格	主要用途	使用注意事项
表面皿	直径 60mm、90mm、100mm	盛少量物质以备观察;用作烧杯或蒸发皿的盖子,防止液体溅出或灰尘落入等	不能直接加热、防止破裂;不能用作蒸发皿;直径要大于所盖容器
蒸发皿	通常为瓷质,也有玻璃、石英、铂制品,有平底和圆底之分;一般以口径(cm)或容积(mL)表示规格	用于蒸发和浓缩液体;使用时应根据液体性质选用不同材质的蒸发皿	一般放在石棉网上加热使其受热均匀,也可直接用火加热;蒸发皿能耐高温,但不宜骤冷
布氏漏斗、抽滤瓶	布氏漏斗一般为陶瓷质,以直径大小表示,规格分别有 60mm、80mm、100mm等;抽滤瓶为玻璃制品,以容量大小表示,有 100mL、250mL、500mL 等	抽滤瓶能进行真空反应,可以作为制取气体的发生器;与布氏漏斗配套使用,用于无机制备中晶体或沉淀的减压过滤	不能直接加热;滤纸要略小于漏斗的内径,又要把底部小孔全部盖住,以免漏滤;先抽气,后过滤,停止过滤时要先放气,后关泵

名称	常用规格	主要用途	使用注意事项
玻璃砂芯漏斗	按孔径大小,砂芯滤板可分成 G1~G6 号漏斗	减压过滤,与吸滤瓶配套使用	必须抽滤,不能骤冷骤热,不能过滤氢氟酸、碱液等;用毕立即洗净,以免沉淀物堵塞而影响过滤功效
滴瓶	颜色有无色或棕色;以容量(mL)大小表示规格,一般容量为 60mL	用于盛放少量液体试剂或溶液,便于取用	不能加热;滴管及瓶塞均不能互换;盛放碱液时,应用橡皮塞,且不能长期存放碱性溶液;滴管不能用水冲洗
胶头滴管	由尖嘴玻璃管和胶头组成	滴加少量试剂;吸取沉淀的上层清液以分离沉淀	滴加试剂时要保持垂直,避免倾斜,尤忌倒立;除吸取溶液外,管尖不可触及其他器物,以免沾污
量筒 量杯	以所能量度的最大体积(mL)表示规格,常用的有 10mL、50mL、100mL、250mL、500mL 等	在准确度要求不是很高时,按体积定量取液体	不能加热,不能用作反应器;不能配制溶液;不能量取热的溶液或液体;量取时液体沿壁加入或倒出
长颈漏斗 短颈漏斗	以口径(mm)表示规格	用于过滤或倾注液体;长颈漏斗适用于定量分析中的过滤操作,短颈漏斗可用于热过滤	不能直接用火加热;在气体发生器中,安全漏斗颈应插入液面内,防止气体从漏斗逸出

名称	常用规格	主要用途	使用注意事项
梨形分液漏斗　球形分液漏斗	以容量(mL)表示规格,按形状可分为球形、梨形、筒形和锥形等几种	分离两种互不相溶的液体,用于萃取分离和富集;制备反应中滴加液体(如恒压滴液漏斗)	磨口旋塞必须原配,漏水不能使用;不可加热
容量瓶	按颜色分为无色和棕色;按容量分为 5mL、25mL、50mL、100mL、250mL、500mL、1000mL 等	配制标准体积的标准溶液;溶液的定量稀释	不能加热;磨口塞要保持原配,不能互换,漏液不能使用;不能代替试剂瓶来存放溶液;不能进行质的溶解;溶剂总量不能超过容量瓶的标线;用毕及时清洗干净,塞上瓶塞
烧杯	大小以容量(mL)表示,一般有 5mL、10mL、15mL、25mL、50mL、100mL、250mL、500mL 等	配制溶液;物质的加热溶解、结晶;蒸发浓缩或加热溶液;反应器	不能直接加热,加热时置于石棉网上,使受热均匀;不能用于量取液体;不能用于长期存放化学药品;盛液体加热时,液体体积不超过烧杯容积的2/3;用于溶解时,液体体积不超过容积的1/3;溶解物质用玻璃棒搅拌时,不能触及杯壁或杯底
普通试管	分硬质试管、软质试管,有刻度试管、无刻度试管,有支管、无支管等	盛取液体试剂;加热少量固体或液体;少量试剂的反应器;收集少量气体的容器;具支试管可用于装配气体发生器、洗气装置和检验气体产物	加热时要预热,防止试管骤热而爆裂;加强热时要用硬质玻璃试管;装溶液体积不超过试管容量的1/2,加热时不超过试管容量的1/3;加热后不能骤冷,防止破裂;加热时使用试管夹,加热时试管外壁不能有水珠

名称	常用规格	主要用途	使用注意事项
离心试管	分有刻度和无刻度,有刻度的容量一般为 5mL、10mL、15mL 等	主要用作少量试剂的反应容器,便于操作与观察,还可以分离溶液和沉淀	不能直接加热,只能水浴加热;离心时,把离心试管插入离心机的套管内进行离心分离,反应液不超过容积的 1/2,取出时要用镊子
移液管 吸量管	大肚移液管只有一个刻度,有 5mL、10mL 和 50mL 等规格;吸量管有分刻度,按刻度的最大标度表示,有 1mL、2mL、5mL、10mL 等	准确量取一定体积的液体	使用前先用少量要移取的液体淋洗 3 次;不能在烘箱中烘干;不能量取太热或太冷的液体;一般移液管残留的最后一滴液体,不要吹出,但刻有"吹"字的完全流出式移液管要吹出;使用完毕后,立即冲洗干净
锥形瓶(三角烧瓶)	大小以容量(mL)表示,一般 25mL、50mL、100mL、250mL 等;分有塞、无塞等	用于滴定实验;用作反应容器;装备气体发生器	盛液不宜太多,以免振荡时溅出;加热时垫石棉网或置于水浴中
细口瓶 广口瓶	按颜色分为无色和棕色;按瓶口分为细口瓶、广口瓶;按容量表示有 60mL、125mL、250mL 等;瓶口上沿磨砂而不带塞子的广口瓶叫集气瓶	细口瓶盛放液体试剂,广口瓶盛放固体试剂;棕色瓶存放见光易分解或不太稳定的试剂;集气瓶用于收集气体	不能加热;盛放碱液时,细口瓶要用橡皮塞,不能长期存放碱性溶液;集气瓶收集气体后,用毛玻璃片盖住瓶口,以免气体逸出

名称	常用规格	主要用途	使用注意事项
酸式滴定管　碱式滴定管	以容量(mL)表示规格,常用的有 10.00mL、25.00mL、50.00mL 等;对于见光易分解的物质,用棕色滴定管	用于滴定分析或量取准确体积的液体,酸式滴定管还可用作柱色谱分析中的色谱柱	活塞要原配,漏水不能使用;不能加热;不能长期存放碱液;用毕立即洗净
研钵	以口径大小表示规格,有 60mm、75mm、90mm 等;按材质有瓷质、玻璃、玛瑙等	磨细药品或将两种或两种以上固态物质通过研磨混合均匀	不能作反应器;只能研磨不能捣碎,放入物质的量不宜超过容量的 1/3;易爆物质不能在研钵中研磨
点滴板	以孔数表示规格,瓷质,有黑色和白色之分	用于性质实验的点滴反应,有白色沉淀时用黑色点滴板	不能用于加热反应
试管架	按材质有木制、铝质或塑料,有 6孔和12孔	放置试管	加热的试管稍冷后放入试管架;铝质试管架要防止酸、碱腐蚀

名称	常用规格	主要用途	使用注意事项
试管夹 铜　木	按材质有木质和金属制品	用于夹持试管	夹在试管上端(离管口约2cm处);要从试管底部套上或取下试管夹,不得横着套进套出;加热时手握试管夹的长柄,不要同时握住长柄和短柄
毛刷	按清洗对象可分为试管刷、烧瓶刷、滴定管刷等	用于清洗玻璃仪器	小心刷子顶端的铁丝捅破玻璃仪器底部
坩埚	按材质有瓷坩埚、石英坩埚、刚玉坩埚等	灼烧固体物质;溶液的蒸发、浓缩或结晶	加热后不能骤冷
坩埚钳	铁或铜合金制品,表面常镀镍或铬	夹持热坩埚;加热坩埚时,夹取坩埚或坩埚盖子	不要和化学药品接触,以免腐蚀;放置时应将坩埚的尖端向上,以免沾污;使用完毕,擦干净,干燥放置
漏斗架	主要为木制,有分液漏斗架和普通漏斗架;漏斗板可上升下降,并以螺丝固定	用于过滤时支持漏斗	固定漏斗板时不能倒放

名称	常用规格	主要用途	使用注意事项
三脚架	铁制品,有大小、高低之分	放置坩埚;放置较大或较重的加热容器	三脚架的高度是固定的,一般是通过调整酒精灯的位置,使氧化焰刚好在加热容器的底部
泥三角	由铁丝扭成,套有瓷管	灼烧坩埚时放置坩埚用	不能猛烈撞击
药匙	由金属、牛角或塑料制成	取固体试剂,药匙两端各有一个勺,一大一小,根据用药量大小分别选用	大小的选择应以盛取试剂为准;取用一种药品后,必须洗净并用滤纸碎片擦干才能取用另一种药品;不能取热药品或接触酸、碱溶液
石棉网	由铁丝编成,中间涂有石棉,其大小按石棉层的直径表示,如10cm、15cm	加热玻璃仪器时,垫上石棉网,使受热物质均匀受热,不致造成局部过热	不能与水接触,以免石棉脱落或铁丝生锈
水浴锅	铝或铝制品	用于水浴加热	根据反应容器的大小,选择好圆环;经常加水,防止锅内水烧干;用毕应将锅内剩水倒出并擦干

名称	常用规格	主要用途	使用注意事项
酒精灯	按容量有 60mL、150mL 和 250mL 等	用于温度不太高的实验	灯芯不齐或烧焦,要进行修整;点燃时,应该用火柴点燃,不可用燃着的酒精灯直接去点燃;酒精灯内需要添加酒精时,应把火焰熄灭,然后用漏斗把酒精加入灯内,一般不超过其总容量的 2/3,不少于 1/4;熄灭酒精灯时,应将灯罩盖上即可,切勿用嘴去吹;加热时,若要使灯焰平稳,并适当提高温度可以加金属网罩
称量瓶	按瓶体可分为高型和低型,按磨砂口盖形式可分为内磨砂和外磨砂	用于易挥发、易潮解、易腐蚀的固体和液体称量时的盛放工具	盖子和瓶子配套使用,不能互换;使用前清洗干净、烘干、冷却后才能使用;使用时不能用手直接拿取称量瓶,可用干燥结实的纸条围在称量瓶外壁进行夹取
干燥器	以口部外径(mm)大小表示规格,分普通干燥器和真空干燥器	内放干燥剂,可保持样品或产物的干燥;定量分析时,将灼烧过的坩埚或烘干的称量瓶等置于其中冷却	使用时注意防止盖子滑动而打碎。热的物品需待稍冷后才能放入。干燥器内干燥剂要定期更换,磨口处要涂凡士林
铁架台 铁夹 铁环		用于固定或放置容器	

名称	常用规格	主要用途	使用注意事项
洗瓶	分塑料和玻璃的,以容量(mL)表示大小	装纯化水洗涤仪器或装洗涤液洗涤沉淀	不能装自来水,塑料洗瓶不能加热,也不要靠近火源,以免变形,甚至熔化

2.2 玻璃仪器的洗涤与干燥

化学反应常常是在玻璃仪器中进行的,用不干净的仪器进行实验,往往由于污物和杂质的存在而得不到正确的结果。因此,进行实验前应将仪器洗涤干净,用毕也应立即洗净。

2.2.1 玻璃仪器的洗涤

洗涤仪器的方法很多,应根据实验的要求、污物的性质和沾污的程度选择合适的方法进行洗涤。一般来说,附着于仪器上的污物主要有尘土和其他可溶性物质、不溶性物质、有机物质及油污等。针对这些情况,可采用下列方法进行洗涤。

(1)用水刷洗

即用毛刷蘸水刷洗,主要是洗去可溶性物质和附在仪器上的尘土、不溶性物质。对于试管、烧杯、量筒等口径相对较大的玻璃仪器或瓷器,可在容器内先注入1/3的自来水,选用大小合适的刷子刷洗,然后用水冲洗。

如果倾出水后,内壁能均匀地被水润湿而不沾附水珠,表示已经洗干净。然后根据实验要求决定是否需要用蒸馏水冲洗。

对于管口太小的仪器,如移液管等,洗涤时在管内灌(吸)入少量水,然后使仪器成水平状,转动仪器使水浸润管内所有部位。排出水后,再如此洗涤数次,然后用蒸馏水洗两遍。

另外,用毛刷洗涤试管时,注意刷子的毛必须"顺着"伸入试管中,并用手抵住试管末端,避免将底部穿破,如果刷毛"逆着"露出铁丝,容易将试管弄破。也不要同时抓住多支试管洗涤,应该一支一支地洗。

(2)用去污粉(或合成洗涤剂)洗

洗衣粉和洗洁精中含有碱性物质及表面活性成分,能去油污,洗涤效果较好。对试管、烧杯、量筒等普通玻璃仪器,可在容器内先注入1/3左右的自来水,选用大小合适的刷子沾取去污粉刷洗,去除油污。然后,再用自来水冲洗,最后用少量蒸馏水冲洗2~3次。

需要注意的是,容量仪器不能用去污粉洗刷内部,以免磨损器壁,使体积发生变化。

(3)用铬酸洗液洗

铬酸洗液简称洗液,由浓硫酸和重铬酸钾配制而成:取25g重铬酸钾溶于50mL热水中，冷却后慢慢加入 450mL 浓硫酸，边加边搅拌，有大量红棕色 CrO_3 沉淀生成，继续加入浓硫酸，沉淀消失，得深褐色溶液，冷却，倒入试剂瓶中，备用。铬酸洗液具有强酸性、强氧化性、强腐蚀性的特点，对有机物和油污的洗涤力特别强，可用于定量实验所用的一些仪器（如滴定管、移液管、容量瓶等）和某些形状特殊的玻璃仪器的洗涤。洗涤时先用水冲洗仪器，将仪器内的水尽量倒去，然后加入少量洗液，转动容器使其内壁全部为洗液润湿，稍等片刻后，将洗液倒回原瓶，再用自来水冲洗干净，最后用蒸馏水冲洗 2～3 次。

使用洗液时必须注意如下事项：

① 使用洗液前最好先用去污粉将仪器洗一下。

② 使用洗液前应尽量把仪器内的水去掉，以免将洗液稀释，影响洗涤效果。

③ 倒回原瓶内的洗液可重复使用。储存洗液的瓶子，要保持盖紧，以免硫酸吸水。

④ 具有还原性的污物（如某些有机物质），会将洗液中的重铬酸钾还原为硫酸铬，洗液的颜色则由原来的深褐色变为绿色，已变为绿色的洗液不能继续使用。

⑤ 洗液具有很强的腐蚀性，会灼伤皮肤和损坏衣物，如果不慎将洗液洒在皮肤、衣物和实验台上，应立即用水冲洗。

⑥ 废的洗液或洗液的首次冲洗液，应倒入废液桶里，不可直接倒入水槽，以免腐蚀下水管道。

2.2.2 玻璃仪器的干燥

实验用的仪器，除必须洗净外，有时还要求干燥，干燥的方法有以下几种。

（1）晾干

把洗净的仪器倒置于干净的实验柜内、仪器架上或木钉上晾干。

（2）烘干

将洗净的仪器放入电热烘干箱（烘箱）内烘干（控制烘箱温度在 105～120℃），仪器放进烘箱前应尽量把水倒净；带有活塞的仪器烘干时要取下活塞，带有刻度的容量仪器，如移液管、容量瓶、滴定管等不能用高温加热的方法干燥。

注意带有刻度的计量仪器，如量筒、吸量管、容量瓶等，不能用加热法烘干，因加热会影响仪器容量的准确度，且刻度处易裂。漏斗和集气瓶等厚壁仪器，也不能用热烘干，以防炸裂。

（3）烤干

烧杯或蒸发皿可置于石棉网上用火烤干。如烤干试管时，应将试管略微倾斜，管口向下，先加热试管底部，逐渐向中上部移动（如管口凝结水滴，可用滤纸吸去），烤至无水珠时，将试管口朝上，再烘烤片刻，以赶尽水汽。

（4）吹干

用吹风机（热风或冷风）直接吹干。如果吹前先用易挥发的水溶性有机溶剂（如酒精、丙酮、乙醚等）淋洗一下，则干得更快。

2.3 玻璃仪器的简单加工

2.3.1 玻璃仪器的截断与熔光

（1）截断

按照需要截取一定长度的玻璃管。操作时，取一根玻璃管，用布擦去脏物，然后把玻璃管平放在桌面上，左手按住要截断位置的左边，右手持三角锉，在欲截断处用力向前锉出一道凹痕（图2.1）（不要来回锉）。锉出的痕迹应该与玻璃管垂直，若锉痕不明显，可在原处补锉一次。然后，双手持玻璃管锉痕的两边，使锉痕向外，两手拇指轻轻加力，玻璃管即可折断（图2.2）。

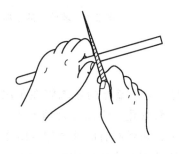

图2.1　截玻璃管　　　　　　　　图2.2　玻璃管截痕处的折断

（2）熔光

截断的玻璃管，其截面的边缘十分锋利，极易弄伤手指，也不宜插入塞子孔内，因此必须熔光，使之光滑。熔光时，把截断面斜插入喷灯的氧化焰中，不断来回转动玻璃管，使受热均匀，直到管口呈红色为止。然后将玻璃管放在石棉网上冷却（以免烫坏桌面）。

玻璃棒的截断方法和熔光与玻璃管的操作方法相同，但是锉痕要深些，熔光时间长一些（图2.3）。

图2.3　玻璃棒截断面的熔光

2.3.2　玻璃管的弯曲

弯曲玻璃管时，两手持玻璃管的两端，把要弯曲的部位移入氧化焰中（为了使弯曲的玻璃管平滑，应当在喷灯或煤气灯的灯口加一鱼尾罩，以扩展火焰）。两手缓缓地转动玻璃管，使玻璃管四周受热均匀，同时两手稍微向中间用力。当玻璃管烧成黄色，且手感加热处变软时，从火焰中移出，稍等1～2s，把它弯成所需的角度，放在石棉网上冷却（图2.4和图2.5）。

120℃以上的玻璃管可一次弯成，小角度的玻璃管需分几次弯成，先弯成120°左右，然后在弯曲处加热弯曲，再在弯曲处的偏右处加热，弯曲成所需角度。

弯曲好的玻璃管，应当是角度准确，里外均匀平滑，整个玻璃管在一个平面上。如弯曲处扁平或扭曲，则为不合格。

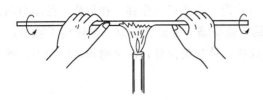

图 2.4 玻璃管待弯部位的加热

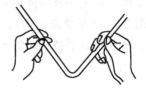

图 2.5 玻璃管的弯曲

2.3.3 玻璃管拉细和滴管的制作

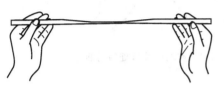

图 2.6 玻璃管的拉细

测定固体化合物熔点时往往要自己制备毛细管,可用壁厚的玻璃管在鱼尾灯火焰上烧制。待玻璃管软化(应比弯管稍大些)后,把玻璃管移出火焰,两手同时向外拉伸(图2.6),先慢后快。然后待玻璃管冷却后放在石棉网上,用三角锉截成所需长度,再把毛细管的一端熔封即可。

制作滴管时,按上述操作制成滴管雏形,细端熔光,粗端在火焰上烧至暗红变软,然后取出放在锉刀平面上轻压,使管口变厚并略向外翻,冷却后套上橡皮乳头即可。

2.4 试剂的取用

2.4.1 化学试剂的级别

试剂的纯度对实验结果的影响很大,不同的实验对试剂纯度要求也不相同,常用的化学试剂根据纯度不同,分成不同的等级。在一般分析工作中,二、三级试剂已能很好地满足要求,表2.2是我国化学试剂等级标志划分。除了表2.2四种化学试剂等级外,还有"工业级"和"光谱纯""色谱纯""基准试剂""生化试剂"等各种特殊等级的试剂。

表 2.2 化学试剂的等级和应用范围

级别	名称	符号	标签色别	应用范围
一级	优级纯或保证试剂	G. R. (Guaranteed Reagent)	绿色	精密分析研究
二级	分析试剂或分析纯	A. R. (Analytical Reagent)	红色	精密定性、定量分析
三级	化学纯	C. P. (Chemical Pure)	蓝色	一般分析和教学
四级	实验试剂	L. R. (Laboratory Reagent)	棕色等	一般化学制备

2.4.2 固体、液体试剂的取用

通常,固体试剂装在广口瓶中,液体试剂盛在细口瓶或滴瓶中,应根据试剂的特性,选用不同的储存方法。如氢氟酸要用塑料瓶储存,见光易分解的硝酸银等应用棕色的试剂瓶储存,储存碱的试剂瓶要用橡皮塞,浓硫酸和硝酸等要用磨砂的玻璃塞试剂瓶储存等。

取用试剂药品前,应看清标签。取用时,先打开瓶塞,将瓶塞倒放在实验台上。如果瓶塞上端不是平顶而是扁平的,可用食指和中指将瓶塞夹住(或放在清洁的表面皿上),绝不

可将它横置桌上，以免沾污；不能用手接触化学试剂；应根据用量取用试剂，不必多取，这样既能节约药品，又能取得好的实验结果。取完试剂后，一定要把瓶塞盖严，绝不允许将瓶塞张冠李戴，然后把试剂瓶放回原处，以保持实验台整齐干净。

(1) 固体试剂的取用

① 要用干净、干燥的药匙取试剂。取用固体试剂一般用牛角匙，牛角匙两端为大小两个匙，取大量固体时用大匙，取少量固体时用小匙，公用的牛角匙用完后立即放回原处。取完药品后应立即盖好瓶塞。

② 往湿的或口径较小的试管中加入固体药品时，为了避免药品沾在试管壁上，可先将试管平放，然后用药匙或将取出的药品放在对折的较硬的纸片上，小心送入试管的底部，直立试管，用手轻轻抽出纸带，使纸上试剂全部落入管底（图2.7）。

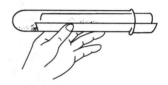

图 2.7　往试管中加入固体

③ 要求取用一定质量的固体试剂时，用牛角匙从试剂瓶中取出所用固体，放在干燥的称量纸上称量。具有腐蚀性或易潮解的固体应放在表面皿上或玻璃容器内称量。

④ 加入块状固体时，应将试管倾斜，使其沿管壁慢慢滑下，以免碰破管底。固体的颗粒较大时，可在清洁干燥的研钵中研碎，研钵中所盛固体的量不要超过研钵容量的1/3。

另外，所有取出的试剂都不能放回原试剂瓶中，应放入回收瓶。有毒药品要在教师指导下取用。

(2) 液体试剂的取用

① 从平顶塞试剂瓶中取用试剂的方法　先取下瓶塞，将瓶塞倒放在试验台上，用左手拿住容器（试管、量筒等），右手握住试剂瓶，让试剂瓶的标签贴着手心，倒出所需试剂（图2.8），然后缓慢竖起试剂瓶，避免液滴沿瓶外留下。

将液体从试剂瓶倒入烧杯时，用右手握瓶，左手拿玻璃棒，使玻璃棒的下端斜靠烧杯内壁，将瓶口靠在玻璃棒上，使液体沿着玻璃棒往下流（图2.9）。倒完后，立即将瓶塞塞好，试剂瓶放回原处，瓶上标签朝外。加入反应容器中所有液体的总量不能超过总容量的2/3，如用试管不能超过总容量的1/2。

图 2.8　往试管中倒入液体试剂

图 2.9　往烧杯中倒入液体试剂

② 从滴瓶中取用液体试剂的方法　从滴瓶中取用液体试剂时，先提起滴管（图2.10），使滴管离开液面，用手指紧捏滴管上部的橡皮头，以赶出滴管中的空气，然后把滴管伸入液面中，放开手指，吸入试剂，再提起滴管，将试剂一滴一滴地滴入试管或烧杯中。操作中须注意以下几点：

a. 要用滴瓶中的滴管，不允许用别的滴管。

b. 滴管必须保持垂直，避免倾斜，尤忌倒立，否则试剂将流入橡皮头内而弄脏。

c. 往试管中滴加试剂时，用无名指和中指夹住滴管，将它悬空地放在靠近试管口的上方，然后用大拇指和食指微捏橡皮头，使试剂滴入试管中。绝对禁止将滴管伸入所用的容器中，以免接触器壁而沾污药品（图 2.11）。

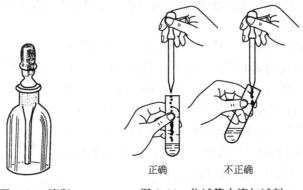

正确　　　　　　不正确

图 2.10　滴瓶　　　　图 2.11　往试管中滴加试剂

d. 滴加完毕，应立刻将滴管插回原来的滴瓶中（注意瓶上标签，千万不能插错）。

e. 装有药品的滴管不得横置或滴管口向上斜放，以免液体流入滴管的橡皮头中。

2.5　称量

实验中根据不同的称量要求，选用不同的天平进行称量。在精确度要求不高时，可采用托盘天平，如需要精密测量可采用分析天平和电子天平。

2.5.1　托盘天平

托盘天平又称台秤，用于精确度要求不高的称量（一般能准确到 0.1g），其构造如图 2.12所示，使用方法如下。

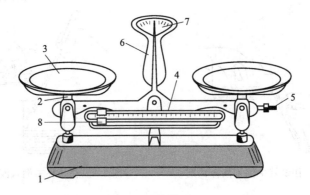

图 2.12　托盘天平

1—底盘；2—托盘架；3—托盘；4—标尺；5—平衡螺母；6—指针；7—分度盘；8—游码

称量前需对托盘天平进行检查。在称量前，首先检查托盘天平的指针是否停在刻度盘上中间的位置。否则，需调节托盘下面的螺丝，使指针正好停在中间的位置上，称为零点。

称量时，称量物放左盘，砝码放右盘。10g（或 5g）以上的砝码放在砝码盒内，10g（或 5g）以下的砝码通过移动游标尺上的游码来添加。当砝码添加到托盘天平两边平衡时，指针停在中间位置，称为停点。停点和零点之间允许偏差在 1 小格之内，这时砝码和游码所示质量之和就是称量物的质量。

托盘天平使用时需注意以下几点。

① 加减砝码必须用镊子夹取，最后通过移动游码来调节，使指针在分度盘中心线左右两边摇摆的距离几乎相等或停留在中心线上为止。

② 不能称量热的物体。

③ 称量物不能直接放在托盘上，根据称量物的特性放在称量纸、表面皿或其他容器内，易吸潮或具有腐蚀性的药品必须放在玻璃容器内称量。

④ 称量完毕，将砝码放回砝码盒中，使托盘天平各部分恢复原状。

⑤ 保持托盘天平的清洁，托盘上有药品或其他污物时应立即清除。

2.5.2　分析天平

分析天平是定量分析中一种十分精确的称量仪器，称量的精确程度可达 0.1mg。了解天平的构造，正确进行称量，是完成定量分析工作的基本保证。常用的分析天平有半机械加码（半自动）电光天平和全机械加码电光天平两种，如图 2.13 和图 2.14 所示。

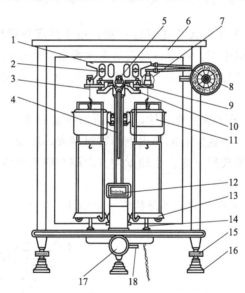

图 2.13　半机械加码电光天平

1—横梁；2—平衡螺丝；3—吊耳；4—指针；5—支点刀；6—框罩；7—环码；
8—指数盘；9—承重刀；10—支架；11—阻尼内筒；12—投影屏；13—秤盘；
14—盘托；15—螺旋角；16—脚垫；17—开关旋钮（升降枢）；18—微动调节杆

（1）电光天平的构造

以全机械加码电光天平为例说明电光天平的构造。全机械加码电光天平由以下几个部分组成。

① 外框部分　有玻璃框，框上装有前门与左右两个侧门。前门为修理与调整天平时用，右边侧门为称量物进出的门。框下为大理石底座，底座下装有 3 只水平调整脚与脚架。

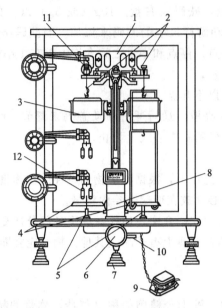

图 2.14　全机械加码电光天平

1—横梁；2—吊耳；3—阻尼内筒；4—秤盘；5—盘托；6—开关旋钮（升降枢）；7—脚垫；
8—照明器；9—变压器；10—微动调节杆；11—环码（毫克组）；12—砝码

② 立柱部分　在立柱上装有大小托翼各一对，用于架起横梁以保护玛瑙刀口。在顶端装有中刀承，用于支承横梁中刀。在立柱后面装有水准器，供校正天平水平位置用。在立柱中部固定有左右两个空气阻尼器外筒，内筒挂在吊耳钩上，利用空气阻尼作用促使天平平衡。

③ 横梁部分　横梁是天平的主要部件，其构造如图 2.15 所示。横梁上装有一个中刀与两个边刀，刀一般由玛瑙、合成宝石或淬火钢等材料制成，质硬耐磨，但脆而易碎。在中刀的后面装有重心砣，可调节天平感量。在横梁左右两端对称孔内装有平衡螺母一对，用于调整天平零点。

④ 悬挂系统　在横梁的左右两端各悬挂着一个吊耳，如图 2.16 所示。

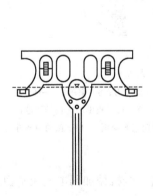

图 2.15　天平横梁的结构

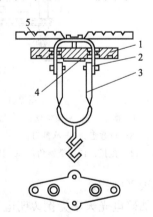

图 2.16　吊耳

1—承重板；2—十字头；3—吊耳钩；4—刀承；5—加码承受片

吊耳承重板的背面有一个玛瑙和一个玛瑙锥孔，是供十字头支撑螺钉定位用的。吊耳的前后摆动是由十字支撑螺钉在称重板上的玛瑙和玛瑙锥孔的活动来实现的，起到力的补偿作用，不论承受载荷力的方向如何，力能均匀地分布在刀刃上。吊耳钩上悬挂秤盘与空气阻尼器内筒。

⑤ 读数系统　包括指针、微分标牌与光学读数放大系统等。指针下端的微分标牌经光学放大投影在读数屏幕上（图 2.17）。读数屏幕可通过零点拨杆调节与零刻度相重合，供天平调零用。光学读数系统结构见图 2.18。

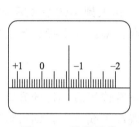

图 2.17　读数屏幕

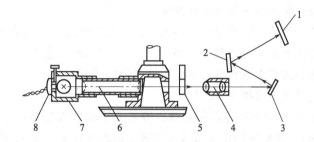

图 2.18　光学读数系统结构

1—投影屏；2,3—反光镜；4—物镜筒；5—微分标牌；
6—聚光管；7—照明筒；8—灯座

⑥ 制动系统　开启电光天平时，按顺时针方向转动升降旋钮，电源接通，读数标牌屏幕显示，同时大小托翼下降，横梁上刀口与刀口承接触，由于偏心作用带动秤盘下的托盘板与托盘下降，使天平进入工作状态。为了保护天平的玛瑙刀口，转动升降旋钮时一定要缓慢进行。

⑦ 机械加码装置　全机械加码电光天平的左侧有三组加码指数盘（图 2.19），连着天平内悬挂着的三组环码，下方的指数盘为 10～190g，中间的指数盘为 1～9g，上方的指数盘为 10～990mg。当指数盘转动到某一读数时，天平内相应的环码加到天平横梁上。由于环码是挂在加码杆的钩子上，当指数盘转动过分剧烈时，环码很容易脱落，因此在操作指数盘时一定要缓慢转动。

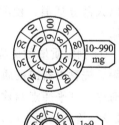

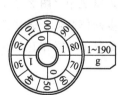

半机械加码电光天平只有一组 10～990mg 的指数盘，一般装在天平的右侧，大于 1g 的砝码则要用砝码盒中的砝码。

（2）分析天平的使用规则

① 保持天平清洁。称量前需用软毛刷清扫干净，检查天平各部位是否处于正常位置，全部砝码是否都挂在加码钩上，天平是否水平，然后检查和调整天平的零点。

② 称量过程中要特别注意保护刀口。启动开关旋钮（升降枢）时，必须缓慢均匀，避免天平摆动剧烈；增减环码或取放物体时，必须将天平梁托起，使天平休止。不能在天平未休止的状态下进行上述操作，这是保护天平刀口的关键。

图 2.19　加码指数盘

③ 称量物必须放在天平秤盘的中央，避免秤盘左右摆动。不能称量过冷或过热的物体，以免引起空气对流，使称量的结果不准确。称量有腐蚀性或易挥发的物体时，必须放在密闭

容器内。

④ 在同一实验中，所有的称量需使用同一架天平，可减少称量的系统误差。天平称量不能超过最大载重，否则易损坏天平。

⑤ 使用半机械加码电光天平称量时，砝码盒中的砝码必须用镊子夹取，不能用手直接拿取，以免弄脏砝码。砝码只能放在天平盘上或砝码盒内，不能随便乱放。

⑥ 称量完毕必须检查天平梁是否托起，指数盘是否已恢复到零位，称量物是否已取出，两个侧门是否已关好，最后罩上天平罩，切断电源方可离开天平室。

（3）称量的一般程序和方法

首先调整天平空载时的零点，然后在天平盘上放入称量物，由大到小试差法逐步加入砝码，即先加入上方指数盘上环码（10～990mg），直至天平平衡。累加 3 个指数盘上的读数值与光标屏幕上读数值之和即为称量物的质量。

电光天平的称量方法如下。

① 空载时天平零点的调整。检查天平水平与砝码都处于正常位置后，打开升降枢（开关按钮），观察光标零点是否与屏幕上的黑线重合，如果零点偏离黑线不大，则可调节地板下的微动调节杆，使黑线移动至零点处。如果零点偏离较大，则需调节天平横梁上的平衡螺丝，直到黑线与零点重合。

② 物体的称量。称量前首先评估称量的质量，然后用试差法（由大到小、中间截取的方法）加减砝码，使天平达到平衡，累加指数盘与光标的读数值即为称量物的质量。

（4）试样的称取方法

用分析天平称取试样，一般采取两次称量法，即试样的质量是由两次称量结果相减而得出。因为两次称量中都可能包含着相同的天平误差和砝码误差，所以两次称量相减时，误差可以大部分抵消，使称量结果准确可靠。常用的两次称量法有固定质量称量法和差减称量法。

① 固定质量称量法。此法适用于称量在空气中没有吸湿性的试样，如金属、矿石、合金等。先称出器皿的质量，然后加入固定质量的砝码，用牛角匙将试样慢慢加入盛放试样的器皿中，使平衡点与称量空器皿时的平衡点一致。当所加样与指定的质量相差不到 10mg（微分标牌满刻度）时，极其小心地将盛有试样的牛角匙伸向器皿中心上方 2～3cm 处，匙的另一端顶在掌心上，用拇指、中指及掌心拿稳牛角匙，并以食指轻弹匙柄，使试样慢慢地抖入器皿中（图 2.20），待读数屏幕上指针正好移到所需要的刻度时，立即停止抖入试样。此步操作必须十分仔细，若不慎多加了试样，只能关闭升降枢，用牛角匙取出多余的试样，再重复上述操作直到合乎要求为止。

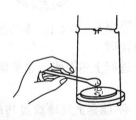  

图 2.20　固定质量称量法　　图 2.21　称量瓶拿法　　图 2.22　试样敲击方法

② 差减称量法。此法常用于称量易吸水、易氧化或易与二氧化碳起反应的试样。称取试样时，先将盛有样品的称量瓶置于天平盘上准确称量。然后用纸条套住称量瓶（图2.21），从天平上取下，用左手将它举在要放试样的容器（烧杯或锥形瓶）上方，右手用小纸片夹住瓶盖柄，打开瓶盖，将称量瓶慢慢地向下倾斜，并用瓶盖轻轻敲击瓶口，使试样慢慢落入容器内，注意不要撒在容器外，如图2.22所示。当倾出的试样接近所要称取的质量时，将称量瓶慢慢竖起，同时用称量瓶盖继续轻轻敲瓶口，使附在瓶口上的试样落入容器内，再盖好瓶盖。将称量瓶放回天平盘上称量，两次称量质量之差即为试样的质量。

2.5.3 电子天平

现在实验室应用较多的是电子天平，它是利用电子装置完成电磁力补偿的调节，使物体在重力场中实现力的平衡。电子天平可分为顶部承载式和底部承载式两种，目前常见的是顶部承载式的上皿天平。

以YP202N型电子天平为例，对0.01g精密电子天平做简单介绍。

YP202N型电子天平的传感器是采用电阻应变片原理进行称量，具有自动校准、去皮、零位跟踪、单位转换、数字计件、程度智能化调试、交直流两用、数据接口选配有RS232C通用串行通信等功能。

（1）仪器的结构及按键说明

见图2.23。

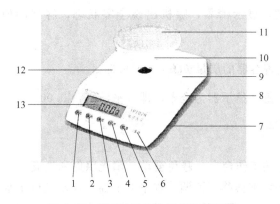

图 2.23　YP202N 型电子天平外形图

1—开机键；2—关机键；3—单位键；4—计件键；5—校准键；6—去皮键；7—左右水平调整脚；8—器号牌；9—天平主机；10—水准器；11—秤盘；12—装饰圈；13—读数窗

（2）仪器的主要技术参数

如表2.3所示。

表 2.3　YP202N 型电子天平技术参数

技术参数	准确度级别	称量范围 /g	实际标尺分度值 /mg	去皮范围 /g	重复性误差（标准偏差） /g	稳定时间/s	秤盘直径/mm	外形尺寸/mm	电源/V	净重 /kg	开机预热时间 /h
YP202N	Ⅲ	0～200	10	0～200	0.01	≤5	110	245×185×66	220	0.9	1

（3）仪器的主要功能

① 量制转换键

YP202N 型电子天平有四种量制：克、磅、盎司和计件可供选择。

开机初始状态为 g，只要按一下【单位】键即改变一种量制，其中"g"表示克，"pcs"表示计件，"lb"表示磅，"oz"表示盎司。

在单位转换的任何状态下，按住【单位】键 5s 后，再放开可返回到 g 显示状态。

② 校准键

因存放时间长、位置移动、环境变化或为获得精确称量，天平在使用前一般应进行校准操作。校准步骤如下：

a. 准备好校准砝码。

b. 取下秤盘上所有被称物，轻按【去皮】键，天平清零。

c. 对型号为 YP202N 的电子天平，轻按【校准】键，"C 200"闪烁显示。

d. 放上校准砝码，显示"－－－－"表示等待，约 10s 显示"200.00g"。

e. 取下校准砝码，即可进行称量操作。

注意：为保证校准的精度，校准时应尽量避免震动和气流。

③ 清零，去皮键

a. 置容器于秤盘上，显示出容器的质量，如：18.91g 。

b. 轻按【去皮】键，显示清零，随机出现全零状态，容器的质量数已去除，即去皮重：0.00g 。

c. 拿下容器，就出现容器的质量负值：－18.91g 。

d. 再轻按【去皮】键，显示器为全零，即天平清零：0.00g 。

（4）仪器的使用方法

① 开机

a. 将天平置于稳定的工作台上，避免震动、阳光照射和气流。

b. 观察水准器，如水泡偏移，需调节水平调节器，使水泡位于水准器的中心。

c. 接通电源并预热，本天平的预热时间为 1h。预热后，方可开显示器进行操作。

② 称量

a. 开启【显示器】键，天平即显示天平秤型号，如：202N ，然后是称量模式：0.00g 。

b. 直接称量法。将干燥洁净的烧杯或称量纸放在天平秤盘上，轻按【去皮】键，天平即显示 0.00g ，然后缓缓向烧杯或称量纸上加入试样，显示器即显示出加入试样的质量，当达到所需质量时，停止加样，轻轻取下烧杯或放有试样的称量纸，称量完毕。

c. 关机。轻按【关机】键，显示器即熄灭。若较长时间不使用天平，应拔下电源插头或关闭直流电源开关。

（5）天平的维护和保养

① 经常使用天平时，应使天平连续通电，以减少预热时间，使天平处于相对稳定状态，如果天平长期不用应关闭电源。

② 天平应保持清洁，谨防灰尘等进入天平，天平不应放在有腐蚀性气体的环境中。

③ 在搬动天平时，一定要关掉显示器即按【关机】键，拔下电源插头或关掉天平背后开关，以免损坏天平。

2.6 加热

化学实验中常用的热源有酒精灯、煤气灯和电炉等。常用的受热器具有烧杯、烧瓶、锥形瓶、蒸发皿、坩埚、硬质试管等。各种容量瓶、试剂瓶、广口瓶、抽滤瓶、表面皿等不可加热。加热后的仪器不能立即接触冷水或冷的物体，以免仪器骤冷而破裂，应放在干的试管架或石棉网上，让热的仪器自然冷却。

实验室中的加热方式可分为直接加热和间接加热。直接加热时，待加热的物质通常置于容器内，容器置于热源上。用电或燃气为热源的直接加热法，可在一定程度上控制加热的温度，但不易控制到某一确定的温度范围。直接加热时应注意被加热物质必须在较高温度下稳定且无燃烧危险。煤气灯、酒精灯等的火焰温度高，应使用石棉网均匀传热。

瓷坩埚、蒸发皿可以放在适当的铁圈或铁三脚架上（瓷坩埚放在泥三角上），用火焰直接加热。所盛液体的量应不超过容积的2/3。

实验中最常用的加热方式有酒精灯加热、酒精喷灯加热、水浴加热和电热套加热。

(1) 直接加热试管中的液体或固体

直接加热试管中的液体时，要把试管外壁擦干，用试管夹夹住试管中上部，管口向上倾斜（图2.24），管口不得对着他人或自己，防止液体沸腾时溅出烫伤人。液体加入量应低于试管高度的1/3，加热时先加热液体的中上部，再慢慢往下移动，然后不时上下移动，以使受热均匀。

直接加热试管中的固体时，试管口要稍稍向下倾斜，略低于试管底（图2.25），以防冷凝水的水滴倒流入试管的灼热部位而导致试管破裂。

(2) 加热烧杯、烧瓶等容器中的液体

加热时要把容器放在石棉网上（图2.26），防止受热不均匀而导致容器破裂。烧杯中的液体不得超过其容量的1/2，烧瓶中的液体不得超过其容量的1/3，加热时应适当搅动溶液，使受热均匀。

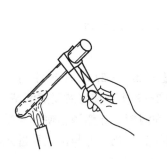
图 2.24　加热试管中的液体

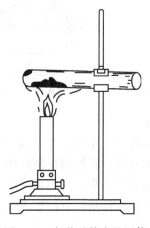
图 2.25　加热试管中的固体

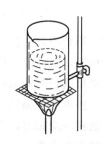
图 2.26　加热烧杯

2.6.1 酒精灯

酒精灯是实验室最普通的加热仪器之一，其温度可达 400～500℃。

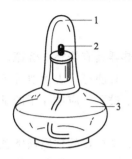

图 2.27　酒精灯的构造
1—灯帽；2—灯芯；3—灯壶

（1）酒精灯的构造

酒精灯一般是玻璃制的，其灯罩带有磨口。酒精灯的构造如图 2.27 所示。

（2）酒精灯使用方法及注意事项

使用前，先检查灯芯，如灯芯不齐或烧焦，要进行修整。

点燃时，应该用火柴点燃，切不可用燃着的酒精灯直接去点燃，否则灯内的酒精会洒出，引起燃烧而发生火灾。

酒精灯内需要添加酒精时，应把火焰熄灭，然后利用漏斗把酒精加入灯内，但应注意灯内酒精不能装得太满，一般不超过其总容量的 2/3 为宜。

熄灭酒精灯的火焰时，只要将灯罩盖上即可使火焰熄灭，切勿用嘴去吹。

加热时，若要使灯焰平稳，并适当提高温度，可以加金属网罩。

2.6.2 酒精喷灯

常用的酒精喷灯有座式酒精喷灯和挂式酒精喷灯两种。座式酒精喷灯的酒精贮存在灯座内，挂式喷灯的酒精贮存罐悬挂于高处。酒精喷灯的火焰温度可达 1000℃左右，主要用于需加强热的实验、玻璃加工等。

（1）酒精喷灯的构造

酒精喷灯的构造如图 2.28 所示，它主要由酒精入口，储存酒精的空心灯座（酒精壶）、预热盘以及灯管组成。

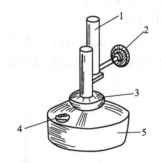

图 2.28　酒精喷灯的构造
1—灯管；2—空气调节开关；3—预热盘；4—铜帽（酒精入口）；5—酒精壶

（2）酒精喷灯的使用方法

使用时，旋开旋塞向灯壶内注入酒精，至灯壶总容量的 2/5～2/3，不得注满，也不能过少。新灯或长时间未使用的喷灯，点燃前需将灯体倒转 2～3 次，使灯芯浸透酒精。

往灯座内加入酒精，拧紧盖子，再往预热盘内注入少许酒精，点燃酒精使灯管受热。

待酒精快烧完时，开启开关使酒精由灯座进入灯管而受热汽化，并与由气孔进入的空气混合，在管口点燃。

调节灯管旁的开关，可控制火焰大小，其最高温度可达 900℃左右。

实验完毕下移并旋紧开关,火焰即可熄灭。

(3)注意事项

① 严禁使用开焊的喷灯。

② 严禁用其他热源加热酒精壶。

③ 若经过两次预热后,喷灯仍然不能点燃时,应暂时停止使用,检查接口处是否漏气(可用火柴点燃检验),喷出口是否堵塞(可用探针进行疏通)和灯芯是否完好(灯芯烧焦,变细应更换),待修好后方可使用。

④ 喷灯连续使用时间以30~40min为宜。使用时间过长,酒精壶的温度逐渐升高,导致灯壶内部压力过大,喷灯会有崩裂的危险,可用冷湿布包住喷灯下端以降低温度。

⑤ 在使用中如发现酒精壶底部凸起时应立刻停止使用,查找原因(可能使用时间过长、灯体温度过高或喷口堵塞等)并做相应处理后方可使用。

2.6.3 煤气灯

(1)煤气灯构造

煤气灯的构造如图2.29所示,由灯管2和灯座组成。灯管的下部设有螺旋和进入空气的气孔,旋转灯管即可控制气孔的大小,从而调节空气的进入量。灯座的侧面为煤气入口3,通过橡皮管与煤气管道相连接。灯座下面设有用于调节煤气进入量的螺旋形针阀5。

(2)煤气灯灯焰

当煤气完全燃烧时,生成不发光亮的无色火焰,可以得到最大的热量;但当空气不足时,煤气燃烧不完全,会析出炭质,生成光亮的黄色火焰。

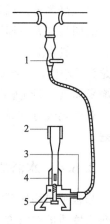

图2.29 煤气灯的构造
1—煤气龙头;2—灯管;
3—煤气入口;4—空气入口;
5—煤气调节器(针阀)

正常火焰分成三层 [图2.30(a)]。内层是焰心,空气和煤气进行混合,并未燃烧;中层是还原焰,煤气不完全燃烧,由于煤气的组成分解为含碳的产物,这部分的火焰具有还原性,称为"还原焰",温度较高,火焰呈淡蓝色;外层是氧化焰,煤气完全燃烧,但由于含有过量空气,这部分火焰具有氧化性,称为"氧化焰",氧化焰温度为800~900℃。

如果点燃煤气时,空气入口开得大,煤气的进入量很小或者中途煤气供应量突然减小时,会产生"侵入火焰"[图2.30(c)]。此时煤气在管内燃烧,并发出"嘘嘘"的响声,火

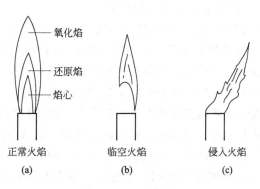

图2.30 三种灯焰

焰的颜色变成绿色，灯管被烧得很热。发生这种现象时，应该关上煤气，待灯管冷却后，再关小空气入口，重新点燃（必须注意：在产生侵入火焰时，灯管很烫，切勿立刻用手去关小空气入口，以免烫伤）。

当空气的进入量很大或煤气和空气的进入量都很大时，火焰会脱离金属灯管的管口临空燃烧，这种火焰称为"临空火焰"［图2.30(b)］，它只在点燃的一刹那产生，当火柴熄灭时，火焰也立即熄灭，此时应把煤气门关闭，重新调节并点燃煤气灯。

（3）煤气灯使用方法

煤气灯使用时，首先将煤气灯灯管和灯座旁螺丝旋下，用大头针或细铁丝将灯内煤气的进口和出口捅一捅，并清理干净，重新装好灯管和灯座旁的螺丝，再将空气入口关闭，擦燃火柴，打开煤气开关，将煤气点燃，这时因空气不足，火焰呈黄色，温度较低，旋转金属管，慢慢将空气入口打开，调节空气进入量，直至火焰分为三层，上层火焰近于无色为止。

煤气灯调节好以后，如要减小火焰，应先把空气入口调小，然后再调小煤气入口。关灯时，关闭煤气龙头即可。

在一般情况下，加热试管中的液体时，温度不需很高，这时可将煤气灯上的空气入口和煤气龙头关小些；在石棉网上加热烧杯中的液体时，火焰温度可调得高些。实验时，一般都用氧化焰来加热。煤气量的大小，一般可以用煤气龙头来调节，也可用煤气灯旁的螺丝来调节。

有些煤气灯的煤气调节螺旋在灯管底部或灯座上边，圆柱体的一侧，在使用前请务必弄清楚。

2.6.4 水浴加热

当被加热物质要求受热均匀且温度不超过100℃时，可选择水浴加热，水浴是使用水作为热浴物质的热浴方法。

（1）用水浴处理容器的方法　水浴一般将需水浴的容器浸没在盛有水的较大容器中（一般为铜制品），需水浴的容器不能与较大容器直接接触，再将较大容器置于热源上加热（图2.31），至适当温度时停止加热，待冷却后取出水浴容器即可。

（2）使用水浴的注意事项

① 水浴内盛水的量不得超过容积的2/3，并注意随时补充水量，以保持占容量2/3左右的水量，切勿烧干。

② 不慎把水浴中的水烧干时，应立即停止加热，等水浴冷却后，再加水继续使用。

③ 尽量保持水浴的严密。

目前，实验室使用较多的是电热恒温水浴锅。电热恒温水浴锅是以水作为传热介质，一般在不超过95℃的温度下使用。

图2.31　水浴加热

电热恒温水浴锅一般由两层构成。内层是用铝板或不锈钢板制成的槽，槽内装水作为加热和传热介质，槽底安装铜管。在管内装有电阻丝作为加热元件，电阻丝外套瓷管，以防与铜管接触而导致漏电，电阻丝两端连接到温度控制器上，用于控制加热电阻丝，使槽内水温保持恒定。水箱内装有测温元件，可通过面板上的温度调节钮调节温度。水浴锅的外壳常用薄钢板制成，表面加以烤漆用于防腐，内壁装设有绝缘材料，水浴锅的前面板上有电源开关调温旋钮和指示灯等。水槽下侧有放水阀，外壳上面板上有插入水中的温度计，用于测量水温。

电热恒温水浴锅的型号和规格很多。按电热元件的总功率分有 500W、1000W、1500W、2000W 等数种；按具有的孔数分有单孔、单列双孔、单列 4 孔、单列 6 孔、单列 8 孔、双列双孔、双列 4 孔、双列 6 孔、双列 8 孔等；按温度控制显示装置分有指针式和数字式。

电热恒温水浴锅使用时的注意事项如下：

① 使用前必须先注入水，最低水位不得低于电热管以上 1cm，水位过低会导致电热管表面温度过高而烧毁；

② 未加水至适当位置前，切勿接通电源；

③ 温度控制器不要随意拆卸；

④ 外壳必须接地；

⑤ 控制箱内部应保持干燥，以防因受潮而导致漏电；

⑥ 应随时注意水箱是否有渗漏现象。

2.6.5　油浴和沙浴加热

若被加热物质要求受热均匀且温度超过 100℃时，可用油浴或沙浴加热。

用油代替水浴中的水，即为油浴，常用的油类有液体石蜡、豆油等。

沙浴为一个盛有均匀细沙的金属器皿（图 2.32），被加热的器皿放在沙上。若要测量沙浴的温度，可将温度计插入沙中。它们均用酒精灯或煤气灯加热。

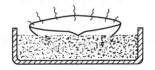

图 2.32　沙浴加热

另外，实验室在做此类加热时，还经常使用恒温油槽。恒温油槽有时称之为恒温槽，是用变压器油或高沸点的液体物质如石蜡油或甘油等作为加热和传热介质，对物质进行高于 100℃恒温加热的装置，外形一般为圆筒形。除槽内所加热介质与电热恒温水浴锅不同外，其余结构二者大致相同，使用注意事项与恒温水浴相同。

2.6.6　电加热

实验室还可以用电炉（图 2.33）、电热套（图 2.34）以及马弗炉（图 2.35）等进行加热，其温度均可通过调节电压或电阻来控制。

图 2.33　电炉

图 2.34　电热套

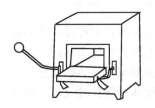

图 2.35　马弗炉

（1）电炉

电炉是化学实验室中常用的加热设备，特别是没有煤气设备的化验室更离不开它。电炉靠电阻丝（常用的为镍铬合金丝，俗称电炉丝）通过电流产生热能。电炉按功率大小分为不同的规格，常用的电炉有 200W、500W、1000W、2000W。使用电炉时，需要用石棉网将容器与电炉隔开，以免受热不均匀。

电炉的结构简单，一条电炉丝嵌在耐火材料炉盘的凹槽中，炉盘固定在铁盘座上，电炉丝两头套几节小瓷管后，连接到瓷接线柱上与电源线相连，即成为一个普通的圆盘式电炉。有用铁板盖严的盘式电炉称暗式电炉，它可用于不能直接用明火加热的实验。

有种"万用电炉"能调节发热量，炉盘在上方，炉盘下装有一个单刀多位开关，开关上有几个接触点，每两个接触点间装有一段附加电阻，用多节瓷管套起来，避免因相互接触或与电炉外壳接触而发生短路，或漏电伤人。凭借滑动金属片的转动来改变和炉丝串联的附加电阻的大小，以调节电炉丝的电流强度，达到调节电炉热量的目的。

使用电炉注意事项如下。

① 电炉电源最好用电闸开关，不要只靠插头控制。

② 电炉不要放在木质/塑料等可燃的实验台上，以免因长时间加热而烤坏台面，甚至引起火灾。电炉应放在水泥台面上，或在电炉与木台间垫上足够的隔热层。

③ 若加热的是玻璃容器，必须垫上石棉网。若加热的是金属容器，要注意容器不能触及电炉丝，最好是在断电下取放加热容器。

④ 被加热物若能产生腐蚀性或有毒气体，应放在通风橱中进行。炉盘内的凹槽要保持清洁，及时清除污物（先断开电源），以保持炉丝良好，延长使用寿命。

⑤ 更换炉丝时，新换上炉丝的功率应与原来的相同。

（2）电热套

电热套是加热烧瓶的专用电热设备，其热能利用效率高、省电、安全，规格按烧瓶大小区分，有 50mL、100mL、250mL、500mL、1000mL、2000mL 等多种。若所用电热套功率不能调节，使用时可连接一个较大功率的调压变压器，就可以调节加热功率以控制温度，做到方便又安全。

（3）马弗炉

马弗炉也叫高温炉，适用于一些具有特殊要求的加热操作，温度可达 1000℃以上，用电热丝或碳棒加热。其炉膛为长方体，有一炉门，通过炉门放入待加热的坩埚或其他耐高温的容器。

2.7 溶解、蒸发与结晶

2.7.1 溶解

实验时，常常需要将固体溶解。将固体溶解于某一溶剂中时，需要考虑温度对固体物质溶解度的影响和实际需要而取用适量试剂。常用搅拌、加热等办法加快溶解速度。加热时应根据被加热物质的热稳定性，选用不同的加热方法。

固体的颗粒较大时，溶解前应先在洁净干燥的研钵中将其研碎，其中研钵中所盛固体的量不应超过研钵总容量的 1/3。

2.7.2 蒸发

当溶液中溶剂较多或者为了使溶质从溶液中析出晶体，需要将溶剂蒸发浓缩。蒸发速度的快慢不仅与温度的高低有关，而且和被蒸发溶液表面积的大小有关，因此常采用蒸发皿进行蒸发，以提高蒸发速度。

蒸发注意事项如下：

① 蒸发皿内所盛溶液的量不应超过其容量的 2/3。

② 加热方式视溶质的热稳定性而定，对溶质热稳定性大的溶液可放在石棉网上，用酒精灯或煤气灯直接加热，否则可在水浴上间接加热蒸发。

③ 蒸发到什么程度，取决于溶质溶解度的大小以及结晶时对浓度的要求。一般当溶质的溶解度较大时，须蒸发到溶液表面出现晶膜；当溶质的溶解度较小时，或高温时溶解度较大而室温时溶解度较小时，则不必蒸发到液面出现晶膜。

有时，溶液蒸干后所留下的固体须强热灼烧，在这种情况下，溶液的蒸发应在小坩埚中进行，蒸发方法与前相同。蒸干后放在小的泥三角上用火烘干，加热的火焰开始小些，然后逐渐加大火焰直至炽热灼烧。

2.7.3　结晶

蒸发到一定程度的溶液，经冷却溶质就会以晶体的形式析出，析出晶体颗粒的大小与溶液本身以及操作条件有关。一般来说，如果溶液浓度大，溶质的溶解度小，冷却速度又快，则易生成细小的晶体；若溶液浓度小，将其静置缓慢冷却，则形成的晶体颗粒较大。

晶体颗粒的大小要适当。颗粒较大且均匀的晶体，所夹带母液及杂质较少，易于洗涤；颗粒小且不均匀的晶体，易形成稠厚的糊状物，夹带母液较多，不易洗净；而颗粒太大，则母液中所剩溶质太多，损失较大；若所得晶体含杂质较多时，则需进行重结晶以提高晶体的纯度。

有时由于滤液中焦油状物质或胶状物存在，使结晶不易析出，或有时因形成过饱和溶液也不析出结晶，在这种情况下，可用玻璃棒摩擦器壁以形成粗糙面，使溶质分子呈定向排列而形成结晶；或者投入晶种（同一物质的晶体，若无此物质的晶体，可用玻璃棒蘸一些溶液稍干后即会析出结晶），供给定型晶核，使晶体迅速形成。

有时被纯化的物质呈油状析出，油状物长时间静置或足够冷却后虽也可以固化，但这样的固体往往含有较多杂质（杂质在油状物常较溶剂中溶解度大；其次，析出的固体中还会包含一部分母液），纯度不高，用溶剂大量稀释，虽可防止油状物的生成，但将使产物大量损失，这时可将析出油状物的溶液加热重新溶解，然后慢慢冷却。一旦油状物析出时剧烈搅拌混合物，使油状物在均匀分散的状况下固化，这时包含的母液就大大减少，但最好还是重新选择溶剂，使之能得到晶形产物。

2.8　固-液分离

常用的固-液分离方法有倾析法、过滤法、离心分离法。

2.8.1　倾析法

当沉淀的相对密度较大或晶体颗粒较大，静置后能较快沉降时，常用倾析法分离和洗涤沉淀。

过滤前，先让沉淀沉降；过滤时，不要搅动沉淀，先把上部清液倒入另一容器中

图 2.36　倾析法

（图 2.36），然后加入少量洗涤液，充分搅拌，静置后倾去清液，重复操作 2～3 次，即可洗净沉淀。

2.8.2　过滤法

过滤是分离沉淀最常用的方法之一。当溶液和沉淀的混合物通过过滤器时，沉淀留在过滤器上，溶液则通过过滤器滤入容器中，过滤所得的溶液称为滤液。

溶液的温度、黏度、过滤时的压力、过滤器的选择和沉淀物的状态等，都会影响过滤的速度。为了达到分离固体和液体的目的，综合实验中各方面的因素，应选择不同的过滤方法。

常用的过滤方法有常压过滤、减压过滤和热过滤三种。

（1）常压过滤

这是一种最简单和常用的过滤方法，常压下用普通漏斗过滤。常压过滤的过程如下。

滤纸的折叠（图 2.37）。将一张圆形滤纸对折两次，成为 1/4 圆形，从中间拉开成锥形，一边为一层，另一边为三层，将三层滤纸的外层折角撕下一块，撕下的那一小块滤纸不要弃去，可以留作擦拭烧杯内残留沉淀用。

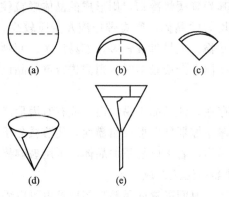

(a)　(b)　(c)

(d)　(e)

图 2.37　滤纸的折叠

5mm左右

图 2.38　用手指按住滤纸

用食指把滤纸按在漏斗内壁上（图 2.38），应使滤纸三层的一边放在漏斗出口短的一边，用水润湿滤纸，并使它紧贴在壁上，用干净手指轻压滤纸，去除纸和壁之间的气泡。一般滤纸边应低于漏斗边 5mm 左右。

图 2.39　过滤装置

过滤时，把过滤器放在漏斗架或铁圈上，调整高度，使漏斗下端的管伸入接收容器（如烧杯）内，管口长的一边紧靠接收容器的内壁，这样可以使滤液沿接收容器的内壁流下，不让滤液溅出来。将玻璃棒下端与三层滤纸轻轻接触，让要过滤的液体从烧杯嘴沿着玻璃棒慢慢流入漏斗，液面应低于滤纸的边缘，以防止液体从滤纸与漏斗之间流下（图 2.39）。过滤时，漏斗内径可充满滤液，滤液以本身的重量使漏斗内液下漏，过滤大为加速，否则，气泡的存在可阻缓液体在漏斗颈内流动而减缓过滤的速度。溶液倾倒完毕，从洗瓶中挤出少量水淋洗盛放沉淀的容器及玻璃棒，洗涤水也全部滤入接收容器中。

如果过滤后所得的滤液仍显浑浊，应再过滤一次。

如果过滤的目的是为了收集滤纸上的沉淀，需要洗涤沉淀，则等溶液转移完毕后，可以往漏斗内注入少量溶剂或水，使液面超过沉淀物，等溶剂或水滤出后，再次加入溶剂或水洗涤，如此重复操作两三遍，即可把沉淀物洗干净。洗涤时要坚持少量多次的原则，这样的洗涤效率才是高的。检查滤液中的杂质，可以判断沉淀是否已经洗净。

（2）减压过滤

减压过滤不仅可以加速过滤速度，还可获得比较干燥的沉淀，但是这种方法不适用于胶状沉淀以及颗粒太细的沉淀，因为胶状沉淀易堵塞滤孔或在滤纸上形成一层密实的沉淀，使溶液不易透过，而颗粒太细的沉淀更易透过滤纸，导致部分沉淀滤到滤液中。

减压过滤装置由水泵（现在实验室一般采用循环水式真空泵）、布氏漏斗、吸滤瓶、安全瓶组成（图 2.40）。原理是利用水泵将吸滤瓶中的空气抽出，使其减压，布氏漏斗的液面与瓶内形成压力差，从而提高过滤速度。在水泵和吸滤瓶之间安装一个安全瓶，以防止倒吸。过滤前，先将滤纸剪成直径略小于布氏漏斗内径的圆形，平铺在布氏漏斗的瓷板上，滤纸的大小应剪得恰好盖住漏斗的瓷孔，先用水或相应的溶剂润湿，然后开启泵，使它贴紧漏斗不留孔隙，这时可以进行过滤操作。过滤完毕，应先拔掉吸滤瓶上的橡皮管，再关掉水龙头。

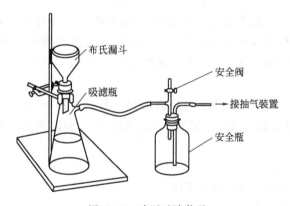

图 2.40　减压过滤装置

需要注意的是在吸滤过程中，不得突然关闭水泵，如需取出沉淀或倒出滤液而停止吸滤时，应该先将安全阀打开，停止吸滤，然后再关上水泵，以防止水倒吸。

（3）热过滤

如果溶液中的溶质在温度下降时很易析出大量结晶，而又不希望它在过滤过程中留在滤纸上，这时就要进行热过滤。

常压热过滤的漏斗由铜质夹套和普通玻璃漏斗组成（图2.41）、铜质夹套内可装液体（如水），并且可以被加热，待夹套内温度升到所需温度便可过滤热溶液。也可以在过滤前把普通漏斗放在水浴上，用蒸汽加热，然后使用，此法简单易行。另外，热过滤时选用的玻璃漏斗的颈部越短越好，以免过滤时溶液在漏斗颈内停留过久，因散热降温使得晶体析出而发生堵塞。

过滤操作与常压过滤相同。

图 2.41　热过滤装置

2.8.3 离心分离法

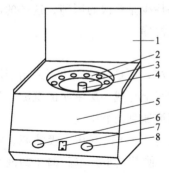

图 2.42　80-2 台式电动离心机
结构示意图

1—门盖；2—转子试管机；3—转子；
4—主轴；5—外壳；6—调速旋钮；
7—电源开关；8—时间旋钮

当被分离的沉淀量很少，使用一般过滤法过滤后，沉淀会粘在滤纸上，难以取下，这时可采用离心分离。另外，被分离溶液量很少时，也不宜采用一般方法过滤，可以采用离心分离法。离心分离法是将需分离的沉淀和溶液装在离心管中，然后放入离心机（图 2.42）内高速旋转，使沉淀集中于试管底部，上层为清液。

（1）离心机工作原理

离心机是利用离心力分离液体与固体颗粒或液体与液体的混合物中各组分的机械。主要用于将悬浮液中的固体颗粒与液体分开；或将乳浊液中两种密度不同，又互不相溶的液体分开（例如从牛奶中分离出奶油）；它也可用于排除湿固体中的液体，例如用洗衣机甩干湿衣服；特殊的超速管式分离机还可分离不同密度的气体混合物；利用不同密度或粒度的固体颗粒在液体中沉降速度不同的特点，有的沉降离心机还可对固体颗粒按密度或粒度进行分级。

（2）离心机组成

实验室常用电动离心机有低速、高速离心机和低速、高速冷冻离心机，以及超速剖析制备两用冷冻离心机等多种型号。其中以低速（包括大容量）离心机和高速冷冻离心机应用最为普遍。下面以 80-2 台式电动离心机（2.42）为例介绍离心机的结构及使用方法。

80-2 台式电动离心机属常规实验室用离心机，最高转速 4000r/min，属低速台式离心机。该机由主机和附件组成，其中主机由机壳、离心室、驱动系统、控制系统等部分组成，转子和离心管为附件。

（3）离心机使用方法

① 打开门盖先将内腔及转头擦拭干净。

② 将事先称量一致的离心管放入试管套内，并成偶数对称放入转子试管孔内。

③ 关闭离心机盖，设定定时时间，合上电源开关。

④ 调节调速旋钮，升至所需转速。

⑤ 确认转子完全停转后，方可打开门盖，小心取出离心管，完成整个分离过程。

⑥ 工作完毕，必须将调速旋钮置于最小位置，定时器置零，关掉电源开关，切断电源，擦拭内腔及转头，关闭离心机盖。

（4）注意事项

① 为确保安全和离心效果，仪器必须放置在坚固、防震、水平的台面上，并确保四只基脚均衡受力。

② 工作前应均匀放入空心管，将机器以最高转速运行 1~2min，发现无异常才可工作。

③ 离心管放在离心机的套管内时，要放在对称位置上，质量要均衡，以保证离心机旋转时平衡稳定，同时避免破坏离心机的轴。如果只有一支离心管中的沉淀需要分离，则可另取一支离心管，装等质量的水，放入对位的套管中以保持平衡。缓慢旋转离心机的旋钮，让离心机的转速由小变大。

④ 运行过程中不得移动离心机，严禁打开门盖；在电机及转子未完全停稳的情况下不得打开门盖。

⑤ 离心机停机后应自然减速停止转动，不能强制令其停止转动。

图 2.43　用滴管吸取清液

⑥ 离心沉降后，从套管中取出离心管，用小滴管轻轻吸取上层清液（注意：用滴管吸液时，要先用手指捏紧滴管的橡皮头排出其中空气后，方可伸入离心管吸取清液！）（图 2.43）。另外，需洗涤沉淀时，可将洗涤液滴入试管，用尖头玻璃棒搅动沉淀，然后再离心沉降，用滴管吸去上层清液，如此反复洗涤三次即可。

⑦ 分离结束后，应及时将仪器擦拭干净，同时关闭仪器的电源开关并拔掉电源插头。

2.9　气体的发生、净化与收集

2.9.1　启普发生器

当反应物为块状不溶于水的固体和液体，并在不加热的条件下进行反应制备气体时，实验室常采用启普发生器。例如氢气、二氧化碳和硫化氢的制备。

启普发生器由一个葫芦形的玻璃容器和球形漏斗组成［图 2.44（a）］，固体药品放在中间圆球内，可以在固体下面放些玻璃棉来承受固体，以免固体掉至下球中。反应液体从球形漏斗加入。使用时，只要打开活塞，反应液体即进入中间球内，与固体接触而产生气体。停止使用时，只要关闭活塞，气体就会把酸从中间球压入下球及球形漏斗内，使固体与酸不再接触而停止反应。

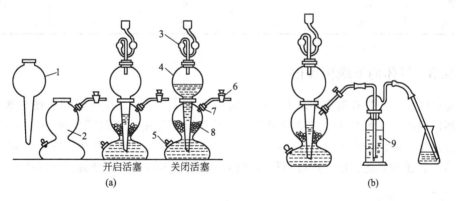

开启活塞　　关闭活塞
(a)　　　　　　　　　　　　　　(b)

图 2.44　启普发生器

1,4—球形漏斗；2,8—球形容器；3—安全漏斗；5—液体出口；
6—活塞；7—气体出口；9—洗气瓶

启普发生器中的酸液长久使用后会变稀，此时，先用橡胶塞塞住球形漏斗口，然后把下球侧口的橡皮塞（有的是玻璃塞）拔下，让酸液慢慢地流出。塞紧塞子，再向球形漏斗中加酸。需要更换或添加固体时，可把装有玻璃活塞的橡胶塞取下，由中间圆球的侧口加入固体。

图 2.44（b）为连有洗气瓶的启普发生器。

2.9.2 气体钢瓶

实验室还可以使用气体钢瓶直接获得各种气体。

气体钢瓶是储存压缩气体的特制耐压钢瓶，使用时，通过减压阀（气压表）有控制地放出气体。由于钢瓶的内压很大（有的高达 15MPa），而且有些气体易燃或有毒，所以在使用钢瓶时需要注意安全。

使用钢瓶时的注意事项如下：

① 钢瓶应存放在阴凉、干燥、远离热源（如阳光、暖气、炉火）处。储存可燃性气体的钢瓶必须与储存氧气的钢瓶分开存放。

② 绝不可使油或其他易燃性有机物粘在钢瓶上（特别是气门嘴和减压阀），也不得用棉、麻等物堵漏，以防燃烧引起事故。

③ 使用钢瓶中的气体时，要用减压阀（气压表）。各种气体的气压表不得混用，以防爆炸。

④ 不可将钢瓶内的气体全部用完，一定要保留 0.05MPa 以上的残留压力（减压阀表压），可燃性气体（如 C_2H_2）应剩余 0.2～0.3MPa。

⑤ 为了避免各种气瓶混淆而用错气体，通常在气瓶外面涂以特定的颜色，以示区别，并在瓶上写明气体的名称。表 2.4 为我国气瓶常用的标记。

表 2.4　我国气瓶常用的标记

气体类别	瓶身颜色	标字颜色	气体类别	瓶身颜色	标字颜色
氮	黑	黄	氨	黄	黑
氧	天蓝	黑	二氧化碳	黑	黄
氢	深绿	红	氯	黄绿	黄
空气	黑	白	乙炔	白	红

2.9.3 气体的干燥和净化

制得的气体往往带有酸雾和水汽，使用时需要净化和干燥。酸雾可用水或玻璃棉除去；水汽可用浓硫酸、无水氯化钙或硅胶吸收。一般情况下使用洗气瓶或干燥塔（图 2.45）等设备进行净化。液体洗涤液（如水、浓硫酸）装在洗气瓶内，无水氯化钙或硅胶装在干燥塔内。气体中如还有其他杂质，则应根据具体情况分别用不同的洗涤液或固体吸收。

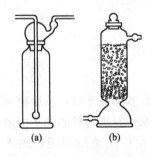

图 2.45　洗气瓶
(a) 和干燥塔 (b)

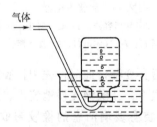

图 2.46　排水法收集

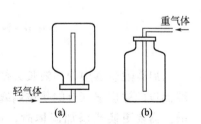

图 2.47　排气法收集

2.9.4　气体的收集

① 在水中溶解度很小的气体（如氢气、氧气），可用排水集气法（图2.46）收集。

② 易溶于水而比空气轻的气体（如氨气），可按图2.47(a) 所示的排气集气法收集。

③ 能溶于水而比空气重的气体（如氯气和二氧化碳），可按图2.47(b)所示的排气集气法收集。

2.10　温度的控制与测量

2.10.1　温度的控制

化学实验中经常要使用恒温装置，按温度分成高温恒温（＞250℃）、常温恒温（室温～250℃）及低温恒温（－218℃～室温）三类。普通化学实验一般采用常温恒温。

最常用的恒温装置有恒温槽和水浴锅。

(1) 恒温槽

恒温槽是以液体为介质的恒温装置，它的最大优点是热容量大和导热性好，从而使温度控制达到较高的稳定性和灵敏度。

根据温度控制的范围，可采用下列液体介质：

－60～30℃——乙醇和乙醇水溶液；

0～90℃——水；

80～160℃——甘油或甘油水溶液；

70～200℃——液体石蜡、汽缸润滑油、硅油。

(2) 水浴锅与温度控制仪联用控温

它的特点是简单方便，便于操作。整套装置由水浴锅、密封电炉、感温器、温度控制仪等几部分组成。使用前必须按照说明书进行安装连接。

2.10.2　温度的测量

实验室中最常用的温度计有水银温度计、酒精温度计和贝克曼（差示）温度计三种。

一般常用的水银温度计有100℃、200℃、360℃等规格，可准确至0.1℃。测量正在加热的液体的温度时，最好将温度计悬挂起来，并使水银球完全浸泡在液体中，注意勿使水银球接触容器的底部或器壁。

温度计的水银球一旦被打碎，要立即用硫黄粉覆盖，避免有毒的汞蒸气挥发。

另外，温度计不能做搅拌棒使用，以免将水银球碰破。刚刚测量过高温物体的温度计不能立即用冷水洗，以免水银球炸裂。使用温度计时，要轻拿轻放，不要甩动，以免打碎。

高温温度的测量要选用热电偶和与之配套的温度指示剂来测量。

贝克曼（差示）温度计属于移液式温度计，主要适用于科研工作中精确测定微量的温度变化。测温范围为－20～＋125℃，最小分格值为0.01℃，借助放大镜读数可精确到0.001℃。

贝克曼温度计具有两个标度。主标度范围为5℃，分格值为0.01℃；副标度温度范围为－20～＋125℃，分格值为2℃，副标度的功能是在－20～＋125℃能任意调节到实际所需要的 5℃温度。由于该温度计没有固定温度点，所以不能单独用来测定实际温度，需协同另一支标准温度计一起使用，才能测得精确的温度。

贝克曼温度计系精密仪器，放置时要小心轻放，切勿倒置。

2.11 干燥器的使用

干燥器是保持物品干燥的仪器，它是用厚质玻璃制成的，如图 2.48 所示，上面是一个磨口的盖子（盖子的磨口边上一般涂有凡士林），器内的底部放有干燥的氯化钙或硅胶等干燥剂，中部有一个可取出的、带有若干孔洞的圆形瓷板，供承放装有干燥物的容器用。

图 2.48　开启干燥器　　　　　图 2.49　搬动干燥器

打开干燥器时，不应把盖子往上提，而应把盖子往水平方向推开（图 2.48）。盖子打开后，要把它翻过来放在桌子上（不要使涂有凡士林的磨口边触及桌面）。放入或取出物体后，必须将盖子盖好，此时也应把盖子往水平方向推移，使盖子的磨口边与干燥器密合。

搬动干燥器时，必须用两手的大拇指将盖子按住（图 2.49），以防盖子滑落而打碎。

温度很高的物体必须冷却至略高于室温后，方可放入干燥器内。否则，干燥器内空气受热膨胀，可能将盖子冲开，即使能盖好，也往往因冷却后，干燥器内空气压力降低至低于干燥器外的空气压力，致使盖子很难打开。

为了获得更好的干燥效果，实验室经常使用真空干燥器，其盖子上有一个可供抽真空使用的活塞。使用真空干燥器时应注意以下几点：

① 放入样品，盖好盖子后用真空泵由活塞孔抽除干燥器内的空气 5～10min，然后关闭活塞。

② 打开干燥器时，先打开活塞通入空气，使干燥器内外压力相等，方可打开。其余操作与普通干燥器相同。

2.12 玻璃量器及使用

2.12.1 量筒的使用

量筒是用来量取要求不太严格的溶液体积的，它有 5～2000mL 等 10 余种规格。量筒使用时应垂直放置，读数时视线与液面水平，读取弯月面最低刻度，视线偏高或偏低均会产生误差（图 2.50）。另外，量筒不能用于加热，不能量取热的液体，也不能用作实验容器。

2.12.2 容量瓶的使用

容量瓶是配制标准浓度溶液的精密量器，是一种细颈梨形的平底玻璃瓶，带有磨口玻璃塞或塑料塞，颈部标有环形标线，表示在 20℃时溶液满至标线时的容积，有 10mL、25mL、50mL、100mL、200mL、500mL、1000mL 等规格，并有白、棕两种颜色，棕色瓶用来盛装见光易分解的试剂溶液。

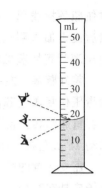

图 2.50　量筒的读数

一般的容量瓶都是"量入"容量瓶，标有"In"（过去用"E"表示），当液体充满到瓶颈标线时，液体体积恰好与标称容量相等。还有一种是"量出"容量瓶，标有"Ex"（过去用"A"表示），当液体充满到标线时，按一定的要求倒出液体，其体积恰好与瓶上的标称容量相同，这种容量瓶是用来量取一定体积的溶液用的，使用时应辨认清除。

容量瓶使用前要先检查瓶塞是否漏水，检查方法为：加自来水至标线附近，盖好瓶塞。左手食指按住塞子，其余手指拿住瓶颈标线以上部位。右手指尖托住瓶底边缘，如图 2.51 所示，将瓶倒立 2min，观察瓶塞周围是否有水渗出，如不漏水，将瓶子直立，旋转瓶塞 180°后，再倒立 2min，仍不漏水方可使用。为了避免打破磨口玻璃塞，应用线绳把塞子系在瓶颈上，平头玻璃塞可倒立于桌面上。

容量瓶的洗涤：尽可能只用自来水冲洗，必要时才用洗液浸洗。先用自来水冲洗几次，倒出后内壁不挂水珠，即可用去离子水荡洗三次。用铬酸洗液浸洗时，倒入约 10~20mL 洗液，边转动边将瓶口倾斜，至洗液布满内壁，放置几分钟，将洗液由上口慢慢倒出，边倒边转，使洗液在流经瓶颈时，布满全颈，然后再用自来水冲洗，蒸馏水荡洗三次。

溶液的配制：配制溶液时，若固体试样（试剂）易溶解，且溶解时没有很大的热效应，则可用漏斗将试样直接倒入容量瓶中溶解。

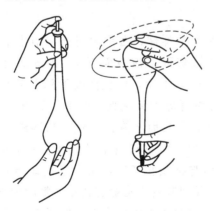

图 2.51　拿容量瓶的方法

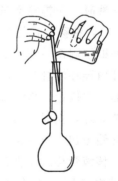

图 2.52　溶液的配制

而最常用的方法是将称量好的固体试样先溶解在小烧杯中，然后将溶液定量转移至容量瓶中，如图 2.52 所示。转移时，要顺着玻璃棒加入，玻璃棒的顶端靠近瓶颈内壁，使溶液顺壁流下，待溶液全部流完后，将烧杯轻轻向上提，同时直立，使附着在玻璃棒和烧杯嘴之间的一滴溶液收回到烧杯中。然后用蒸馏水冲洗玻璃棒和烧杯 3~4 次，每次溶液按上述方法转入容量瓶中。再加蒸馏水至容量瓶的 2/3 处。右手拇指在前，中指、食指在后，拿住瓶颈标线以上处，直立旋摇容量瓶，使溶液初步混合（此时切勿加塞倒立容量瓶）。然后慢慢加水到接近标线 1cm 左右时，等 1~2min，使附在瓶颈内壁上的溶液流下，再用细长滴管滴加蒸馏水恰至刻度线。

盖好瓶塞，左手大拇指在前，中指及无名指、小指在后，拿住瓶颈标线以上部分，而以食指压住瓶塞上部，用右手指尖顶住瓶底边缘。如容量瓶小于 100mL，则不必用手顶住，将容量瓶倒转，使气泡上升到顶，此时将瓶振荡，再倒转仍使气泡上升到顶，如此反复倒转摇动 15 次左右，使瓶内溶液混合均匀。

需要注意的是，容量瓶不宜用来长期存放配好的溶液，用完后要及时清洗干净。配套的塞子应挂在瓶颈上，以免污染或打碎；容量瓶长时间不用时，瓶与塞之间应垫一小纸片。另外，容量瓶不得在烘箱中烘烤，也不能在电炉上加热，如需要干燥时，可将容量瓶洗净，用无水乙醇等有机溶剂润洗后晾干或用电吹风吹干。用容量瓶定容时，溶液温度应和瓶上标示的温度相一致。

2.12.3 移液管的使用

移液管是准确移取一定体积液体的量器，简称吸管。实验中常用的有两种形状，一种是中间有一膨大部分（称为球部），上下两段细长，上端刻有环形标线，球部标有容积和温度，常用的规格有 10mL、20mL、25mL、50mL 等；另一种是具有分刻度的移液管，又叫吸量管，常用的规格有 1mL、2mL、5mL、10mL 等，用它可以吸取标示范围内所需任意体积的溶液，但吸取溶液的准确度不如移液管。

（1）移液管的洗涤

移液管和吸量管使用前必须进行洗涤。一般情况下，先用铬酸洗液浸泡数小时，再用自来水、蒸馏水冲净，然后用滤纸将移液管尖嘴内外的水吸净，最后用少量被移取的溶液润洗三次，以确保所移取溶液浓度不变。

（2）移液管的使用

用移液管移液时，先排除空气，左手拿洗耳球，右手大拇指和中指拿住移液管标线的上方（图 2.53），将移液管的下端伸入被移取溶液液面下 1~2cm 深处，不要伸入太多，以免管口外壁沾附溶液过多；也不要伸入太少，以免液面下降后吸空。左手将洗耳球捏瘪，把尖嘴对准移液管口，慢慢放松洗耳球使溶液吸入管中，如图 2.53 所示，眼睛注意正视上方的液面位置，移液管应随容器中液面下降而降低。当溶液上升到高于标线时，迅速移去洗耳球，立即用食指按住管口，将移液管下端移出液面，略微放松食指，将多余的溶液慢慢放出，直到溶液弯月面与标线相切时，用食指立即堵紧管口，不让溶液再流出。再把移液管移入接收容器中，并使其管尖接触容器壁［管的尖嘴靠在倾斜（约45°）的接收容器内壁上］，松开食指，让溶液自由地沿壁流下，如图 2.54 所示，全部流出后再停顿约 15s，取出移液管。注意，切勿将残留在尖嘴末端的溶液吹入接收容器中，因为校准移液管时，没有把这部分体积计算在内。个别移液管上标有"吹"字的，可把残留管尖的溶液吹入容器中。

另外，用移液管吸取液体时，必须使用洗耳球或抽气装置，切记勿用口吸。实验中要保护好移液管和吸量管的尖嘴部分，用完后要立即洗涤干净，及时放在移液管架上，以免在实验台上滚动打坏。

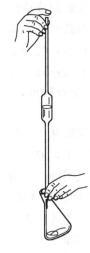

图 2.53　移液管吸取溶液　　　　图 2.54　从移液管中放出溶液

吸量管的操作方法与移液管的使用基本相同。使用吸量管时，通常是使液面从吸量管的最高刻度降到某一刻度，两刻度之间的体积差即为所需体积，在同一实验中尽可能使用同一吸量管的同一刻度区间。

2.12.4　滴定管的使用

滴定管是滴定时可以准确测量标准溶液体积的玻璃仪器，它是一根具有精密刻度、内径均匀的细长玻璃管，可连续地根据需要放出不同体积的液体，并准确读出液体体积的量器。根据长度和容积的不同，滴定管可分为常量滴定管、半微量滴定管和微量滴定管。

按移取溶液的不同，滴定管一般分为酸式滴定管和碱式滴定管。酸式滴定管又称具塞滴定管，它的下端有玻璃旋塞开关，用来装酸性溶液、氧化性溶液及盐类溶液，不能装碱性溶液如 NaOH 等。碱式滴定管又称无塞滴定管，它的下端有一根橡胶管，中间有一个玻璃珠，用来控制溶液的流速，它用来装碱性溶液与无氧化性溶液，凡可与橡胶管起作用的溶液（如 $KMnO_4$、$K_2Cr_2O_7$、碘液等）均不可装入碱式滴定管中。有些需要避光的溶液（如硝酸银、高锰酸钾溶液）应采用棕色滴定管。

（1）滴定管的洗涤

滴定管使用前必须先洗涤，洗涤时以不损伤内壁为原则。

当滴定管没有明显污染时，可以直接用自来水冲洗，或用滴定管刷蘸上肥皂水或洗涤剂刷洗，不能用去污粉。如果用肥皂水或洗涤剂不能清洗干净，则可用洗液清洗。洗涤酸管时，先关闭活塞，倒入洗液，一手拿住滴定管上端无刻度部分，另一手拿住活塞上无刻度部分，边转动边将管口倾斜，使洗液流经管内壁，然后打开活塞，放出少量洗液洗涤管尖，使洗液布满全管。最后从管口放出（也可用铬酸洗液浸洗），然后用自来水冲净，再用蒸馏水洗 3 次，每次 10～15mL。每次加入蒸馏水后，要边转动边将管口倾斜，使水布满管内壁，然后将管竖起，打开活塞，使水流出一部分以冲洗滴定管的下端，关闭活塞，将其余的水从管口倒出。

洗涤碱式滴定管时，先去掉下端的橡胶管和玻璃珠，放入洗液浸洗。再将管体倒立入洗液中，用洗耳球将洗液吸上洗涤。

滴定管用肥皂水、洗涤剂或洗液洗涤后都需要用自来水充分洗涤，然后检查滴定管是否洗净，滴定管的外壁应保持清洁。滴定管洗净后，先检查旋塞转动是否灵活，是否漏水。对于酸式滴定管，先关闭活塞，将滴定管充满水，用滤纸在旋塞周围和管尖处检查。然后将旋塞旋转 180°，直立 2min，再用滤纸检查。如漏水，酸式滴定管涂凡士林；对于碱式滴定管，装水后直立 2min，观察是否漏水，应先检查橡胶管是否老化，检查玻璃珠是否大小适当，若有问题，应及时更换。

（2）酸式滴定管活塞涂凡士林的方法

把滴定管平放在桌面上，取下活塞，将活塞和活塞槽用滤纸擦干，用手指蘸上少量凡士林，在活塞孔的两边沿圆周涂上一薄层（凡士林不宜涂得太多，尤其是在孔的两边，以免堵塞小孔）（图 2.55）。然后将活塞插入槽中，向同一方向转动活塞，直到从外面观察时全部透明为止。如果发现旋转不灵活或出现纹路，表示凡士林不够；如果有凡士林从活塞缝隙溢出或被挤入活塞孔，表示涂凡士林太多。凡出现上述情况，都必须重新涂凡士林，最后还应检查活塞是否漏水。

最后用操作溶液洗涤 3 次，每次用量 10mL 左右，其洗法同蒸馏水。

（3）滴定管下端气泡的清除

当操作溶液装入滴定管后，检查活塞周围是否有气泡，如下端留有气泡或未充满部分，用右手拿住酸式管上部无刻度处，将滴定管倾斜 30°，下接一个烧杯，左手迅速打开活塞使溶液冲出，从而使溶液布满滴定管下端。

碱式滴定管排气泡的方法是将管体竖直，左手拇指捏住玻璃珠，使橡胶管弯曲，管尖斜向上约 45°（图 2.56），挤压玻璃珠处胶管，使溶液从管尖喷出，这时一边挤压橡胶管，一边把橡胶管放直，等到橡胶管放直后，再松开手指，否则末端仍会有气泡。

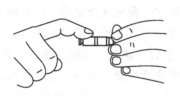　　　

图 2.55　活塞涂凡士林　　　图 2.56　碱式滴定管赶去气泡的方法

（4）滴定管的读数

把滴定管夹在滴定管架上，并保持垂直，或右手拿住滴定管上部无刻度处，让其自然下垂，否则会造成读数误差。把一烧杯放在滴定管下，按操作法以左手轻轻打开酸式滴定管的活塞，使液面下降到 0～1.00mL 范围内的某一刻度为止，等 1～2min 后再检查一下液面有无改变，没有改变方可读数。

读数时应遵守以下规则：

① 装满溶液或放出溶液后，必须等 1～2min，使附着在内壁上的溶液流下后再读数。

② 读数时，将滴定管从滴定管架上取下，左手捏住上部无液处，保持滴定管垂直，视线与凹月面最低点刻度水平线相切，见图 2.57。

若溶液颜色太深，不能观察到凹月面，可读取液面最高点，初读数与终读数应取同一标准。

③ 读数时必须读到小数点后第二位，而且要求估计到 0.01mL。

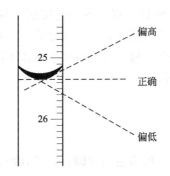

图 2.57　滴定管读数视线的位置

（5）滴定

滴定时，通常将酸式滴定管夹在滴定管夹的右边，活塞柄向外。用左手控制旋塞，拇指在前，食指、中指在后，无名指和小指弯曲在滴定管和旋塞下方之间的直角中，转动旋塞时，手指弯曲，手掌要空，见图 2.58。开始滴定前，先将悬挂在滴定管尖端处的液滴除去，读下初读数。将滴定管下端伸入烧杯中，转动活塞，使滴定液逐滴滴入。如在锥形瓶内进行滴定（图 2.59），滴定管下端伸入瓶口约 1cm 处，左手操作滴定管，右手前三指拿住瓶颈，随滴随摇（以同一方向做圆周运动）。在整个滴定过程中，左手一直不能离开活塞。在滴定时必须熟练掌握旋转活塞的方法，能根据不同的需要，控制旋转活塞的速度和程度，既能使溶液逐滴滴入，也能只滴加 1 滴就立即关闭活塞或使液滴悬而未落。

图 2.58　酸式滴定管的操作

图 2.59　滴定操作

使用碱式滴定管时，以左手握住滴定管，拇指在前，食指在后，用其他手指辅助固定管尖。用拇指和食指捏住玻璃珠所在部位，向前挤压胶管，使玻璃珠偏向手心，溶液就可以从空隙中流出。右手三指拿住瓶颈，瓶底离台面 2～3cm，滴定管下端伸入瓶口约 1cm，微动右手腕关节摇动锥形瓶，边滴边摇使滴下的溶液混合均匀。摇动时手腕用力使瓶底沿顺时针方向画圆，要求使溶液在锥形瓶内均匀旋转，形成漩涡，溶液不能有跳动，管口与锥形瓶应无接触。但是需要注意的是，不能使玻璃珠上下移动，更不要捏玻璃珠以下的橡胶管，那样会把玻璃管下部的橡皮管捏宽，待放开手时，就会有空气进入而形成气泡。

无论哪种滴定管，都必须熟练掌握三种加液方法：逐滴滴加、加 1 滴、加半滴。

滴定过程中，需注意观察滴定的滴落点。滴定刚开始时，由于离滴定终点很远，可以"连滴成线"，每秒 3～4 滴为宜，之后逐滴滴下，快到终点时则要半滴或 1/4 滴地加入，以免过量。半滴的加入方法是：小心放下半滴滴定液悬于管口，用锥形瓶内壁靠下，然后用洗瓶冲下。当锥瓶内指示剂指示终点时，立刻关闭活塞停止滴定。静置 1～2min 后，取下滴定管，右手执管上部无液部分，使管垂直，目光与液面平齐，读出读数，读数时应估读一位。滴定结束，滴定管内剩余溶液应弃去，洗净滴定管，夹在滴定架上备用。

实验完毕，倒出滴定管内剩余溶液，并用自来水冲洗干净，再用蒸馏水荡洗 3 次，然后装满蒸馏水，罩上滴定管盖，备用。

2.13 试纸

实验室常用试纸来定性检验一些溶液的酸碱性，或判断某些物质是否存在。常用试纸有 pH 试纸、石蕊试纸、碘化钾-淀粉试纸、醋酸铅试纸等。

2.13.1 pH 试纸

用来检查溶液的 pH 值。

pH 试纸有两类：一类是广泛 pH 试纸，变色范围在 pH＝1～14，可粗略测溶液的 pH 值；另一类是精密 pH 试纸，如变色范围在 pH＝2.7～4.7、3.8～5.4、5.4～7.0、6.9～8.4、8.2～10.0、9.5～13.0 等。这类精密 pH 试纸可用来较精确地测定溶液的 pH 值。

使用时先将试纸剪成小块，放在干燥的表面皿或白色点滴板上。用玻璃棒蘸取待测溶液点试纸中部。试纸变色后，再与标准色板比较，便可确定溶液的 pH 值。不能将试纸浸泡在待测溶液中，以免造成误差或污染溶液。

2.13.2 石蕊试纸

用来检验溶液的酸碱性。

石蕊试纸有两类：蓝色石蕊试纸和红色石蕊试纸。

使用石蕊试纸的方法和 pH 试纸相同。若检查挥发性物质及气体时，可先将石蕊试纸用蒸馏水润湿，然后悬空放在气体出口处，观察试纸颜色变化。

2.13.3 碘化钾-淀粉试纸

用来定性检验氧化性气体，如 Cl_2、Br_2 等。试纸曾在 KI-淀粉溶液中浸泡过。使用时用蒸馏水润湿，置于反应容器上方（勿与反应物接触）。若反应中产生氧化性气体，如 Cl_2、Br_2 等，则与试纸上的 KI 反应，生成 I_2，而 I_2 立即与试纸上的淀粉作用，使试纸变为蓝紫色。

2.13.4 醋酸铅试纸

用来定性检验 H_2S 气体。试纸曾在醋酸铅溶液中浸泡过。使用时用蒸馏水润湿，置于反应容器上方（不与反应物接触）。若有 H_2S 气体产生，则会与试纸上的醋酸铅反应，生成黑色的 PbS 沉淀，而使试纸显黑褐色且有金属光泽。

各种试纸都要密闭保存，并且用镊子取用试纸。

第3章

普通化学微型实验简介

3.1 微型化学实验的发展历史

所谓微型化学实验，就是以尽可能少的化学试剂来获取所需化学信息的实验方法与技术。虽然它的化学试剂用量一般只为常规实验用量的几十分之一乃至几千分之一，但其效果却可以达到准确、明显、安全、方便和防止环境污染等目的。纵观化学发展的历史，化学实验的试剂用量是随着科学技术的发展逐渐减少的。

1925 年，埃及 E. C. Grey 出版了《化学实验的微型方法》，这是较早的一本微型化学实验大学教材。

从 1982 年开始，美国的 Mayo 和 Pike 等人开始在基础有机化学实验中采取主要试剂为 mmol 量级的微型制备实验，取得了成功，从而掀起了研究与应用微型化学实验的热潮。

1986 年，由 Mayo 等编著的《微型有机化学实验》出版，全书共汇集从基本操作训练到多步骤有机制备的微型化学实验 84 个，覆盖了大学基础有机实验并有所改进，与此书配套的 Mayo 型有机仪器也由厂家批量生产。国外微型有机化学实验的迅速推广带动了无机化学、普通化学和中学化学的微型化学实验的研究。

从 1986 年开始，Zvi Szafram 与他的同事们在 Merimack 学院的中级无机化学实验中采用微型化学实验，次年实现全面微型化。他们编著的《微型无机化学实验》于 1990 年出版。

J. L. Millsh 和 M. L. Hampton 合著出版了《普通化学微型化学实验》一书，该书一共汇集了大学一年级的微型化学实验共 20 个。

1994 年，Zvi Szafram 等人又出版了《微型普通化学实验》一书。

国际上著名的美国化学教育杂志从 1989 年 11 月起开辟了 Zipp 博士主持的微型化学实验专栏，这是微型化学实验成为国际化学教育发展的重要趋势的一个标志。1990 年以来，历次 ICCE（国际化学教育大会）和 IUPAC 学术大会都把微型化学实验列为会议的议题。

我国也在教育部牵头下建立了全国微型化学实验研究中心，统筹协调国内的微型化学实验的研究与应用工作，开展国际学术交流。另外，有关微型化学实验的网站也相继出现，如：中国微型化学实验中心，它是专业的微型化学实验研究的网站，主要包括专家简介、ML 论坛、ML 介绍、资源中心、ML 产品、电子期刊、相关链接等栏目。湛江师范学院微型化学实验网是专业的微型化学实验研究的网站，主要包括了微型化学实验、微型仪器、教学课件、资源中心、实验手册、化学论坛等栏目。

3.2 微型化学实验的特点

① 微型化学实验是以尽可能少的试剂，来获取化学信息的实验方法。尤其是采用闭路操作、循环使用等方法来保护环境，符合绿色化学要求，对提高学生的环保意识具有重要意义。

② 一些由于试剂昂贵或实验危险等原因，难以采用常规实验方法的实验，可以通过微型实验面向学生，如稀土元素实验、贵重金属化合物实验、金属有机化学实验等。实验微型化，弥补了教学上的不足，同时也大大节省了实验开支。

③ 微型化学实验有利于将合成与鉴定融为一体。采用红外光谱、色谱分析、核磁共振等现代仪器对实验制得的少量产物进行组成和结构的测定，有利于学生通过由常量实验到微型实验的方法演变，学会利用化学基本原理来重新设计、改造、组合各种仪器装置，从而学习科学研究的方法，活跃思路，激发科学创造力。

④ 采用微型化学实验同样促进教师进行教学内容与方法的改革。由于微型实验安全、经济，对教学研究质量的提高，对化学学科的建设都起到了积极作用。

当然，微型化学实验也有它的不足之处。例如，容易忽视基本操作的规范性，较少考虑实验中有关的安全因素等。因此，微型实验虽然具有许多优越性，但也并不是所有实验都可用之代替的。在教学中，应根据实验的内容、目的、现象和定量要求等进行选择，使常规实验和微型实验相结合，两者取长补短，这样可以发挥更好的教学效果。

3.3 微型化学实验的仪器

目前，定性的微型化学实验仪器按仪器的材质分为两大系列：成套玻璃仪器及一些单元操作装置；高分子材料制作的仪器。

3.3.1 成套玻璃仪器及一些单元操作装置

Mayo 和 Williamson 分别设计了以他们的名字为型号的成套玻璃仪器，如图 3.1、图 3.2 所示。每套玻璃仪器均可放置在一个与 16 开书籍大小相近的塑料盒中。

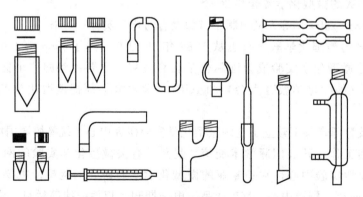

图 3.1　Mayo 型微型玻璃仪器的主要部件

这两套玻璃仪器的部件，相当一部分是常规仪器的微缩化，另外还有一些是具有特色的

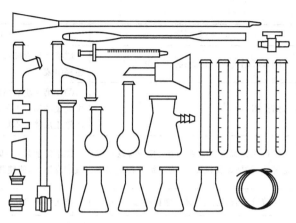

图 3.2 Williamson 型微型玻璃仪器的主要部件

反应器和多功能器件。它们可以灵活拆装，能满足无机化学、有机化学、分析化学以及普通化学等化学实验的需求，具有一种仪器多种功能的优点，是微型化学仪器的配套仪器。

1989 年，我国高等学校化学教育研究中心把微型化学实验课题列入科研计划，由华东师范大学和杭州师范大学牵头成立微型化学实验研究课题组。杭州师范大学承担了国家教委下达的微型化学实验玻璃仪器和塑料系列仪器等新产品的研制任务；华东师范大学与厂家合作研制初中微型化学实验箱。经过近两年的努力，前两项新产品通过了国家教委的鉴定，初中微型化学实验箱通过了北京市教委的鉴定，均已投放市场。在实践中，又开发出多种实验配件和成套仪器，为微型化学在中国的发展打下了坚实的基础。常用玻璃材质微型化学实验仪器及其配件见表 3.1。

表 3.1　常用玻璃材质微型化学实验仪器及其配件

仪器名称	一般用途	使用注意事项
微型气体发生器	由 U 形管和内套管组成。①用于装配气体发生装置；②可用于液-固制气、液-液制气和固-固加热制气；③可作电解、电镀盛液容器	可直接加热,要防止骤冷、骤热,以免引起仪器破裂;使用时轻拿轻放,以免用力过猛,在弯曲处断裂;内套管根据需要可以随意取出,要注意保管;与其他仪器连接时,不要用力过猛,以免破裂
V 形侧泡反应管	①用于气体与液体或气体与固体进行反应的装置；②可用作液体、固体加热分解反应装置	可直接加热,加热时要先使其均匀受热,再在固定部位加热;与其他仪器连接时,不要用力过猛,以免破裂
侧泡具支试管	制取小量气体,可用作试剂的反应容器,洗气或干燥管,也可同时装载两种试剂分别进行实验	可直接加热,要防止骤冷、骤热,以免引起仪器破裂;与其他仪器连接时,不要用力过猛,以免破裂
反边小试管	①盛小量试剂；②用作小量试剂的反应容器；③收集小量气体	①可直接加热,防止骤冷骤热;②加热时应用试管夹夹持;③与其他仪器连接时,不要用力过猛,以免破裂
直角形通气管	用于导气	球状处为内接口,套上乳胶管可与侧泡具支试管连接组装气体干燥和洗气装置
小烧杯	①用作较大量反应的反应容器,反应物易混合均匀；②可作配制溶液的容器；③盛水容器	①防止搅动时液体溅出,或沸腾时液体溢出;②防止玻璃受热不均匀而破裂

仪器名称	一般用途	使用注意事项
尖嘴管	①作可燃气体的燃烧;②用于导气	球状处为内接口,套上乳胶管可与其他仪器连接组装
微型酒精灯	加热用	①在第一次点燃时,先打开盖子用嘴吹去其中聚集的酒精蒸气,然后点燃,以免发生事故;②停止加热时不能用嘴去吹灭
多用滴管	①可作为试剂的储瓶、滴管、反应容器和滴定管等;②把颈管拉细,作为毛细管和搅拌棒	①不能加热;②聚乙烯制品,耐一般无机酸碱的腐蚀,不能装载有机试剂
止气(水)夹	夹着乳胶管,阻止气体或液体通过	防止大角度折反
毛刷	洗刷玻璃仪器	小心刷子顶端的铁丝撞破玻璃仪器
卡仪板	①可用于固定仪器;②与不锈钢铁夹和微型操作台配合使用可充当试管架	如果用于夹持仪器进行加热时,应距离加热点尽量远
微型实验操作台	①用于固定或放置反应容器;②操作台底座上的两个孔可用于放置多用塑料滴管;③操作台底座上有四个孔穴,用于点滴反应,适用一些不需要分离的沉淀反应,尤其是显色反应	①仪器固定时,仪器和操作台的重心应落在底座中部;②操作台支柱可活动,使用完后可拆下放置;③孔穴不适宜进行接触有机试剂的反应
水槽(仪器盒托盘)	①装载仪器配件;②装较大量的水当作水槽使用	用后要擦干水分

现在微型化学实验仪器逐渐成熟,湛江师范学院研发的微型化学实验仪器套装采用的简易标准接口(专利号:01258568.8)、多功能微型实验操作台(专利号:01258570.X)获多项国家发明及实用新型专利,微型化学实验仪器套装现在已经批量生产。

3.3.2 高分子材料制作的仪器

无机化学和普通化学微型实验仪器中还有另一类高分子材料制作的仪器,主要有井穴板和多用滴管两个品种。

(1)井穴板

井穴板是无机化学实验和普通化学实验的重要反应容器,反应温度一般不高于50℃。每个井穴板的孔穴容积为0.3~6.0mL,具有烧杯、试管、点滴板、试剂储瓶等多种功能,还可以起到比色管的作用。

国外的井穴板以板上井穴数目来定规格,有96孔(井穴容积约0.3mL)、24孔(约2.8mL)(图3.3)、12孔(约6.3mL)几种。

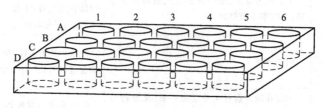

图3.3 24孔井穴板

国内生产的井穴板现有 96 孔（约 0.3mL）、40 孔（约 0.3mL）、9 孔单条井穴板（约 0.7mL）、6 孔井穴板（约 5mL）。后三种井穴板在微型实验中应用较多，为便于使用，常以单孔容积作为分类依据，即 0.7mL 井穴板指 9 孔单条井穴板；5mL 井穴板是指 6 孔井穴板（图 3.4）。市场供应的井穴板多用透明的聚苯乙烯或有机玻璃为材料，经压塑制成。对于井穴板的技术要求是：一块板上各井穴的容积应一致，同一列井穴的透光率相同。井穴板是微型无机或普通化学实验的重要反应容器。温度不高于 323K（50℃）的无机反应，一般可在井穴板上进行。因而井穴板具有烧杯、试管、点滴板、试剂储瓶等的一些功能，有时还可起到比色管的作用。颜色改变或有沉淀生成的无机反应在井穴板上进行现象明显，不仅操作者容易观察，而且通过投影仪还可做演示实验。

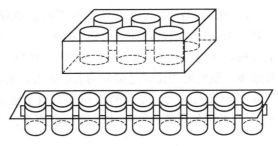

图 3.4　6 孔和 9 孔井穴板

（2）多用滴管

多用滴管由具有弹性的聚乙烯吹塑制成（图 3.5）。它由一个圆筒形吸泡与一根细长的直管连接而成，国内已生产吸泡体积为 4mL 的多用滴管。多用滴管兼有储液和滴瓶功能，可耐一般无机酸、无机碱的腐蚀，是无机酸、无机碱、无机盐溶液的实用小滴瓶。多用滴管的吸泡还是一个反应容器，也可作离心管用，其余功能可以按照反应需要进行开发（见表 3.2）。

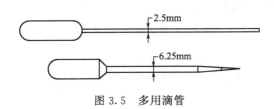

图 3.5　多用滴管

表 3.2　国外多用滴管的型号与规格

型号	吸泡体积/mL	径管直径/mm	径管长度/mm
Ap1444	4	2.5	153
Ap1445	8	6.3	150

一些易与空气中的 O_2 与 CO_2 等反应的试剂配制好后，即可按捏多用滴管的吸泡，使空气大部分排出，吸入所配的试剂至充满吸泡约 2/3 体积时，倒转滴管使径管朝上，轻挤吸泡，排出径管中的液体（可边排边用吸水纸吸去），然后在酒精灯焰上熔灼径管中部，再贴上试剂标签，这样就完成了该试剂滴瓶的灌装封口工作。此试剂滴瓶可保存较长的时间并便

于携带和存放。用一块厚度约1cm的泡沫塑料、以合适的打孔器在上面钻几排孔就是一只实用的滴瓶架（图3.6）。

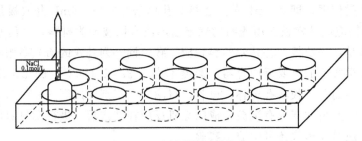

图3.6 试剂滴瓶及滴瓶架

多用滴管的径管经加热软化后可拉细（也可在室温下拔伸拉细）做成毛细滴管（图3.7），用它可转移液体，若预先校准它的液滴体积（约50滴/mL），则通过液滴的数目可较准确地计量出滴加液体的体积，这时它成了少量液体滴加计量器和一个简易的微型滴定管。由于手工拉出的毛细管管壁薄，温度的变化对毛细管的影响颇大，液滴体积要经常校准比较麻烦。实践发现，在多用滴管径管上紧套一个市售医用塑料微量吸液头（简称微量滴头），就组合成液滴体积约0.025mL的毛细滴管（图3.8），这时液滴体积不易变化，便于使用。

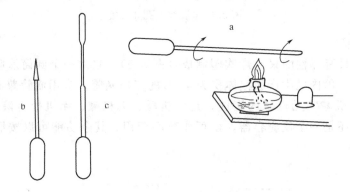

图3.7 多用滴管径管的加工

图3.8 微量滴头（a）与多用滴管（b）组成的毛细滴管

多用滴管的吸泡还是一个反应容器，也可放入离心机中离心，它的其余功能还有待于进一步开发。

使用多用滴管时，液体的量以"滴"计，一滴为0.020～0.040mL，是常规实验液体计量单位1mL的1/50左右，显著节省了化学试剂。实践表明，在许多情况下点滴反应的现象明显并容易观察到试剂用量变化对反应的影响。通过计量液滴滴数使实验定量或半定量化，便于进行系列对比或平行试验，操作简易快速，易于重复，携带方便等。

在无机化学和普通化学的微型实验中，井穴板和多用滴管应用很广。它们的缺点是：①不能在高于323K（50℃）的温度下使用；②一些能与聚乙烯、聚苯乙烯作用的有机溶剂如CCl_4、$(CH_3)_2CO$等不能盛在这些器件中。

3.3.3　微型仪器的组装示例

微型仪器的组装示例见图 3.9～图 3.12。

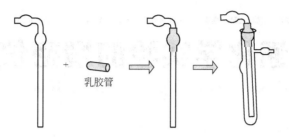

图 3.9　洗涤装置的组装连接示意

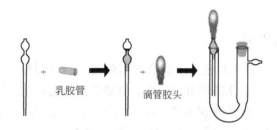

图 3.10　一种气体发生装置的组装连接示意

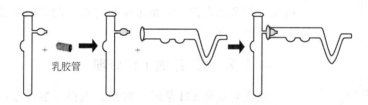

图 3.11　具支试管与 V 形侧泡反应管的组装连接示意

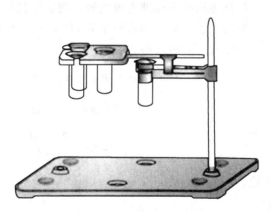

图 3.12　组装成的试管架

第4章

普通化学实验的精密仪器

4.1 pH计

4.1.1 pH计的组成

pH计又称酸度计，是测定溶液 pH 值的常用仪器。除可测量 pH 值外，还可用于测量氧化还原电对的电极电势及配合电磁搅拌器进行电位滴定等。酸度计有多种型号，如 pHS-25、pHS-2、pHS-3 和 pHS-3TC 型等，结构稍有差别，都是由参比电极（如饱和甘汞电极，见图 4.1）、测量电极（如玻璃电极，见图 4.2）和精密电位计三部分组成，将参比电极和测量电极合并在一起制成的复合体称为复合电极（图 4.3）。

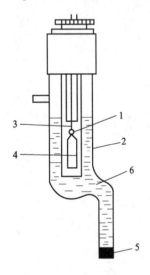

图 4.1 饱和甘汞电极

1—导线；2—绝缘体；
3—内部电极；4—乳胶帽；
5—多孔物质；
6—饱和 KCl 溶液

4.1.2 pH计的工作原理

测定溶液的 pH 值时，将测量电极（玻璃电极）和参比电极（饱和甘汞电极）同时浸入待测溶液中组成电池。参比电极作为标准电极提供标准电极电势，测量电极的电极电势随 H^+ 的浓度而改变。因此，当溶液中的 H^+ 浓度变化时，电动势就会发生相应变化。其电动势为：

$$E_{MF} = E_正 - E_负 = E_{参比} - E_{测量}$$
$$= E_{参比} - \left\{ E_{测量}^{\ominus} + \frac{2.303RT}{nF} \lg[H^+] \right\}$$
$$= E_{MF}^{\ominus} - \frac{2.303RT}{nF} \lg[H^+] \tag{4.1}$$

式中　R——摩尔气体常数；

　　　F——法拉第常数；

　　　T——热力学温度，K。

其中，$E_{MF}^{\ominus} = E_{参比} - E_{测量}^{\ominus}$。

25℃时，H^+ 的浓度可由式（4.1）计算得出，溶液 pH 值为

$$pH = \frac{E_{MF} - E_{MF}^{\ominus}}{0.05917V} \tag{4.2}$$

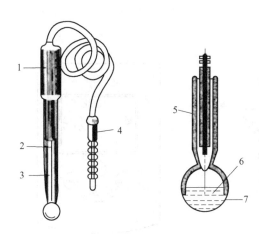

图 4.2　玻璃电极

1—电极帽；2—内参比电极；3—缓冲溶液；
4—电极插头；5—高阻玻璃；
6—内参比溶液；7—玻璃膜

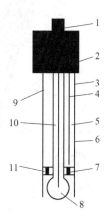

图 4.3　复合电极

1—电极导线；2—电极塑壳；3—加液孔；4—外参
比电极；5—3mol·L^{-1} KCl 溶液；6—聚碳酸树脂；
7—细孔陶瓷；8—玻璃薄膜球；9—内参比电极；
10—0.1mol·L^{-1} KCl 溶液；11—密封胶

由于电极不对称电势的存在，用测量电极测定溶液的 pH 值时一般采用比较法测定，通常是使用一个已知 pH 值的标准缓冲溶液进行定位，即用酸度计测定其电动势 E_{MF}，由上式求常数 $E_{MF}^{\ominus}$，然后就可根据待测溶液的 E_{MF} 值，换算该溶液的 pH 值。酸度计已将电动势 E_{MF} 用 pH 值表示，因此可在酸度计上直接读取溶液的 pH 值。实际测定时，先测一个已知 pH 值的标准缓冲溶液得到一读数，然后测未知溶液得到另一读数，这两读数之差就是两种溶液 pH 值之差。由于其中一个是已知的，另一个可算出。为方便起见，在仪器上使用定位调节器来抵消电极的不对称电势。当测量标准缓冲溶液时，利用定位调节器把指示电表指针调整到标准缓冲溶液的 pH 值上，这样就使以后测量未知溶液时，指示电表指针的读数就是未知溶液的 pH 值，省去了计算步骤。通常把前面一步称为"校准"，后面一步称为"测量"。一台已经校准过的 pH 计，在一定时间内可以连续测量许多未知液，但如果玻璃电极的稳定性还没有完全建立，经常校准还是必要的。

pH 计是测定溶液 pH 值的常用仪器。它的型号有多种，如雷磁 25 型、pHS-2 型、pHSW-3D 型等，目前新型 pH 计有北京赛多利斯公司生产的 pB-10 型 pH 计等。

4.1.3　pB-10 型 pH 计的外形及功能

（1）仪器的外形

仪器的外形、面板及显示屏显示内容如图 4.4～图 4.6 所示。

Setup（设计）键用于清除缓冲液，调出电极校准数据或选择自己识别缓冲液。Mode（转换）键用于 pH、mV 和相对 mV 测量方式转换。Standardize（校正）键用于识别缓冲液进行校正。Enter（确认）键用于菜单选择确认。

（2）仪器的技术参数

仪器使用玻璃电极，并具有自动温度补偿（ATC）功能。其技术参数见表 4.1。

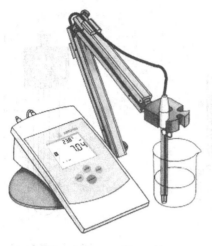

图 4.4　pB-10 型 pH 计　　　　　图 4.5　仪器面板

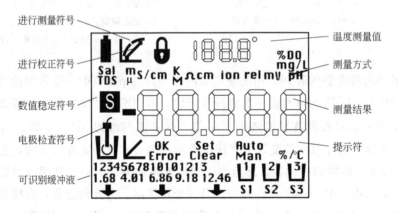

图 4.6　显示屏

表 4.1　技术参数

pH	测量范围	0~14.00	mV	测量范围	±1500.0mV
	可读性	0.01		可读性	0.1mV
	精确度	±0.01		精确度	±0.4mV
温度	测量范围	−5.0~105.0℃	电极斜率	自动修正范围	90%~105%
	可读性	0.1℃	自动识别缓冲液	16 种缓冲液	2;4;10;12;1;3;6;8;10;13;1.68; 4.01;6.86;9.18;12.46
	精确度	±0.2℃			

4.1.4　pB-10 型 pH 计的使用方法

（1）仪器的安装

① 仪器的连接

第 1 步，将变压器插头与 pH 计 Power（电源）接口相连，并接好交流电（图 4.7）。

第 2 步，将 pH 计复合玻璃电极与 BNC（电极）和 ATC（温度探头）输入孔连接（图 4.8）。

图 4.7　连接电源　　　　　　　图 4.8　连接电极和温度探头

② 电极的安装及使用

第 1 步，去掉电极的防护帽 [图 4.9(a)]。

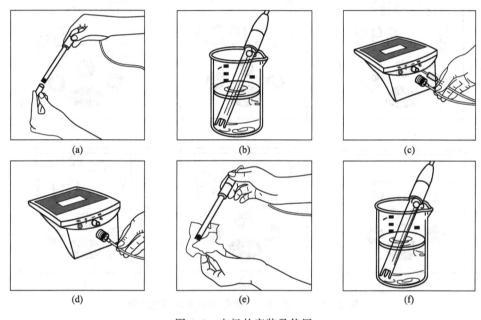

(a)　　　　　　　　(b)　　　　　　　　(c)

(d)　　　　　　　　(e)　　　　　　　　(f)

图 4.9　电极的安装及使用

第 2 步，建议电极在第一次使用前（或电极填充液干了），浸在标准溶液或 KCl 溶液中 24h 以上 [图 4.9(b)]。

第 3 步，去掉 pH 计及接头的防护帽，将电极插头接到背面的 BNC（电极）和 ATC（温度探头）输入孔 [图 4.9(c)]。

第 4 步，ORP 及离子选择性电极的选择性连接，应去掉 BNC 密封盖，并将电极接到 BNC 输入孔 [图 4.9(d)]。

第 5 步，在各次测量之间要清洗电极，吸干电极表面溶液（不要擦拭电极），用蒸馏水、去离子水或待测溶液进行冲洗 [图 4.9(e)]。

第 6 步，将玻璃电极存放在电极填充液 KCl 溶液中或电极存储液中 [图 4.9(f)]。测量过程中如选择可填充电解液电极，加液口应常开；在存放时关闭。并应注意在内部溶液液面较低时添加电解液，温度探头应干燥存放。

(2) 仪器的校准

① pH 测量方式的校准　因为电极的响应会发生变化，因此 pH 计和电极都应校准，

以补偿电极的变化。越有规律地进行校准，测量就越精确。为了获得精确的测量结果，使用本仪器至少采用两点校准。

pB-10 型 pH 计具有自动温度计补充功能，如图 4.10 所示。

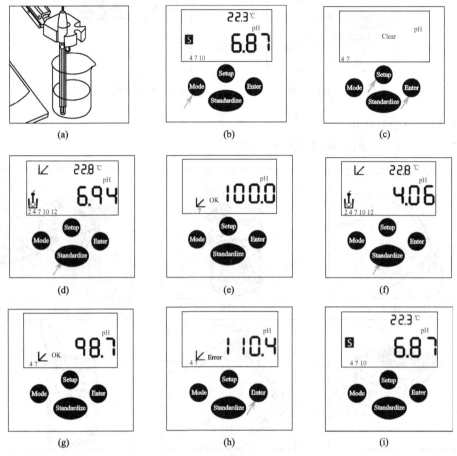

图 4.10　pB-10 型 pH 计自动温度计补充功能

第 1 步，将电极浸入缓冲溶液中，搅拌混匀，直至达到稳定［图 4.10(a)］。

第 2 步，按 "Mode"（转换）键，直到显示出所需的 pH 测量方式。用此键可以在 pH 和 mV 模式之间进行切换［图 4.10(b)］。

第 3 步，在进行一个新的两点校准之前，要将已经存储的校准点清除。使用 "Setup"（设置）键和 "Enter"（确认）键可清除已有缓冲液，并选择所需要的缓冲液组［图 4.10(c)］。

第 4 步，按 "Standardize"（校正）键，pH 计识别出缓冲液并将闪烁显示缓冲液 pH 值，在达到稳定状态后，或通过按 "Enter"（确认）键，测量值即已存储［图 4.10(d)］。

第 5 步，pH 计显示的电极斜率为 100%［图 4.10(e)］。当输入第 2 种缓冲液时，仪器首先进行电极检验，然后显示电极的斜率。

第 6 步，为了输入第 2 个缓冲液，将电极浸入第 2 种缓冲液中，搅拌均匀，并等到示值稳定后，按 "Standardize"（校正）键［图 4.10(f)］。pH 识别出缓冲液，并在显示屏上显示出第 1 个和第 2 个缓冲液的 pH 值。

第 7 步，pH 计进行电极检验［图 4.10(g)］。系统将显示电极是完好的 "OK"，还是有故障的 "Error"。此外，还显示出电极的斜率。

第 8 步,"Error"表示电极有故障。电极斜率应在 90％～105％之间。在测量过程中产生出错报警是允许的。按"Enter"(确认)键〔图 4.10(h)〕,以便清除出错报警并从第 6 步重新进行。

第 9 步,输入每一种缓冲液后,"Standardize"显示消失,pH 计回到测量状态〔图 4.10(g)〕。

② mV(相对 mV)测量方式的校准　如图 4.11 所示。

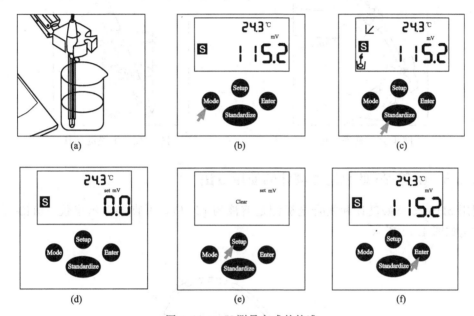

图 4.11　mV 测量方式的校准

第 1 步,将电极浸入标准溶液中〔图 4.11(a)〕。

第 2 步,按"Mode"(转换)键,直至显示 mV 测量方式〔图 4.11(b)〕。

第 3 步,按"Standardize"(校正)键,以便能输入 mV 标准并读出相对 mV 值〔图 4.11(c)〕。

第 4 步,如果有信号保持稳定或按"Enter"(确认)键,当前测得 mV 值就成了相对 mV 值的零点〔图 4.11(d)〕。

第 5 步,为了清除以前输入的 mV 偏移量而恢复到绝对 mV 测量方式,按"Setup"(设置)键。显示器显示闪烁的"Clear"符号和当前相对 mV 偏移量〔图 4.11(e)〕。

第 6 步,按"Enter"(确认)键,清除相对 mV 偏移量,从而返回到绝对 mV 测量方式〔图 4.11(f)〕。

(3) pH 值的测量及 mV 的测量　按照"仪器的校准"内容将 pH 计或 mV 计校准后,只要将电极插入相应的溶液,摇匀,则仪器上将显示该溶液的 pH 值或 mV,当仪器左上方出现"S"字样后即可读数。

(4) 仪器的保养和维护

① 出于确保操作者的人身安全和仪器的精度,pB-10 型 pH 计只能由专业技术人员打开与维修,任何使用者都无权私自打开或维修。

如果有液体进入仪器中,则应切断电源并请仪器生产商派专业人员进行维修。

如果长期不使用 pH 计,请关闭电源。

② 电极的使用及维护　在各次测量之间要清洗电极，吸干电极表面的溶液（不要擦拭电极），如图 4.12 所示，用蒸馏水、去离子水或待测溶液进行冲洗。

将玻璃电极存放在电极填充液 KCl 溶液中或电极存储液中（图 4.13）。测量过程中如选择可填充电解液的电极，加液口应常开；在存放时关闭。并应注意在内部溶液液面较低时添加电解液，温度探头应干燥存放。

图 4.12　清洗电极

图 4.13　电极的储存

4.1.5　pHS-25 型数显酸度计的使用方法

利用 pHS-25 型酸度计和复合电极测定溶液的 pH 值，可直接显示读数。pHS-25 型酸度计结构如图 4.14 所示。

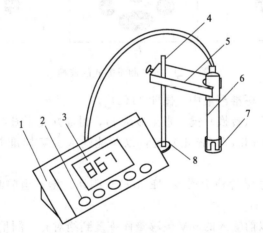

图 4.14　pHS-25 型酸度计结构示意图
1—机箱；2—键盘；3—显示屏；4—电极梗；5—电极夹；
6—电极；7—电极套；8—电极梗固定座

pHS-25 型酸度计具体测量步骤如下：

（1）准备

仪器接通电源，预热 30min，并将复合电极接到仪器上，固定在电极夹中。

（2）标定

第 1 步，把 pH-mV 开关转到 pH 位置，斜率调节旋钮调节在 100% 的位置（顺时针旋到底）。

第 2 步，按"温度"键，使仪器进入溶液温度调节状态（此时温度单位℃指示灯闪亮），按"△"键或"▽"键调节温度显示数值上升或下降，使温度显示值和标定溶液温度一致，然后按"确认"键，仪器确认溶液温度值后回到 pH 测量状态。

第 3 步，把用蒸馏水或去离子水清洗过的电极插入 pH = 6.86 的标准缓冲溶液中，按"标定"键，此时显示实测的 mV 值，待读数稳定后按"确认"键（此时显示实测的 mV 值对应的该温度下标准缓冲溶液的标称值），然后再接"确认"键，仪器转入"斜率"标定状态。

第 4 步，仪器在"斜率"标定状态下，把用蒸馏水或去离子水清洗过的电极插入 pH = 4.00（或 pH = 9.18）的标准缓冲溶液中，此时显示实测的 mV 值，待读数稳定后按"确认"键（此时显示实测的 mV 值对应的该温度下标准缓冲溶液的标称值），然后再按"确认"键，仪器自动进入 pH 测量状态。

第 5 步，用蒸馏水清洗电极后即可对被测溶液进行测量。一般情况下，在 24h 内仪器不需要再标定。

（3）测量

把电极用蒸馏水清洗，用滤纸吸干，然后插入待测溶液中，轻轻摇动烧杯，使待测液混合均匀，静置，读出该溶液的 pH 值。进行下一个新样品测定时，要重复上述步骤，再读数。

实验完成后，将电极取下浸入蒸馏水中，将短路插头插入输入端，以保护仪器。

注意事项：

① 取下电极护套时，应避免电极的敏感玻璃泡与硬物接触，因为任何破损或擦毛都可使电极失效。

② 每测完一个溶液的 pH 值后，都要用蒸馏水清洗电极，并用滤纸吸干才能进行下一个溶液的测量。

③ 测量结束，及时将电极保护套套上，电极套内应放少量饱和 KCl 溶液，以保持电极球泡的湿润，切忌浸泡在蒸馏水中。

④ 复合电极不使用时，盖上橡皮塞，防止补充液干涸。

4.2 分光光度计

分光光度计是目前化验室中使用比较广泛的一种分析仪器，其测定原理是利用物质对光的选择性吸收特性，以较纯的单色光作为入射光，测定物质对光的吸收，从而确定溶液中物质的含量。其特点是灵敏度高，准确度高，测量范围广，在一定条件下，可同时测定水样中两种或两种以上的组分含量等。分光光度计按其波长范围可分为可见分光光度计（工作范围 360~800nm）、紫外-可见分光光度计（工作范围 200~1000nm）和红外分光光度计（工作范围 760~400000nm）等。

实验室常用的国产分光光度计有 721 型、722 型和 751 型等。这些仪器的型号和结构虽然不同，但工作原理基本相同，只是 721 型、722 型为可见光区分光光度计，前者为指针型，后者为数显型，751 型为紫外-可见光区分光光度计。下面主要介绍 721 型分光光度计。

4.2.1 测定原理

当一束波长一定的单色光通过有色溶液时，一部分光被吸收，一部分光则透过溶液，吸收的程度越大，透过溶液的光就越少。设入射光的强度为 I_0，透过光的强度为 I_t，则 I_t/I_0

称为透光率，以 T 表示，即：

$$T = I_t / I_0 \tag{4.3}$$

有色溶液对光的吸收程度经常用吸光度 A 表示：

$$A = \lg(I_0 / I_t) \tag{4.4}$$

吸光度 A 与透光率 T 的关系为：

$$A = -\lg T \tag{4.5}$$

实验证明，溶液对光的吸收程度与溶液的浓度、液层厚度及入射光的波长等因素有关。如果保持入射光波长不变，则溶液对光的吸收程度只与溶液的浓度和液层厚度有关。朗伯（J. H. Lambert）和比耳（A. Beer）分别于 1760 年和 1852 年研究了光的吸收与溶液层的厚度 b（单位为 cm）及溶液浓度 c（单位为 mol/L）的定量关系，二者结合称为朗伯-比耳定律，又称为光的吸收定律。

朗伯-比耳（Lambert-Beer）定律的数学表达式为：

$$A = \varepsilon b c \tag{4.6}$$

式中，ε 为摩尔吸光系数，L/(mol•cm)，它与入射光的性质、温度等因素有关。当入射光波长一定时，ε 为溶液中有色物质的一个特征常数。

由朗伯-比耳定律可知，当液层的厚度 b 一定时，吸光度 A 就只与溶液的浓度 c 成正比，这就是分光光度法测定物质含量的理论基础。

4.2.2 721 型分光光度计

（1）721 型分光光度计外形

721 型分光光度计是在可见光谱区范围（360~800nm）内进行定量比色分析的分光光度计。仪器的结构示意图和外形如图 4.15 和图 4.16 所示。

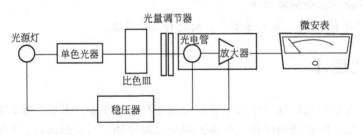

图 4.15 721 型分光光度计结构示意图

（2）721 型分光光度计的操作和使用方法

① 仪器电源接通之前，应检查 "0" 和 "100%" 调节旋钮是否处在起始位置，如不是应分别按反时针方向轻轻旋转旋钮至不能再动。观察电表指针是否指 "0"，如不指 "0"，可调节电表上的调整螺丝使指针指 "0"。灵敏度选择旋钮处于 "1" 挡（最低挡）。

② 开启电源开关 2，打开比色皿暗箱盖 10（光闸关闭），使电表指针位于 "0" 位。仪器预热 20min。旋动波长调节旋钮 7，选择需要的单色波长，其波长数可由读数窗口 8 显示。调节 "0" 调节旋钮 6，使电表指针重新处于 "0" 位。

③ 将盛有参比溶液和待测溶液的比色皿置于暗箱中的比色皿架上，盛放参比溶液的比色皿放在第一格内，待测溶液放在其他格内。

④ 将比色皿暗箱盖上，此时与盖子联动的光闸被推开，占据第一格的参比溶液恰好对

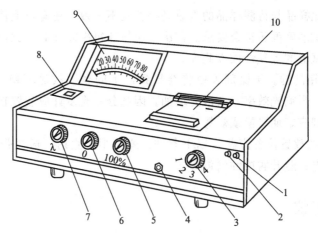

图 4.16　721 型分光光度计的外形图

1—电源指示灯；2—电源开关；3—灵敏度选择旋钮；4—比色皿定位拉杆；

5—"100%"调节旋钮；6—"0"调节旋钮；7—波长调节旋钮；

8—波长读数窗口；9—读数电表；10—比色皿暗箱盖

准光路，使光电管受到透射光的照射。旋转"100%"调节旋钮 5，使指针在透光率为"100%"处。

⑤ 如果旋动"100%"调节旋钮，电表的指针不能指在"100%"处，可把灵敏度选择旋钮 3 旋至"2"挡或"3"挡，重新调"0"和"100%"。灵敏度挡选择的原则是保证能调到"100%"的情况下，尽可能采用灵敏度较低挡，使仪器有更高的稳定性。

⑥ 反复几次调"0"和"100%"，即打开比色皿暗箱盖，调整"0"调节旋钮，使电表的指针指"0"；盖上暗箱盖，旋动"100%"调节旋钮，使电表指针指"100%"，仪器稳定后即可测量。

⑦ 拉出比色皿定位拉杆 4，使待测溶液进入光路，从电表 9 上读出溶液的吸光度值。

⑧ 测量完毕，将各调节旋钮恢复至初始位置，关闭电源，取出比色皿，洗净后倒置晾干，放入比色皿盒内。

(3) 日常维护

在日常使用及维护当中应注意以下几点：

① 在使用仪器前，必须仔细阅读其使用说明书。

② 若大幅度改变测试波长，需稍等片刻，等灯热平衡后，重新调零及满度后，再测量。

③ 指针式仪器在未接通电源时，电表的指针必须位于零刻度上。若不是这种情况，需进行机械调零。

④ 操作人员不应轻易触动灯泡及反光镜灯，以免影响光效率。

⑤ 放大器灵敏度换挡后，必须重新调零。

⑥ 比色皿使用时要注意其方向性，并应配套使用，以延长其使用寿命。新的比色皿使用前必须进行配对选择，测定其相对厚度，互相偏差不得超过 2%透光度，否则影响测定结果。使用完毕后，立即用蒸馏水冲洗干净［测定有色溶液后，应先用相应的溶剂或（1+3）的硝酸进行浸泡，浸泡时间不宜过长，再用蒸馏水冲洗干净］，并用干净柔软的纱布将水迹擦去，以防止表面光洁度被破坏，影响比色皿的透光率。

⑦ 比色皿架及比色皿在使用中的正确到位问题。首先，应保证比色皿不倾斜。因为稍

许倾斜，就会使参比样品与待测样品的吸收光径长度不一致，还有可能使入射光不能全部通过样品池，导致测试准确度不符合要求。其次，应保证每次测试时，比色皿架推拉到位。若不到位，将影响测试值的重复性或准确度。

⑧ 干燥剂的使用问题。干燥剂失效将会导致以下问题：数显不稳，无法调零或满度；反射镜发霉或沾污，影响光效率，杂散光增加。因此分光光度计应放置在远离水池等湿度大的地方，并且干燥剂应定期更换或烘烤。

⑨ 分光光度计的放置位置应符合以下条件：避免阳光直射；避免强电场；避免与较大功率的电器设备共电；避开腐蚀性气体等。

4.3 阿贝折射仪

阿贝折射仪可直接用来测量液体的折射率，定量分析溶液的成分，鉴定液体的纯度。阿贝折射仪是测定分子结构的重要仪器，因为折射率与物质内部的分子运动状态有关，所以测定折射率在结构化学方面也是很重要的，比如求算物质摩尔折射率、摩尔质量、密度、极性分子的偶极矩等都需要折射率的数据。阿贝折射仪测定折射率时有许多优点：所需样品很少，数滴液体即可进行测量；测量精度高（折射率精确到 1×10^{-4}），重现性好；测定方法简便，无需特殊光源设备，普通日光或其他光即可；棱镜有夹层，可通恒温水流，保持所需的测定温度。它是物理化学实验室和科研工作中较常用的一种光学仪器。近年来，随着技术的发展，该仪器也在不断地更新。

4.3.1 阿贝折射仪的组成

阿贝折射仪的光学系统由望远系统和读数系统组成，如图 4.17 所示。

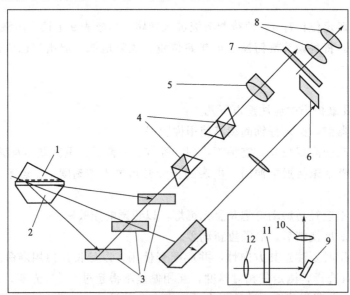

图 4.17 望远系统和读数系统光路图

1—进光棱镜；2—折射棱镜；3—摆动反光镜；4—消色散棱镜组；

5—望远物镜组；6—平行棱镜；7—分划板；8—目镜；

9—读数物镜；10—反光镜；11—刻度板；12—聚光镜

① 望远系统。光线进入进光棱镜 1 与折射棱镜 2 之间一微小均匀的间隙，被测液体就放在此空隙内。当光线（太阳光或日光灯）射入进光棱镜 1 时便在磨砂面上产生漫反射，使被测液层内有各种不同角度的入射光，经折射棱镜 2 产生一束折射角均大于出射角度 i 的光线。由摆动反光镜 3 将此束光线射入消色散棱镜组 4，此消色散棱镜组是由一对等色散阿米西棱镜组成，其作用是可获得一可变色散来抵消由于折射棱镜对不同被测物体所产生的色散。再由望远镜 5 将此明暗分界线成像于分划板 7 上，分划板上有十字分划线，通过目镜 8 能看到图 4.18 上部分所示的像。

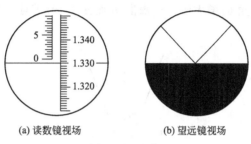

(a) 读数镜视场　　　　　　(b) 望远镜视场

图 4.18　视场

② 读数系统。光线经聚光镜 12 照明刻度板 11（刻度板与摆动反光镜 3 连成一体，同时绕刻度中心做回转运动）。通过反光镜 10、读数物镜 9、平行棱镜 6 将刻度板上不同部位折射率示值成像于分划板 7 上（见图 4.18）

在进行蔗糖水溶液的折射率测定时，读数镜视场中右边为液体折射率刻度，左边为蔗糖溶液质量分数（0～95％，刻度）。

常用的阿贝折射仪结构如图 4.19 所示。

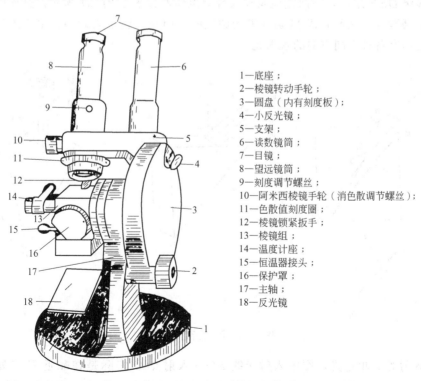

1—底座；
2—棱镜转动手轮；
3—圆盘（内有刻度板）；
4—小反光镜；
5—支架；
6—读数镜筒；
7—目镜；
8—望远镜筒；
9—刻度调节螺丝；
10—阿米西棱镜手轮（消色散调节螺丝）；
11—色散值刻度圈；
12—棱镜锁紧扳手；
13—棱镜组；
14—温度计座；
15—恒温器接头；
16—保护罩；
17—主轴；
18—反光镜

图 4.19　阿贝折射仪结构

4.3.2 阿贝折射仪的工作原理

当光从一种介质进入到另一种介质时，在两种介质的分界面上，会发生反射和折射现象，如图 4.20 所示。在折射现象中有：

$$n_1\sin\theta_1 = n_2\sin\theta_2 \tag{4.7}$$

显然，若 $n_1 > n_2$，则 $\theta_1 < \theta_2$。其中绝对折射率较大的介质称为光密介质，较小的称为光疏介质。当光线从光密介质 n_1 进入光疏介质 n_2 中时，折射角 θ_2 恒大于入射角 θ_1，且 θ_2 随 θ_1 的增大而增大，当入射角 θ_1 增大到某一数值 θ_0 而使 $\theta_2 = 90°$时，则发生全反射现象。入射角 θ_0 称为临界角。

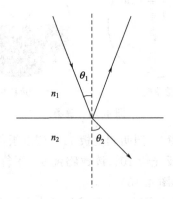

图 4.20 光在两种介质界面上的反射和折射现象

阿贝折射仪就是根据全反射原理制成的。其主要部分是由一直角进光棱镜 ABC 和另一直角折光棱镜 DEF 组成，在两棱镜间放入待测液体，如图 4.21(a) 所示。进光棱镜的一个表面 AB 为磨砂面，从反光镜 M 射入进光棱镜的光照亮了整个磨砂面，由于磨砂面的漫反射，使液层内有各种不同方向的入射光。

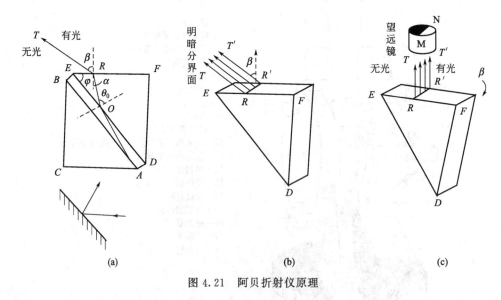

图 4.21 阿贝折射仪原理

假设入射光为单色光，图中入射光线 AO（入射点 O 实际是在靠近 E 点处）的入射角为最大，由于液层很薄，这个最大入射角非常接近直角。设待测液体的折射率 n_2 小于

折光棱镜的折射率 n_1，则在待测液体与折光棱镜界面上入射光线 AO 和法线的夹角近似 $90°$，而折射光线 OR 和法线的夹角为 θ_0，由光路的可逆性可知，此折射角 θ_0 即为临界角。

根据折射定律：

$$n_1\sin\theta_0 = n_2\sin90° \tag{4.8}$$

$$n_2 = n_1\sin\theta_0 \tag{4.9}$$

可见临界角 θ_0 的大小取决于待测液体的折射率 n_2 及折光棱镜的折射率 n_1。

当 OR 光线射出折射棱镜进入空气（其折射率 $n=1$）时，又要发生一次折射，设此时的入射角为 α，折射角为 β（或称出射角），则根据折射定律得

$$n_1\sin\alpha = \sin\beta \tag{4.10}$$

根据三角形的外角等于不相邻两内角之和的几何原理，由 $\triangle ORE$，得

$$(\theta_0+90°) = (\alpha+90°)+\varphi \tag{4.11}$$

将式(4.9)、式(4.10)、式(4.11) 联立，解得

$$n_2 = \sin\varphi\sqrt{n_1^2-\sin^2\beta}+\sin\beta\cos\varphi \tag{4.12}$$

式中，棱镜的棱角 φ 和折射率 n_1 均为定值，因此用阿贝折射仪测出 β 角后，就可算出液体的折射率 n_2。

在所有入射到折射棱镜 DE 面的入射光线中，光线 AO 的入射角等于 $90°$，已经达到了最大极限值，因此其出射角 β 也是出射光线的极限值，凡入射光线的入射角小于 $90°$，在折射棱镜中的折射角必小于 θ_0，从而其出射角也必小于 β。由此可见，以 RT 为分界线，在 RT 的右侧可以有出射光线，在 RT 的左侧不可能有出射光线，见图 4.21(a)。必须指出图 4.21(a) 所示的只是棱镜的一个纵截面，若考虑折射棱镜整体，光线在整个折射棱镜中传播的情况，就会出现如图 4.21(b) 所示的明暗分界面 $RR'T'T$。在 $RR'T'T$ 面的右侧有光，在 $RR'T'T$ 面的左侧无光，此分界面与棱镜顶面的法线成 β 角，当转动棱镜 β 角后，使明暗分界面通过望远镜中十字线的交点，这时从望远镜中可看到半明半暗的视场，如图 4.21(c) 所示。因在阿贝折射仪中直接刻出了与 β 角所对应的折射率，所以使用时可从仪器上直接读数而无需计算，阿贝折射仪对折射率的测量范围是 $1.3000\sim1.7000$。

阿贝折射仪是用白光（日光或普通灯光）作为光源，而白光是连续光谱，由于液体的折射率与波长有关，对于不同波长的光线，有不同的折射率，因而不同波长的入射光线，其临界角 θ_0 和出射角 β 也各不相同。所以，用白光照射时就不能观察到明暗半影，而将呈现一段五彩缤纷的彩色区域，也就无法准确地测量液体的折射率。为了解决这个问题，在阿贝折射仪的望远镜筒中装有阿米西棱镜，又称光补偿器。测量时，旋转阿米西棱镜手轮使色散为零，各种波长的光的极限方向都与钠黄光的极限方向重合，视场仍呈现出半边黑色、半边白色，黑白的分界线就是钠黄光的极限方向。另外，光补偿器还附有色散值刻度圈，读出其读数，利用仪器附带的卡片，还可以求出待测物的色散率。

4.3.3 阿贝折射仪的使用

(1) 仪器安装

将阿贝折射仪放在靠近窗户的桌子上（注意避免日光直接照射），或置于普通白炽灯前，在棱镜外套上装好温度计，将超级恒温水浴的恒温水通过棱镜的夹套中。恒温水温度以折射仪的温度计指示值为准。恒温为 $(20\pm0.2)℃$。

（2）校准仪器

仪器在测量前，先要进行校准。校准时可用蒸馏水（$n_D^{20}=1.3330$）或标准玻璃块进行（标准玻璃块标有折射率）。

① 用蒸馏水校准

a. 将棱镜锁紧扳手松开，将棱镜擦干净（注意：用无水酒精或其他易挥发溶剂，用镜头纸擦干）。

b. 用滴管将 2～3 滴蒸馏水滴入两棱镜中间，合上并锁紧。

c. 调节棱镜转动手轮，使折射率读数恰为 1.3330。

d. 从测量镜筒中观察黑白分界线是否与叉丝交点重合。若不重合，则调节刻度调节螺丝，使叉丝交点准确地和分界线重合。若视场出现色散，可调节微调手轮至色散消失。

② 用标准玻璃块（见图 4.22）校准

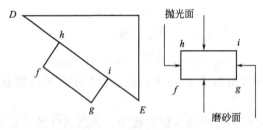

图 4.22　标准玻璃块

a. 松开棱镜锁紧扳手，将进光棱镜拉开。

b. 在玻璃块的抛光底面上滴溴化萘（高折射率液体），把它贴在折光棱镜的面上，玻璃块的抛光侧面应向上，以接收光线，使测量镜筒视场明亮。

c. 调节大调手轮，使折射率读数恰为标准玻璃块已知的折射率值。

d. 从测量镜筒中观察。若分界线不与叉丝交点重合，则调节螺钉使它们重合。若有色散，则调节微调手轮消除色散。

（3）样品测定

若待测物为透明液体，一般用透射光即掠入射方法来测量其折射率 n_x。方法如下：滴 2～3 滴待测液体在进光棱镜的磨砂面上，并锁紧（若溶液易挥发，须在棱镜组侧面的一个小孔内加以补充）；旋转大调手轮，在测量镜筒中将观察到黑白分界线在上下移动（若有彩色，则转动微调手轮消除色散，使分界线黑白分明），至视场中黑白分界线与叉丝交点重合为止；在读数镜筒中，读出分划板中横线在右边刻度所指示的数据，即为待测液体的折射率 n_x，并记录；重复测量三次，求折射率的平均值。

物质的折射率与测量时使用的光波的波长有关。阿贝折射仪因此有光补偿装置（阿米西棱镜组），所以测量时可用白光光源，且测量结果相当于对钠黄光（$\lambda=589.3\,\mathrm{nm}$）的折射率（即 n_D）。另外，液体的折射率还与温度有关，因此若仪器接上恒温器，则可测定温度为 0～50℃内的折射率，即 n_D。

4.3.4　注意事项

① 使用仪器前应先检查进光棱镜的磨砂面、折射棱镜及标准玻璃块的光学面是否干净，如有污迹，用擦镜纸擦拭干净。

② 用标准块校准仪器读数时，所用折射率液不宜太多，使折射率液均匀布满接触面即

可。过多的折射率液易堆积于标准块的棱尖处，既影响明暗分界线的清晰度，又容易造成标准块从折射棱镜上掉落而损坏。

③ 在加入的折射率液或待测液中，应防止留有气泡，以免影响测量结果。

④ 读取数据时，首先沿正方向旋转棱镜转动手轮（如向前），调节到位后，记录一个数据。然后继续沿正方向旋转一小段后，再沿反方向（向后）旋转棱镜转动手轮，调节到位后，又记录一个数据。取两个数据的平均值为一次测量值。

⑤ 实验过程中要注意爱护光学器件，不允许用手触摸光学器件的光学面，避免剧烈振动和碰撞。

⑥ 仪器使用完毕，要将棱镜表面及标准块擦拭干净，目镜套上镜头保护纸，放入盒内。

4.3.5 维护与保养

① 仪器应放在干燥、空气流通和温度适宜的地方，以免仪器的光学零件受潮发霉。

② 仪器使用前后及更换样品时，必须先清洗揩净折射棱镜系统的工作表面。

③ 被测试样品不准有固体杂质，测试固体样品时应防止折射棱镜的工作表面拉毛或产生压痕，本仪器严禁测试腐蚀性较强的样品。

④ 仪器应避免强烈振动或撞击，防止光学零件震碎、松动而影响精度。

⑤ 如聚光照明系统中灯泡损坏，可将聚光镜筒沿轴取下，换上新灯泡，并调节灯泡左右位置（松开旁边的紧定螺钉），使光线聚光在折射棱镜的进光表面上，并不产生明显偏斜。

⑥ 仪器聚光镜是塑料制成的，为了防止带有腐蚀性的样品对它的表面破坏，使用时用透明塑料罩将聚光镜罩住。

⑦ 仪器不用时应用塑料罩将仪器盖上或将仪器放入箱内。

⑧ 使用者不得随意拆装仪器，如仪器发生故障，或达不到精度要求时，应及时送修。

4.4 电导率仪

4.4.1 测量原理

电导率仪是用以测量电解质溶液电导率的仪器。电解质溶液的电导 λ 除与电解质种类、溶液浓度及温度等有关外，还与所使用的电极的面积 A、两电极间距离 l 有关。其关系为：

$$\lambda = \kappa A/l \tag{4.13}$$

式中，κ 为比电导或电导率。

在电导率仪中，常用的电极有铂黑电极或铂光亮电极（统称为电导电极）。对于某一给定的电极来说，l/A 为常数，叫作电极常数（或称为电导池常数）。每一电导电极的常数由制造厂家给出。

现以 DDS-11A 型电导率仪为例，作简单说明。仪器的外形如图 4.23 所示，电导电极如图 4.24 所示。

4.4.2 操作步骤

① 先检查指示电表 1 的指针是否指在零点。若指针不指在零点处，则用指示电表上的螺丝调节。

② 将校正、测量开关 5 拨到"校正"位置。

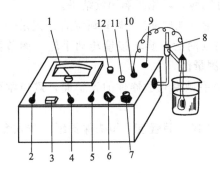
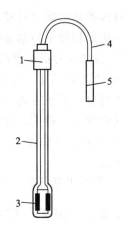

图 4.23　DDS-11A 型电导率仪示意
1—指示电表；2—电源开关；3—指示灯；
4—高低周开关；5—校正、测量开关；
6—校正调节器；7—量程选择开关；
8—电极夹；9—10mV 输出插口；
10—电导电极插口；11—电容
补偿器；12—电极常数调节器

图 4.24　电导电极示意
1—电极帽；2—玻璃管；
3—铂片；4—电极引线；
5—电极插头

③ 将仪器接上电源，开通电源开关 2（指示灯 3 亮），预热仪器 5～10min。

④ 将高低周开关 4 拨到与测量相关的位置：当测量的溶液的电导率低于 $0.03S \cdot m^{-1}$ 时，选用"低周"；当测量的溶液的电导率高于 $0.03S \cdot m^{-1}$ 时，选用"高周"。

⑤ 将量程选择开关 7 拨到所需的测量范围。若预先不知待测溶液的电导率的大小，应先把它拨到最大电导率测量挡，然后逐挡下降。

⑥ 用电极夹 8 夹紧电导电极的电极帽，并将电极插头插入电导电极插口 10 内，拧紧插口上的螺丝。调节电极夹 8 高低位置，使电导电极下端的铂片全部浸入待测溶液中。

当待测溶液的电导率低于 $1 \times 10^{-3}S \cdot m^{-1}$ 时，使用 DIS-1 型铂光亮电极，当待测溶液的电导率为 $1 \times 10^{-3} \sim 1S \cdot m^{-1}$ 时，使用 DIS-1 型铂黑电极。将电极常数调节器 12 调节到与所配套的电极常数相应的位置上，调节校正调节器 6，使指示电表 1 的指针指在满刻度处。

⑦ 把校正、测量开关 5 拨到"测量"位置上，这时指示电表 1 上的指示数值乘以量程选择开关 7 所指的倍率，即为待测溶液的电导率〔量程选择开关 7 用 1、3、5、7、9、11 各挡时，都看指示电表 1 上排（黑色）的刻度；而当用 2、4、6、8、10 各挡时，则都看指示电表 1 下排（红色）的刻度〕。

⑧ 当使用 $0 \sim 1 \times 10^{-5}S \cdot m^{-1}$ 或 $0 \sim 3 \times 10^{-5}S \cdot m^{-1}$ 这两挡以测量高纯水时，先把电导电极插头插入电导电极插口 10；在电极未浸入待测溶液前，调节电容补偿器 11 使指示电表 1 所指示的数值为最小值，然后开始测量。

⑨ 如果要了解在测量过程中电导率的变化情况，可把 10mV 输出插口 9 与自动电极电势（差）计连接。

4.5　旋转蒸发仪

旋转蒸发仪主要用于在减压条件下连续蒸馏大量易挥发性溶剂，尤其对萃取液的浓缩和色谱分离时的接收液的蒸馏，可以分离和纯化反应产物。旋转蒸发仪的基本原理就是减压蒸馏，也就是在减压情况下，当溶剂蒸馏时，蒸馏烧瓶在连续转动。旋转蒸发仪的结构如图4.25所示，蒸馏烧瓶是一个带有标准磨口接口的梨形或圆底烧瓶，通过一高度回流蛇形冷凝管与减压泵相连，回流冷凝管另一开口与带有磨口的接液烧瓶相连，用于接收被蒸发的有机溶剂。在冷凝管与减压泵之间有一三通活塞，当体系与大气相通时，可以将蒸馏烧瓶、接液烧瓶取下，转移溶剂，当体系与减压泵相通时，则体系应处于减压状态。使用时，应先减压，再开动电动机转动蒸馏烧瓶，结束时，应先停机，再通大气，以防蒸馏烧瓶在转动中脱落。作为蒸馏的热源，常配有相应的恒温水槽。

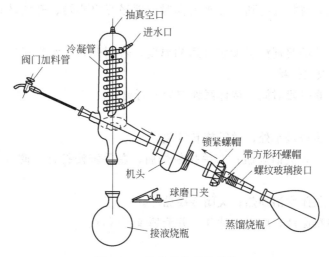

图 4.25　旋转蒸发仪的结构

旋转蒸发仪原理：旋转蒸发仪通过电子控制，使烧瓶在最适合速度下，恒速旋转以增大蒸发面积。通过真空泵使蒸发烧瓶处于负压状态。蒸发烧瓶在旋转的同时置于水浴锅中恒温加热，瓶内溶液在负压下在旋转烧瓶内进行加热扩散蒸发。旋转蒸发器系统可以密封减压至 $400\sim600\text{mmHg}$；用加热浴加热蒸馏瓶中的溶剂，加热温度可接近该溶剂的沸点；同时还可进行旋转，速度为 $50\sim160\text{r}\cdot\text{min}^{-1}$，使溶剂形成薄膜，增大蒸发面积。此外，在高效冷却器的作用下，可将热蒸气迅速液化，加快蒸发速率。

4.5.1　旋转蒸发仪的基本操作

① 高低调节：手动升降转动机柱上面手轮，顺时针旋转为上升，逆转为下降；电动升降，手触上升键主机上升，手触下降键主机下降。

② 冷凝器上两个外接头用于接冷却水，一头接进水，另一头接出水，一般接自来水，冷凝水温度越低效果越好。上端口装抽真空接头，其与接真空泵皮管相接用于抽真空。

③ 开机前先将调速旋钮左旋到最小，按下电源开关指示灯亮，然后慢慢往右旋至所需要的转速，一般大蒸发瓶用中、低速，黏度大的溶液用较低转速。烧瓶是标准接口 24 号，随机附 500mL、1000mL 两种烧瓶，溶液量以不超过 50% 为宜。

④ 控制面板上有两个开关——加热开关和旋转开关。

旋转开关：开启后，再顺时针调节旋钮，可逐渐增大转动速度；逆时针减小。

加热开关：开启后，仪表可显示当前温度和设定温度；可用按钮设定所需要的温度进行加热。

⑤ 尾部通气阀：与转轴平行时，为开放状态，接通大气；与转轴垂直时，为关闭状态。

4.5.2 旋转蒸发仪的使用方法

（1）启动步骤

① 接通电源，打开冷阱的循环；接上待蒸馏的烧瓶，瓶内溶液不超过 50%。必要时用缓冲球，防止暴沸；用塑料标口夹固定。

② 开启水泵，关闭三通气阀；同时调整高度，使水浴锅与瓶内的液面齐平。

③ 观察压力表，待指针打到 1 点钟方向时，缓慢开启旋转。开始转速不宜过高，防止暴沸。

④ 根据所需旋蒸的溶剂沸点设定合适的温度。若刚开始的水浴温度已经过高，需换水降温，以免蒸发过快或暴沸。

⑤ 使用者需观察一段时间，待体系稳定后方可离开。

（2）关闭步骤

① 将转动旋钮旋至最小处，关闭旋转开关。

② 调节高度，上升蒸馏烧瓶；右手扶住烧瓶，左手缓慢打开气阀放气；待真空度为 0 后，取下烧瓶。

③ 关闭水泵；关闭水浴加热；关闭冷凝循环。

④ 及时倒出冷凝废液，取下缓冲球，并清理仪器区域。

（3）注意事项

① 玻璃零件接装应轻拿轻放，装前应洗干净，擦干或烘干。

② 各磨口密封面、密封圈及接头安装前都需要涂一层真空脂。

③ 加热槽通电前必须加水，不允许无水干烧。

④ 如真空抽不上来需检查：各接头处接口是否密封；密封圈的密封面是否有效。

⑤ 定期清洗仪器，水浴换清水；主轴处、接口处涂真空脂，定期检查真空度是否良好。

4.6 索氏提取器

4.6.1 索氏提取器组成及工作原理

从固体物质中萃取化合物的一种方法是，用溶剂将固体长期浸润而将所需要的物质浸出来，即长期浸出法。此法花费时间长，溶剂用量大，效率不高。

在实验室多采用索氏提取器（脂肪提取器）来提取（图 4.26）。索氏提取器就是利用溶剂回流及虹吸原理，使固体物质连续不断地被纯溶剂萃取，既节约溶剂，萃取效率又高。索氏提取器是由提取瓶、提取管及冷凝器三部分组成的，提取管两侧分别有虹吸管和连接管，各部分连接处要严密不能漏气。提取时，将待测样品包在脱脂滤纸包内，放入提取管内。提取瓶内加入石油醚，加热提取瓶，石油醚气化，由连接管上升进入冷凝器，冷凝成液体滴入提取管内，浸提样品中的脂类物质。待提取管内石油醚液面达到一定高度，溶有粗脂肪的石油醚经虹吸管流入提取瓶。流入提取瓶内的石油醚继续被加热气化、上升、冷凝，滴入提取管内，如此循环往复，直到抽提完全为止。

4.6.2 索氏提取器萃取操作

（1）安装

① 使用前，先将各部件清洗干净并烘干。

② 选择一稳固的铁架台和三个铁夹、三个双顶丝。

③ 根据水浴锅的高低和抽提筒的长短先紧固一个铁夹，松开铁夹螺丝，将抽提筒上端放入铁夹内，用手合紧铁夹夹住抽提筒，然后再用另一只手旋紧螺丝，固定好抽提筒。

④ 在下部再安装一个铁夹，将接收瓶连接在抽提筒下端，然后用夹子夹紧。

⑤ 将提取物放入抽提筒内。

⑥ 在上部再安装一个铁夹，将冷凝管连接到抽提筒上端，用夹子夹紧。

安装好的装置应整齐美观，仪器各部件所在平面应平行或垂直。按与安装相反的顺序拆除装置。

（2）萃取操作

① 把滤纸做成与提取器大小相应的滤纸筒，然后把需要提取的样品放入滤纸筒内（萃取前先将固体物质研碎，以增加固液接触的面积），装入提取器。注意滤纸筒既要紧贴器壁，又要方便取放（滤纸筒上可以套一圈棉线，方便提取完成后取出滤纸筒）。被提取物高度不能超过虹吸管，否则被提取物不能被溶剂充分浸泡，影响提取效果。被提取物亦不能漏出滤纸筒，以免堵塞虹吸管。如果试样较轻，可以用脱脂棉压住试样。

图 4.26　索氏提取器示意
1—搅拌子；2—烧瓶（烧瓶中的液体加量不能太多，不超过索氏提取器溶剂的3～4倍）；3—蒸汽路径；4—套管；5—固体；6—虹吸管；7—虹吸出口；8—转接头；9—冷凝管；10—冷却水入口；11—冷却水出口

② 在提取用的烧瓶中加入提取溶剂和沸石（没有沸石可以用玻璃珠或碎瓷片，目的是防止暴沸）。

③ 连接好烧瓶、提取器、回流冷凝管，接通冷凝水，加热。沸腾后，溶剂的蒸气从烧瓶进到冷凝管中，冷凝后的溶剂回流到滤纸筒中，浸取样品。溶剂在提取器内到达一定的高度时，就携带所提取的物质一同从侧面的虹吸管流入烧瓶中。溶剂就这样在仪器内循环流动，把所要提取的物质集中到下面的烧瓶内。

具体的回流时间是不一样的，有的是按药典或文献要求提取一定时间，有的是提取至提取液无色，又比如用乙醚提取样品中的脂肪时是以抽提管中流出的乙醚挥发后不留下油迹为抽提终点。总之就是要提取完全。

4.7　X 射线衍射仪

4.7.1　工作原理

X 射线衍射分析是利用形成的 X 射线在晶体物质中的衍射效应进行物质结构分析的技术。当 X 射线被晶体衍射时，每一种结晶物质都有自己独特的衍射花样，它们的特征可以用各个衍射晶面间距 d 和衍射线的相对强度 I/I_0 来表征，其中晶面间距 d 与晶胞的形状和大小有关，相对强度则与质点的种类及其在晶胞中的位置有关。任何一种结晶物质的衍射数据 d 和 I/I_0 是其晶体结构的必然反映，因而可以根据它们来鉴别结晶物质的物相。

4.7.2　X射线衍射仪的结构

衍射仪是进行 X 射线分析的重要设备，主要由 X 射线发生器、测角仪、记录仪和水冷却系统组成。X 射线衍射仪的主要构造如图 4.27 所示。

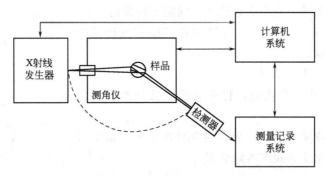

图 4.27　X 射线衍射仪的主要构造

4.7.3　衍射实验方法

X 射线衍射实验方法包括样品制备、实验参数选择和样品测试。

①开机　打开电源总开关和衍射仪稳压电源，启动冷却水循环机，启动计算机，高压部分。

②样品制备　将待测粉末（或块状）样品用一样品盛放片盛放，将样品轻轻压紧刮平，固定，就可插到衍射仪的样品台上进行扫描测试。

③样品安装　按下衍射仪面板上的 Door 按钮，蜂鸣器发生报警声，向右拉开衍射仪保护门，将样品表面朝上安装到样品台上，然后左手拉住左边门把手使之不能动，右手向左边轻拉右边门，两门自动吸住后报警声停止。

④测量　在计算机软件控制中，打开测量控制系统软件，进入控制主界面，并设定实验参数，设定好参数后，单击执行开始测量，测量结束后，保存数据以待分析。

⑤关机　利用软件控制程序，调节管电压和管电流，然后依次关闭 X 射线管、计算机、控制柜开关、真空系统。待 X 射线管完全冷却后关闭冷却水和电源。

4.8　红外光谱技术

4.8.1　红外光谱简介

红外光谱是分子能选择性吸收某些波长的红外线，而引起分子中振动能级和转动能级的跃迁，检测红外线被吸收的情况可得到物质的红外吸收光谱，又称分子振动光谱或振转光谱。

每种分子都有由其组成和结构决定的独有的红外吸收光谱，据此可以对分子进行结构分析和鉴定。红外吸收光谱是由于分子不停地振动和转动而产生的，分子振动是指分子中各原子在平衡位置附近做相对运动，多原子分子可组成多种振动图形。当分子中各原子以同一频率、同一相位在平衡位置附近做简谐振动时，这种振动方式称简正振动（例如伸缩振动和变角振动）。分子振动的能量与红外射线的光量子能量正好对应，因此当分子的振动状态改变时，就可以发射红外光谱，也可以因红外辐射激发分子振动而产生红外吸收光谱。分子振动和转动的能量不是连续而是量子化的。但由于在分子的振动跃迁过程中也常常伴随转动跃迁，使振动光谱呈带状，所以分子的红外光谱属带状光谱。

红外光谱分析可用于研究分子的结构和化学键，也可作为表征和鉴别化学物质的方法。红外光谱具有高度特征性，可以采用与标准化合物的红外光谱对比的方法来做分析鉴定。已有几种汇集成册的标准红外光谱集出版，可将这些图谱存储在计算机中，用于对比和检索，进行分析鉴定。利用化学键的特征波数来鉴别化合物的类型，并可用于定量测定。由于分子中邻近基团的相互作用，使同一基团在不同分子中的特征波数有一定变化范围。此外，在高聚物的构型、构象、力学性质的研究，以及物理、天文、气象、遥感、生物、医学等领域，也广泛应用红外光谱。

红外光谱仪有如下两种。棱镜和光栅光谱仪，属于色散型，它的单色器为棱镜或光栅，属单通道测量。傅立叶变换红外光谱仪，是非色散型的，其核心部分是一台双光束干涉仪，当仪器中的动镜移动时，经过干涉仪的两束相干光间的光程差就改变，探测器所测得的光强也随之变化，从而得到干涉图。经过傅立叶变换的数学运算后，就可得到入射光的光谱。

傅立叶变换红外光谱仪具有如下优点：

① 多通道测量，使信噪比提高；

② 光通量高，提高了仪器的灵敏度；

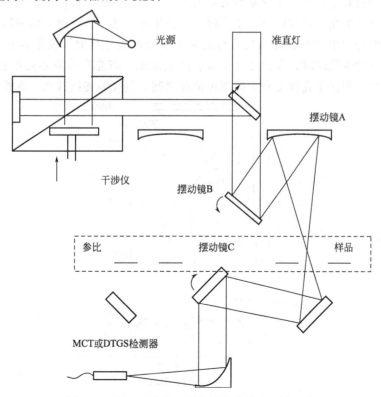

图 4.28　傅立叶变换红外光谱仪的典型光路系统

③ 波数值的精确度可达 0.01～1cm；

④ 增加动镜移动距离，可使分辨本领提高；

⑤ 工作波段可从可见光区延伸到毫米区，可以实现远红外光谱的测定。

4.8.2 傅立叶变换红外光谱介绍

傅立叶变换红外光谱仪（FT-IR）是根据光的相干性原理设计的，因此是一种干涉型光谱仪。它主要由光源（硅碳棒，高压汞灯）、干涉仪、检测器、计算机和记录系统组成。大多数傅立叶变换红外光谱仪使用了迈克尔逊（Michelson）干涉仪，因此实验测量的原始光谱图是光源的干涉图，然后通过计算机对干涉图进行快速傅立叶变换计算，从而得到以波长或波数为函数的光谱图，因此，谱图称为傅立叶变换红外光谱，仪器称为傅立叶变换红外光谱仪。

（1）光学系统及工作原理

图 4.28 是傅立叶变换红外光谱仪的典型光路系统，来自红外光源的辐射，经凹面反射镜成平行光后进入迈克尔逊干涉仪，离开干涉仪的脉动光束投射到一摆动的反射镜 B，使光束交替通过样品池或参比池，再经摆动反射镜 C（与 B 同步），使光束聚焦到检测器上。

傅立叶变换红外光谱仪无色散元件，没有狭缝，故来自光源的光有足够的能量经过干涉后照射到样品上，然后到达检测器，傅立叶变换红外光谱仪测量部分的主要核心部件是干涉仪，图 4.29 是单束光照射迈克尔逊干涉仪时的工作原理图，干涉仪是由固定不动的反射镜 M_1（定镜），可移动的反射镜 M_2（动镜）及光分束器 B 组成，M_1 和 M_2 是互相垂直的平面反射镜。B 以 45°角置于 M_1 和 M_2 之间，B 能将来自光源的光束分成相等的两部分，一半光束经反射镜 B 后被反射，另一半光束则透射过 B。在迈克尔逊干涉仪中，来自光源的入射光经光分束器分成两束光，经过两反射镜反射后又会聚在一起，再投射到检测器上，由于动镜的移动，使两束光产生了光程差，当光程差为半波长的偶数倍时，发生相长干涉，产生明线；当为半波长的奇数倍时，发生相消干涉，产生暗线；若光程差既不是半波长的偶数倍，也不是奇数倍时，则相干光强度介于前两种情况之间。当动镜连续移动，在检测器上记录的

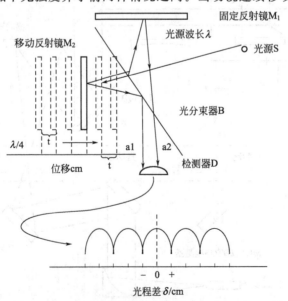

图 4.29 单束光照射迈克尔逊干涉仪时的工作原理

信号余弦变化，每移动四分之一波长的距离，信号则从明到暗周期性地改变一次。

（2）傅立叶变换红外光谱测定

在傅立叶变换红外光谱测量中，主要由两步完成：第一步，测量红外干涉图，该图是一种时域谱，它是一种极其复杂的谱，难以解释；第二步，通过计算机对该干涉图进行快速傅立叶变换计算，从而得到以波长或波数为函数的频域谱，即红外光谱图，示例见图 4.30。

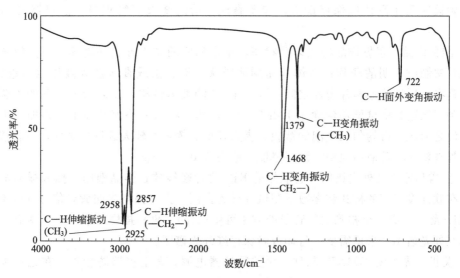

图 4.30　正辛烷的红外光谱图

（3）样品处理

① 气体样品　对气体样品，可将它直接充入已抽成真空的样品池内，常用样品池长度约在 10cm 以上，对痕量分析来说，采用多次反射使光程折叠，从而使光束通过样品池全长的次数达数十次。

② 液体和溶液样品　纯液体样品可直接滴入两窗片之间形成薄膜后测定，可以消除由于加入溶剂而引起的干扰，但会呈现强烈的分子间氢键及缔合效应。

对于溶液，必须注意：制成池窗及样品池的材料必须与所测量的光谱范围相匹配。

应正确选择溶剂，对溶剂的要求是：对样品有良好的溶解度；溶剂的红外吸收不干扰测定，溶剂选择取决于所研究的光谱区。CCl_4 测量范围 $4000\sim1300cm^{-1}$，CS_2 测量范围 $1300\sim650cm^{-1}$，若样品不溶于二者，则可用 $CHCl_3$ 或 CH_2Cl_2 等。水不能做溶剂，因为它本身有吸收，且会侵蚀池窗，因此样品必须干燥。配成的溶液一般较稀，约 10%，这样有利于测定。

③ 固体样品　固体样品可以采用溶液法、研糊法和压片法。

溶液法就是将样品在合适溶剂中配成浓度约为 5% 的溶液后测量。

研糊法即将研细的样品与蜡油调成均匀的糊状物后，涂于窗片上进行测量。此法方便，但不能获得满意的定量结果。

压片法是将约 1mg 样品与 100mg 干燥的溴化钾粉末研磨均匀，再在压片机上压成几乎呈透明状的圆片后测量，这种处理技术的优点是：干扰小，容易控制样品浓度，定量结果准确，而且容易保存样品。

（4）操作方法

① 开机前准备　检查仪器各部件连接是否正确；检查确认仪器右下角的湿度试纸是否呈现蓝色，如发白或变红，应立即更换机器内部的干燥剂；开机前检查实验室电源、温度和湿度等环境条件，当电压稳定，室温在 15～25℃、湿度≤60％才能开机。

② 开机　首先打开仪器的外置电源，稳定 30min，使仪器能量达到最佳状态。开启电脑，并打开仪器操作平台 OMNIC 软件，运行 Diagnostic 菜单，检查仪器稳定性。一般情况下，实验设置采用默认或保存设置，如要修改，请通知仪器管理员，由仪器管理员负责修改。

③ 准备样品　根据样品特性以及状态，制定相应的制样方法并制样。固体粉末样品用 KBr 压片法制成透明的薄片；液体样品用液膜法、涂膜法或直接注入液体池内进行测定；液膜法是在可拆液体池两片窗片之间，滴上 1～2 滴液体试样，使之形成一薄的液膜；涂膜法是用刮刀取适量的试样均匀涂于 KBr 窗片上，然后将另一块窗片盖上，稍加压力，来回推移，使之形成一层均匀无气泡的液膜。沸点较低、挥发性较大的液体试样，可直接注入封闭的红外玻璃或石英液体池中，液层厚度一般为 0.01～1mm。

④ 扫描和输出红外光谱图　将制好的 KBr 薄片轻轻放在样品架内，插入样品池并拉紧盖子，在软件设置好的模式和参数下测试红外光谱图。先扫描空光路背景信号（或不放样品时的 KBr 薄片，有 4 个扣除空气背景的方法可供选择），再扫描样品信号，经傅立叶变换得到样品红外光谱图。根据需要，打印或者保存红外光谱图。

⑤ 关机　先关闭 OMNIC 软件，再关闭仪器电源，盖上仪器防尘罩；在记录本上记录使用情况。

⑥ 清洗压片模具和玛瑙研钵　KBr 对钢制模具的平滑表面会产生极强的腐蚀性，因此模具用后应立即用水冲洗，再用去离子水冲洗三遍，用脱脂棉蘸取乙醇或丙酮擦洗各个部分，然后用电吹风吹干，保存在干燥箱中备用。玛瑙研钵的清洗与模具相同。

（5）数据结果保障要求

① 为保证测试结果的可靠性，要求所有样品必须检测两个样或两个样以上，在两个样品的图谱匹配率大于 98％的情况下才可认定本次测试结果有效。

② 为了保证分析测试数据准确可靠，仪器每 3 个月或经过搬动、维修后必须进行校验（利用标准随机的聚苯乙烯薄膜测试光谱进行比较）。

③ 任何操作人员仪器操作完毕，应如实填写使用记录，进行清场工作后才可离去。

4.9　热重分析法

热重分析法（thermogravimetric analysis，TG）是在程序控制温度下，测量物质质量与温度关系的一种技术。许多物质在加热过程中常伴随质量的变化，这种变化过程有助于研究晶体性质的变化，如熔化、蒸发、升华和吸附等物质的物理现象；也有助于研究物质的脱水、解离、氧化、还原等物质的化学现象。

4.9.1　TG 和 DTG 的基本原理与仪器

进行热重分析的基本仪器为热天平。热天平一般包括天平、炉子、程序控温系统、记录系统等部分。有的热天平还配有通入气氛或真空装置。典型的热天平示意见图 4.31。除热天平外，还有弹簧秤。国内已有 TG 和 DTG（微商热重法）联用的示差天平。热重分析法通常可分为两大类：静态法和动态法。静态法是等压质量变化的测定，是指一物质的挥发性产物在恒定分压下，物质平衡与温度 T 的函数关系。以失重为纵坐标，温度 T 为横坐标作等压质量变化曲线。等温质量变化的测定是指一物质在恒温下，物质质量变化与时间 t 的依赖关系，以质量变化为纵坐标，以时间为横坐标，获得等温质量变化曲线。动态法是在程序升温的情况下，测量物质质量的变化对时间的函数关系。

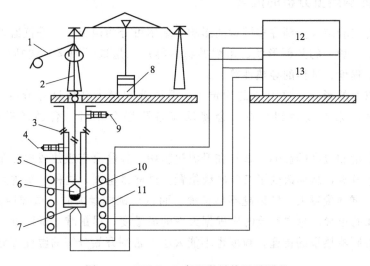

图 4.31　WRT-3P 高温微量热天平原理

1—机械减码；2—吊挂系统；3—密封管；4—出气口；5—加热丝；6—试样盘；

7—热电偶；8—光学读数；9—进气口；10—试样；11—管状电阻炉；

12—温度读数表头；13—温控加热单元

控制温度下，试样受热后质量减轻，天平（或弹簧秤）向上移动，使变压器内磁场移动输电功能改变；另一方面，加热电炉温度缓慢升高时热电偶所产生的电位差输入温度控制器，经放大后由信号接收系统绘出 TG 热分析图谱。

热重法实验得到的曲线称为热重曲线（TG 曲线），如图 4.32 所示。TG 曲线以质量作

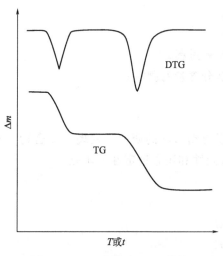

图 4.32　TG 曲线及 DTG 曲线

纵坐标，从上向下表示质量减少；以温度（或时间）作横坐标，自左至右表示温度（或时间）增加。DTG 是 TG 对温度（或时间）的一阶导数。以物质的质量变化速率 dm/dt 对温度 T（或时间 t）作图，即得 DTG 曲线。DTG 曲线上的峰代替 TG 曲线上的阶梯，峰面积正比于试样质量。DTG 曲线可以微分 TG 曲线得到，也可以用适当的仪器直接测得，DTG 曲线比 TG 曲线优越性大，提高了 TG 曲线的分辨率。

4.9.2 影响热重分析的因素

热重分析的实验结果受到许多因素的影响，基本可分为两类：一是仪器因素，包括升温速率、炉内气氛、炉子的几何形状、坩埚的材料等；二是试样因素，包括试样的质量、粒度、装样的紧密程度、试样的导热性等。

（1）升温速率的影响　在 TG 的测定中，升温速率增大会使试样分解温度明显升高。如升温太快，试样来不及达到平衡，会使反应各阶段分不开。合适的升温速率为 $5 \sim 10℃ \cdot min^{-1}$。

（2）样品质量和粒度的影响　试样在升温过程中，往往会有吸热或放热现象，这样使温度偏离线性程序升温，从而改变了 TG 曲线位置。试样量越大，这种影响越大。对于受热产生气体的试样，试样量越大，气体越不易扩散。而且，试样量大时，试样内温度梯度也大，将影响 TG 曲线的位置。总之实验时应根据天平的灵敏度，尽量减小试样量。试样的粒度不能太大，否则将影响热量的传递；粒度也不能太小，否则开始分解的温度和分解完毕的温度都会降低。

4.9.3 热重分析法的应用

热重分析法的重要特点是定量性强，能准确地测量物质的质量变化及变化的速率，可以说，只要物质受热时发生质量的变化，就可以用热重法来研究其变化过程。

目前，热重分析法已在下述诸方面得到应用：

① 无机物、有机物及聚合物的热分解；

② 金属在高温下受各种气体的腐蚀过程；

③ 固态反应；

④ 矿物的煅烧和冶炼；

⑤ 液体的蒸馏和汽化；

⑥ 煤、石油和木材的热解过程；

⑦ 含湿量、挥发物及灰分含量的测定；

⑧ 升华过程；

⑨ 脱水和吸湿；

⑩ 爆炸材料的研究、反应动力学的研究、发现新化合物、吸附和解吸、催化活度的测定、表面积的测定、氧化稳定性和还原稳定性等研究。

4.9.4 操作过程

（1）开机（预热 30min）

① 打开各控制单元开关。

② 打开温控仪开关，按住 ∧ 键 SV 显示为 STOP，电炉开关不打开。

③ 启动计算机，双击火炬符号。

（2）装样、天平调零

① 旋开炉体上端螺栓，松开定位螺钉，垂直降下炉体到底，移动托盘，使之靠近秤盘底部。

② 放一空坩埚到天平秤盘中（左面），等稳定，拨动天平单元电减码器进行天平调零，使数据接口单元在 TG 挡上的读数到 $+0\sim10$ 个字以内。

③ 点击采样，输入量程，按调零结束。

④ 调零结束后，取出空坩埚，往坩埚中放样品，不能超过选用量程的最大值（70%~80%），装好样品，坩埚放回秤盘，使天平读数在选用量程的 70%~80% 之间。移开托盘，垂直托上炉体到顶部（注意：天平的秤盘要进入炉膛中间位置，不要碰壁），旋紧定位螺钉，旋上炉体上端螺栓。

（3）操作温控系统

① 升温程序的编制　先按"＜"，一按即放，PV 显示为"01"，表示程序指令的起始温度，SV 显示"－10"表示起始温度为 -10℃（如果需要修改 SV 的值，通过"＜""∧""∨"键来调整）然后按回车键，一按即放，PV 显示为"01"，表示第一段的升温时间，若需修改 SV 同上，再按回车键，PV 显示为"02"，表示第二阶段的升温时间，SV 显示"－120"表示升温指令只存在一个程序段（－120 表示程序指令结束）。

② 升温指令运行　首先按住"∨"键，使 SV 显示为 RUN，这时放开"∨"键，注意观察 SV 显示从 1℃升到 2℃，观察电压表，若电压在 5V 左右，启动电炉开关，若电压较高，马上再按住"∨"键，使 SV 显示为"HOLD"，观察电压表，直到电压回落到 5V 左右，再按住"∨"键，使 SV 显示为"RUN"，放开，此时启动电炉开关。

③ 温控程序指令正常运转后，马上对计算机进行采样设置，输入起始温度、终点温度、升温速率、样品名称、样品质量等参数。

④ 等到采样结束后，首先点存盘返回，输入文件名，点保存，将图谱存档，再按住温控仪的"∧"键，使 SV 显示为"STOP"，电压回落到 5V 左右，关闭电炉电源开关。

⑤ 关闭电炉电源后，对图谱进行数据处理，最后把数据结果存盘，选择打印。

⑥ 做完实验后，关闭仪器前，检查炉膛内的温度应小于 200℃，先关计算机，再关各仪器的电源开关。

（4）数据处理　调入所存文件，做数据处理，选定每个台阶的起止位置，求算出各个反应阶段的 TG 失重百分比、失重始温、终温，失重速率最大点温度。依据失重百分比，进行测试样品热性能分析。

4.10　差示扫描量热法（DSC）

4.10.1　实验原理

差示扫描量热法（differential scanning calorimetry，DSC）是在程序温度控制下，测量试样与参比物之间单位时间内能量差（或功率差）随温度变化的一种技术。它是在差热分析（differential thermal analysis，DTA）的基础上发展而来的一种热分析技术，DSC 在定量分析方面比 DTA 要好，能直接从 DSC 曲线上峰形面积得到试样的放热量和吸热量。

DSC 技术克服了 DTA 在计算热量变化时遇到的困难，为获得热效应的定量数据带来很大方便，同时还兼具 DTA 的功能。因此，近年来 DSC 的应用发展很快，尤其在高分子领域得到了越来越广泛的应用。它常用于测定聚合物的熔融热、结晶度以及等温结晶动力学参数，测定玻璃化转变温度 T_g；研究聚合、固化、交联、分解等反应；测定其反应温度或反应温区、反应热、反应动力学参数等，现已成为高分子研究方法中不可缺少的重要手段之一。

差示扫描量热仪可分为功率补偿型和热流型两种，两者的最大差别在于结构设计原理上的不同。一般实验条件下，选用的是功率补偿型差示扫描量热仪。仪器有两只相对独立的测量池，其加热炉中分别装有测试样品和参比物，这两个加热炉具有相同的热容及热导率，并按相同的温度程序扫描。参比物在所选定的扫描温度范围内不具有任何热效应，因此在测试的过程中记录下的热效应就是由样品的变化引起的。当样品发生放热或吸热变化时，系统将自动调整两个加热炉的加热功率，以补偿样品所发生的热量改变，使样品和参比物的温度始终保持相同，使系统始终处于"热零位"状态，这就是功率补偿 DSC 仪的工作原理，即"热零位平衡"原理。图 4.33 所示为功率补偿式 DSC 工作原理示意。

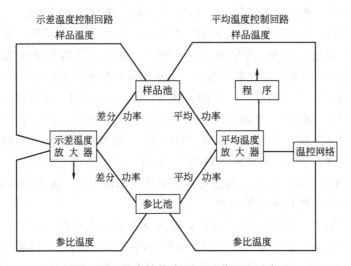

图 4.33　功率补偿式 DSC 工作原理示意

在补偿功率作用下，补偿热量随试样热量变化，即表征试样产生的热效应。因此实验中补偿功率随时间（温度）的变化也就反映了试样放热速度（或吸热速度）随时间（温度）的变化，这就是 DSC 曲线。它与 DTA 曲线基本相似，但其纵坐标表示试样产生热效应的速度（热流率），单位为 $mcal \cdot s^{-1}$ 或 $mJ \cdot s^{-1}$，横坐标是时间或温度，即 $dH/dt\text{-}t$（或 $dH/dt\text{-}T$）曲线（见图 4.34）。

同样规定吸热峰向下，放热峰向上，对曲线峰经积分，可得试样产生的热量 ΔH。

4.10.2　影响 DSC 曲线的因素

DSC 的原理及操作都比较简单，但要获得精确结果必须考虑诸多的影响因素。下面介绍一下主要的仪器因素及样品影响因素。

（1）仪器影响因素

① 气氛的影响　气氛可以是惰性的，也可以是参加反应的，视实验要求而定。测定时所用的气氛不同，有时会得到完全不同的 DSC 曲线。例如某一样品在氧气中加热会产生氧

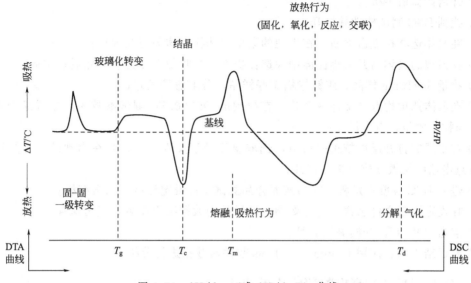

图 4.34　dH/dt-t（或 dH/dt-T）曲线

化裂解反应——先放热，后吸热；如在氯气中进行，产生的是分解反应——吸热反应。二者的 DSC 曲线明显不同。气氛还可分为动态和静态两种形式。静态气氛通常是密闭系统。反应发生后样品上空逐渐被分解出的气体所充满。这时由于平衡的原因会导致反应速率减慢，以致使反应温度移向高温。而炉内的对流作用使周围的气氛（浓度）不断变化。这些情况会造成传热情况的不稳定。导致实验结果不易重复。反之在动态气氛中测定，所产生的气体能不断地被动态气氛带走。对流作用反而能保持相对的稳定，实验结果易重复。另外，气体的流量应严格控制一致，否则结果将不会重复。

②　温度程序控制速度　加热速度太快，峰温会偏高，峰面积会偏大，甚至会降低两个相邻峰的分辨率。对聚合物的玻璃化转变来说，是一个分子链段运动状态的松弛过程。对升（降）温速度有强烈依赖性。升温速度较慢时，大分子链段即可在较低的温度下吸热解冻。使 T_g 向低温移动，当升温速度极慢时，则根本观察不到玻璃化转变。因此，通常采用 $10℃\cdot min^{-1}$。

（2）样品因素

①　试样量　试样量同参比物的量要匹配，以免两者热容相差太大引起基线漂移。试样量少，峰小而尖锐，峰的分辨率高，重视性好，并有利于与周围控制气氛相接触。容易释放裂解产物，从而提高分析效果；试样量大，峰大而宽，峰温移向高温。但试样量大，对一些细小的转变，可以得到较好的定量效果。对均匀性差的样品，也可获得较好的重复结果。

②　试样的粒度及装填方式　试样粒度的大小，对那些表面反应或受扩散控制的反应（例如氧化）影响较大。粒度小，峰移向低温方向。装填方式影响试样的传热情况，尤其对弹性体。因此最好采用薄膜或细粉状试样，并使试样铺满盛器底部，加盖封紧，试样盛器底部尽可能平整，以保证和样品池之间的加盖接触。

4.10.3　耐驰公司 400PC DSC 仪使用方法

①　打开气源；
②　开启仪器主机电源；

③ 开启计算机主机；

④ 找到 DSC 测试软件并打开；

⑤ 在窗体选项栏点击诊断，在出现的菜单中选择气体与开关选项；

⑥ 在出现的气体与开关小窗体中勾选保护气 2 与吹扫气 2 选项，然后点击确定；

⑦ 称量 5～10mg 样品，用铝坩埚装好样品，盖上盖子压好；

⑧ 在窗体选项栏点击文件→新建，在出现的 DSC200PC 测试参数中点击样品选项，填好名称与样品质量，点击继续；

⑨ 在出现的打开温度校正窗口点击选取温度校正文件打开；再在出现的打开灵敏度校正窗口点击选取灵敏度校正文件打开；

⑩ 进入 DSC 温度设定程序窗口按照样品测试条件设定温度，点击继续；

⑪ 在设定测量文件名窗口为将要测试的样品的数据结果命名，点击保存；

⑫ 点击"开始"，开始测量样品；

⑬ 测试结束后，使用 Proteus Analysis 软件对数据进行分析。

4.10.4　DSC 在高聚物研究中的应用

DSC 方法以其优越的热量定量性能，在高聚物研究中发展极为迅速，而且已经成为高聚物常规测试的基本手段，应用面较广，在实验室中学生可以接触到的测试有以下几个方面。

(1) 高聚物玻璃化转变温度 T_g 的测定

T_g 是表征高聚物性能的重要参数，通过测定高聚物的 T_g 可以获得多方面的性能与结构关系的信息。测定不同高聚物的 T_g 可以判断分子柔顺性的差别，凡与分子运动有关的性能都可通过 T_g 的测定来证实。对于同种交联高聚物，通过测定其 T_g 的大小，可以推断交联程度的差异，也可通过 T_g 的测定来研究高聚物共混结构。显微镜法可直接观察到共混物的形态结构，但不能准确地测得两种聚合物达到分子级混合的程度。但通过 T_g 的测定可以判断分子级混合的程度。若两组分完全达到分子级的混合，形成均相体系，只有一个 T_g；如果两组分完全没有分子级的混合，界面明显，存在两个与原组分相同的 T_g；如果两组分之间具有一定程度的分子级混合时，界面层占有不可忽略的地位，这时仍有两个 T_g，但彼此靠近，分子级混合的程度越大，相互靠近的程度亦越大。同时，两相之间的界面层也可能表现出不太明显的第三个玻璃化转变区。需要指出的是橡胶的 T_g 一般在 0℃以下，要带有低温装置的才能测定。

(2) DSC 法测定橡胶的硫化和热固树脂的固化过程

DSC 法可以测定出橡胶混炼胶的硫化峰温以及硫化热效应，通过硫化峰温的高低以及峰宽（半高宽或峰宽）来分析硫化体系的硫化温度、硫化反应速率等，对于筛选配方的硫化体系，研究促进剂的作用有着重要意义。例如促进剂 CZ 的硫化放热峰，峰温高、峰形窄。说明其发生硫化反应的温度高，反应速率快，即所谓后效应性；而促进剂 DM 的硫化峰温低，峰形宽，则说明临界温度低，反应速率慢。另外，还可求出硫化活化能 E，对硫化体系进行理论分析。根据 DSC 曲线峰还可以得到硫化热效应，它是评价交联程度的依据，并可与交联密度、定伸应力等实验结合起来评价橡胶的交联情况。对于热固性树脂的固化反应，也可用同样的方法进行研究。从固化反应的 DSC 曲线中可以得到固化反应的起始温度 T_a、峰值温度 T_b 和终止温度 T_c。还可得到固化反应热，以及固化后树脂的 T_g。另外，通过固化剂的不同用量对固化热效应影响的研究，对选择合适的固化剂用量有着重要的指导意义。

此方法还可根据加了固化剂的树脂体系在室温下不同存放时间后的固化热效应，来研究稳定性，以此确定允许存放的时间。

（3）高聚物热稳定性的研究

在DSC仪上可以快速地测出高聚物的氧化、环化、裂解峰温及热效应，从而方便地评价高聚物氧化性能及其热稳定性。并且同样可根据不同升温速度下的反应峰温作图，求出氧化、环化、分解反应的活化能E。还能通过添加不同防老剂试样的DSC曲线氧化峰温进行防老剂的筛选，其实验快速而方便。

（4）高聚物结晶行为的研究

DSC法可以用来测定结晶高聚物的结晶温度、熔点及结晶度，可以为其加工工艺、热处理条件提供依据。例如，用DSC测得未拉伸非晶聚酯的DSC曲线。根据曲线即可确定其薄膜的拉伸加工条件，拉伸温度必须选择在T_g以上，117℃以下之间的温度内，以免发生结晶而影响拉伸，拉伸后热定型温度则一定要高于152℃，使之冷结晶完全；但又不能太靠近熔点，以免结晶熔融，这样就能获得性能好的薄膜。另外，还可以利用DSC法在等温结晶条件下研究高聚物结晶速率，如结晶起始时间t_{id}、最大结晶时间t_{max}和结晶终止时间t_∞。

（5）DSC在高聚物剖析鉴定上的应用

DSC法能够快速、简便地对未知样进行剖析鉴定，特别是结晶高聚物，可根据其熔点的不同来加以鉴别。例如，几种尼龙的熔点不同，通过DSC测定它们的熔点，就可能将几种尼龙区别开来。利用DSC法还可以粗略地鉴定结晶共混物的组成，从曲线中结晶熔融峰的高低可以粗略地估计共混物的比例。对橡胶的鉴别可以通过DSC曲线上T_g、氧化峰温、环化、裂解峰温的差异加以区别。如果有条件，DSC仪可与其他仪器（如裂解色谱、红外光谱）配合，鉴定效果更加准确。

第 5 章

实验数据处理及实验报告的书写

5.1 误差及有效数字的处理

化学实验常进行许多定量的测定，然后由测得的数据，经过计算得到测定结果。结果是否可靠是一个很重要的问题，不准确的分析结果往往会导致错误的结论。但是，在测定过程中，即使是技术非常熟练的人，用同一方法，同一试样进行多次测定，也不可能得到完全一致的结果。这就是说，绝对准确是没有的，测定过程中的误差是客观存在的，应根据实际情况正确测定、记录并处理实验数据，使分析结果达到一定的准确度。所以树立正确的误差及有效数字的概念，掌握分析和处理实验数据的科学方法十分必要。

5.1.1 误差

(1) 误差的分类

在定量分析中，由各种原因造成的误差，按照性质可分为系统误差、偶然误差和过失误差三类。

① 系统误差　又称可测误差，由实验方法、所用仪器、试剂、实验条件的控制以及实验者本身的一些主观因素造成的误差，称系统误差。这类误差具有以下性质：

a. 在多次测定中会重复出现；

b. 所有的测定或者都偏高，或者都偏低，即具有单向性；

c. 由于误差来源于某一个固定的原因，因此，数值基本是恒定不变的。

② 偶然误差　又称随机误差或未定误差，偶然误差是由一些偶然的原因造成的，例如，测量时环境温度、气压的微小变化都能造成误差。这类误差的性质由于来源于随机因素，因此，误差数值不定，且方向也不固定，有时为正误差，有时为负误差。这种误差在实验中无法避免。从表面看，这类误差也没有什么规律，但若用统计的方法去研究，可以从多次测量的数值中找到它的规律性。

③ 过失误差　这是由于实验工作者工作疏忽，不按操作规程办事，过度疲劳或情绪不好等原因造成的。这类错误有时无法找到原因，但是完全可以避免。

(2) 误差的表示方法

① 真实值、平均值和中位值

a. 真实值。真实值是一个客观存在的真实数值，但又不能直接测定出来。如一个物质中的某一组分含量，应该是一个确切的真实数值，但又无法直接确定。由于真实值无法知道，往往都是进行许多次平行实验，取其平均值或中位值作为真实值，或者以公认的手册上的数据作为真实值。

b. 平均值。平均值是指算术平均值（$\bar{x}$），即测定值的和除以测定总次数所得的商。

$$\bar{x} = \frac{x_1 + x_2 + x_3 + \cdots + x_n}{n} = \frac{\sum\limits_{i=1}^{n} x_i}{n} \tag{5.1}$$

式中　x_i——各次测定值；

　　　n——测定次数。

c. 中位值。将一系列测定数据按大小顺序排列时的中间值。若测定的次数是偶数，则取正中两个值的平均值

② 准确度和精密度

a. 准确度。准确度表示测定值与真实值接近的程度，表示测定的可靠性。常用误差来表示。它分为绝对误差和相对误差两种。

$$绝对误差 = x_i - x_t \tag{5.2}$$

$$相对误差 = \frac{x_i - x_t}{x_t} \times 100\% \tag{5.3}$$

式中　x_i——测定值；

　　　x_t——真实值。

绝对误差表示测定值与真实值之间的差，具有与测定值相同的量纲；相对误差表示绝对误差与真实值之比，一般用百分率或千分率表示，称为量纲为一的量。绝对误差和相对误差都有正值和负值，正值表示测定结果偏高，负值则反之。

b. 精密度。精密度表示各次测量值相互接近的程度，表达了测定数据的再现性，常用偏差来表示，分为绝对偏差和相对偏差两种。

$$绝对偏差 = x_i - \bar{x} \tag{5.4}$$

$$相对偏差 = \frac{x_i - \bar{x}}{\bar{x}} \times 100\% \tag{5.5}$$

准确度和精密度是两个不同的概念，它们是实验结果好坏的主要标志。在分析工作中，最终的要求是测定准确。要做到准确，就要做到精密度好，没有一定的精密度，也就很难谈得上准确。但是，精密度高的实验结果不一定准确，这是因为可能存在系统误差。控制了偶然误差，就可以使测定的精密度提高，但只有同时校正了系统误差，才能得到既精密又准确的分析结果。

③ 标准偏差

标准偏差是精密度的量度，个别数据的精密度是用绝对偏差或相对偏差表示的。对一系列测定的精密度，则要用统计学上的方法来量度。因为，即使在相同条件下测得的一系列数据，也总会有一定的离散性，分散在总体平均值的两端。样本标准偏差（S）是统计学上用来表示数据的离散程度的量，也可用来表示精密度的高低。计算式如下：

$$S = \sqrt{\frac{\sum\limits_{i=1}^{n}(x_i - \bar{x})^2}{n-1}} \tag{5.6}$$

为了计算方便，也可用下面的两个等效式计算：

$$S = \sqrt{\frac{\left(\sum_{i=1}^{n} x_i^2\right) - \dfrac{\left(\sum_{i=1}^{n} x_i\right)^2}{n}}{n-1}} = \sqrt{\frac{\left(\sum_{i=1}^{n} x_i^2\right) - n\overline{x}^2}{n-1}} \tag{5.7}$$

由于标准偏差不考虑偏差的正负号，同时又增强了大的偏差数据的作用，所以能较好地反映测定数据的精密度。

5.1.2 测定数据的取舍

在定量分析中，常用统计的方法来评价实验所得的数据，决定测定数据的取舍是其中的一个内容。

(1) 置信水平和置信区间

多次测定的平均值比单次测定值更可靠，测定次数愈多，所得平均值愈可靠。但是平均值的可靠性是相对的，仅有一个平均值不能明确说明测定结果的可靠性。如果再求出平均值的标准偏差 $(S_{\overline{x}} = S/\sqrt{n})$，以 $\overline{x} \pm S_{\overline{x}}$ 来表示测定结果会更好一些。但是要使所有测定结果落在 $\overline{x} \pm S_{\overline{x}}$ 这个范围内的概率有多大呢？从误差的概率分布可知，这个机会，概率约为 68%，也就是说能有 68% 的测定结果是在 $\overline{x} \pm S_{\overline{x}}$ 范围内，68% 称为置信水平，$\pm S_{\overline{x}}$ 称为置信区间。但是置信水平为 68% 对化学分析的要求来说是不够的，因为还有约1/3的测定结果不在此范围内。通常在化学分析中，都按置信水平为 95% 或 99% 来要求。

(2) 可疑数据舍弃的实质

若置信水平确定为 95%，有一个可疑数据，如在 95% 的范围内，则可取；如在 5% 范围内，可认为这个数据的误差不属于偶然误差，而属于过失误差，故这个可疑数据应舍弃。由此可见，可疑数据的舍弃问题，实质上就是区别偶然误差和过失误差。

(3) 数据取舍的方法

数据取舍的方法通常有：$4d$ 准则、Q 检验法、Dixon 检验法和 Grubbs 检验法。Grubbs 检验法较合理，适用性强，采用较多。

Grubbs 检验法又称 Smirnoff-Grubbs 检验法，应用此法处理数据时，按下述三种不同情况来处理。

① 只有一个可疑数据。有 n 个测定数据，$x_1 < x_2 < x_3 < \cdots < x_n$，$x_1$ 为可疑数据时，统计量 T 的计算式为

$$T_1 = \frac{\overline{x} - x_1}{S}$$

x_n 为可疑数据时，统计量 T_n 的计算式为

$$T_n = \frac{x_n - \overline{x}}{S}$$

② 可疑数据有两个或两个以上，且都在平均值的同一侧。例如，x_1 和 x_2 都为可疑数据，则先检验最内侧的一个数据，即 x_2，通过计算 T_2 来检验 x_2 是否应舍弃，如 x_2 可舍弃，在检验 x_1 时，测定次数应作为少了一次。

③ 可疑数据有两个或两个以上，而又在平均值两侧。例如 x_1 和 x_n 都为可疑数据，那么应分别先后检验 x_1 和 x_n 是否应舍弃。如果有一个数据决定舍弃，则另一个数据检验时，

测定次数应作为少了一次，此时，应选择 99% 的置信水平。

当 $T \geqslant T_{临}$ 时，则可疑值应舍去。

【例 5.1】 测定碱灰总碱量 $w(Na_2O)$ 得到了 6 个数据，按其大小次序排列：46.25，46.15，46.14，46.13，46.12，45.86，若首尾两数据为可疑值，试用 Grubbs 检验法判断是否应舍弃。

解：$\overline{x} = (46.25 + 46.15 + 46.14 + 46.13 + 46.12 + 45.86)/6 = 46.11$

$$S = \sqrt{\frac{\sum\limits_{i=1}^{n}(x_i - \overline{x})^2}{n-1}} = 0.130; \quad T_6 = \frac{46.11 - 46.86}{0.130} = 1.92$$

查表 5.1 Grubbs 检验法临界值，测定次数为 6 时，95% 的临界值为 1.89，故 45.86 这个可疑值应舍弃。再检验 46.25 这个数据是否应舍弃，求得：

$$\overline{x} = \frac{46.25 + 46.15 + 46.13 + 46.12 + 46.14}{5} = 46.16; \quad S = 0.0526; \quad T_1 = 1.71$$

测定次数为 5，99% 的临界值是 1.76，故 46.25 这个数据不应舍去。

表 5.1 Grubbs 检验法临界值

测定次数	置信界限		测定次数	置信界限	
	95%	90%		95%	90%
3	1.15	1.15	15	2.55	2.81
4	1.48	1.50	16	2.59	2.85
5	1.71	1.76	17	2.62	2.89
6	1.89	1.97	18	2.65	2.93
7	2.02	2.14	19	2.68	2.97
8	2.13	2.27	20	2.71	3.00
9	2.21	2.39	21	2.73	3.03
10	2.29	2.48	22	2.76	3.06
11	2.36	2.56	23	2.78	3.09
12	2.41	2.64	24	2.80	3.11
13	2.46	2.70	25	2.82	3.14
14	2.51	2.76			

(4) 本教材中实验结果表示的要求

① 测定次数是 2 时，计算平均值 $\overline{x}$ 和相对误差 $\left(\dfrac{x_1 - x_2}{\overline{x}} \times 100\%\right)$。

② 测定次数在 3 以上（包括 3 次在内），用 Grubbs 检验法判断，计算 $\overline{x}$、S 和 T，决定舍弃后，还应算出舍弃后的平均值 $\overline{x}_{舍}$。

5.2　有效数字

5.2.1　有效数字的概念

有效数字是以数字来表示有效数量，也是指在具体工作中实际能测量到的数字。例如，将一蒸发皿用分析天平称量，称得质量为30.5119g，说明这个量中的所有数字都是有效数字，即有六位有效数字。如用台秤称，则称得质量为30.5g，这样仅有三位有效数字。所以有效数字是随实际情况而定的，不是由计算结果决定的。

如果数字中有"0"时，则要具体分析。"0"有两种用途，一种是表示有效数字，另一种是决定小数点的位置。例如，30.5119g及5.3200g中的"0"都是表示有效数字；0.0036g中的"0"只表示位数，不是有效数字，表明36中的3是在小数点后的第三位，它的有效数字仅有两位；在0.00100中，"1"左边的3个"0"不是有效数字，仅表示位数，只起定位作用，"1"右边的2个"0"是有效数字，这个数的有效数字是三位。

在化学计算中，如3600、1000以"0"结尾的正整数，它们的有效数字位数比较含糊。一般可以看成是四位有效数字，也可以看成是二位或三位有效数字，需按照实际测量的准确度来确定：如果是两位有效数字，则写成3.6×10^3、1.0×10^3；如果是三位有效数字，则写成3.60×10^3、1.00×10^3。还有倍数或分数的情况，如2mol铜的质量$=2 \times 63.54$g，式中的2是个自然数，不是测量所得，不应看作一位有效数字，而应认为是无限多位的有效数字。

对数的有效数字的位数仅取决于小数部分（尾数）数字的位数，其整数部分（首数）为10的幂数，不是有效数字。比如pH$=11.20$，其有效数字为二位，所以$c(H^+)=6.3 \times 10^{-12} mol \cdot L^{-1}$。

5.2.2　有效数字使用规则

① 有效数字的最后一位数字，一般是不定值。例如，在分析天平上称得蒸发皿的质量为30.5119g，这个"9"是不定值。也就是讲这个数值可以是30.5118g，也可以是30.5120g，这不定值差别的大小，是由仪器的准确度所决定。记录数据时，只应保留一位不定值。

② 运算时，以"四舍五入"为原则弃去多余的数字，也有用"四舍六入五留双"的原则。前者是当尾数≤4时，弃去；当尾数≥5时，进位。后者当尾数≤4时，弃去；当尾数≥6时，进位；尾数$=5$时，如进位后得偶数，则进位，如弃去后得偶数，则弃去。

③ 几个数值相加或相减时，和或差的有效数字保留位数，取决于这些数值中小数点后位数最少的数字。运算时，首先确定有效数字保留的位数，弃去不必要的数字，然后再做加减运算。例如，35.6208、2.52及30.519相加时，首先考虑有效数字的保留位数。在这三个数中，2.52的小数点后仅有两位数，其位数最少，故应以它作标准，取舍后得35.62、2.52、30.52相加，具体计算见算式①（在不定值下面加一短横线来表示）。如果保留到小数点后三位，具体计算见算式②。算式①的和只有一位不定值，而算式②的和有两位不定值。由于规定在有效数字中，只能有一位不定值，所以应按式①计算。

```
    3 5.6 2                              3 5.6 2 0
      2.5 2      式①                       2.5 2      式②
 +  3 0.5 2                          +  3 0.5 1 9
    6 8.6 6                              6 8.6 5 9
```

④ 几个数字相乘或相除时，积或商的有效数字的保留位数，由其中有效数字位数最少的数值的相对误差所决定，而与小数点的位置无关。例如，$0.1545 \times 3.1 = ?$，假定它们的绝对误差分别为 ± 0.0001 和 ± 0.1，两个数值的相对误差分别是：

$$\frac{\pm 1}{1546} \times 100\% = \pm 0.06\%$$

$$\frac{\pm 1}{32} \times 100\% = \pm 3.2\%$$

第二个数值的有效数字位数少，仅有两位，其相对误差最大，应以它为标准来确定其他数值的有效数字位数。具体计算时，也是先确定有效数字的保留位数，然后再计算。

```
       0.1 5                              0.1 5 5
 ×      3.1      式③                ×      3.1      式④
         1 5                                1 5 5
       4 5                                4 6 5
       0.4 6 5                            0.4 8 0 5
```

在式③中积是 0.465，有两位不定值，最后得数应弃去一位，得 0.46。而在式④中积是 0.4805，有三位不定值。故实际计算中应按式③计算。

在乘除运算中，常会遇到 9 以上的大数，如 9.00、9.83 等。其相对误差约为 1%，与 10.08、12.10 等四位有效数字数值的相对误差接近，所以通常将它们当作四位有效数字的数值处理。

在较复杂的计算过程中，中间各步可暂时多保留一位不定值数字，以免多次弃舍，造成误差的积累。待到最后结束时，再弃去多余的数字。

目前，电子计算器的应用相当普遍。由于计算器上显示的数值位数较多，虽然在运算过程中不必对每一步计算结果进行位数确定，但应注意正确保留最后计算结果的有效数字位数，不能照抄计算器上显示的数值。

5.3 实验报告书写方法

5.3.1 实验结果的表达

(1) 列表法

对于实验得到的大量数据，应尽可能拟定富有表现力的表格，使其整齐有规律地表达出来，便于运算与处理，也可减少差错，列表时应注意以下几点。

① 每一表格应有简明的名称及单位。

② 表格的每一行（列）应详细写明物理量名称及单位。以横向和纵向分别表示自变量和因变量。

③ 每一行（列）的数据，有效数字的位数要一致，且符合测量的准确度，并将小数点

对齐。

④ 表中数据应化为最简形式，不可用指数或 $n \times 10^m$、对数 lg5 等形式表示，对于小数位数多或 $n \times 10^m$ 表示的，可将行（列）名写为物理量 $\times 10^{-m}$，表格中只写 n 的数值，即把指数放入行（列）名中，并把正负易号。如 HAc 的 $K_a = 1.75 \times 10^{-5}$，行名写为 $K_a \times 10^5$ mol·L^{-1} 表格中只写 1.75 即可。

⑤ 原始数据和处理结果可以并列在同一表格中，但应把数据处理的方法，运算公式等在表下注明或举例说明。

⑥ 当自变量选择有一定灵活性时，通常选择较简单变量为自变量如温度、时间、浓度等。自变量最好是均匀地增加，否则，可先用测定数据作图，由图上读出等间隔增加的一套自变量新数据列表。

列表法简单，但不能表示出各数值间连续变化的规律及取得实验值范围内任意自变量和因变量的对应值。故实验数据常用作图法表示。有时二者也并列于实验报告中。

（2）作图法

作图法不仅能直接显示变量间的连续变化关系，从图上易于找出所需数据，而且可以用来求实验的内插值、外推值、极值点、拐点及直线的斜率、截距、曲线某点的切线斜率、求解经验方程式及直线方程常数等。应用很广，应认真掌握，为使所作图形准确，一般的步骤及规则如下。

① 坐标纸和比例尺的选择

最常用的坐标纸为直角坐标纸，有时也用到对数坐标纸、半对数坐标纸和三角坐标纸等。图纸大小一般不小于 10cm×10cm；作图时以横坐标表示自变量，纵坐标表示因变量；纵横坐标不一定从"0"开始（求截距除外），应视实验数值范围而定。比例尺的选择非常重要，需遵守以下规则。

a. 坐标纸刻度要能表示出全部有效数字，使从图中得到数值的准确度与测量值的准确度相当。

b. 所选定的坐标标度应便于从图上读出或计算出任一点的坐标值，通常使用单位坐标格所代表的变量值为 1、2、5 或其倍数，而不用 3、7、9 或其倍数。

c. 充分利用坐标纸的全部面积，使全图分布均匀合理。

d. 若作直线求斜率，则比例尺的选择应使直线倾角接近 45°，使斜率测求误差最小。

e. 若作曲线求特殊点，则比例尺的选择应使特殊点表现明显。

② 画坐标轴

选定比例尺后，画上坐标轴，在轴旁标出所代表变量的名称及单位，在纵坐标轴的左侧及横坐标轴的下边，每隔一定距离标出该处变量应有的值，以便于作图及读数。但不可将实验结果写在轴旁或代表点旁。读数时，横坐标自左向右，纵坐标自下而上。

③ 作代表点

将相当于测量数值的各点绘于图上，在点的周围以圆点、圆圈、三角、方块、十字叉等不同符号在图上标出，点的大小，可以粗略地表明测量误差范围。同一组（条件下）数据用同一种符号。在一张图上有几种不同测量值时，其代表点应用不同符号加以区分，并在图下面作以说明。

④ 作曲线

作出各点后，用直尺或曲线尺作出尽可能接近于实验点的直线或曲线，线条应平滑、均匀、细而清晰。画线不必通过所有的点，但各点应在线的两旁均匀分布，点线间的距离表示测量误差。

⑤ 作切线

最常用的方法是镜像法，即若要在曲线某点作切线，先取一平面镜（底部要齐整）垂直放于图纸上，使镜面与曲线的交线通过该点，并以该点为轴，旋转镜面，当镜外曲线和镜中曲线的像成为一条光滑的曲线（注意不要形成折线）时，沿镜面作一直线即为曲线在该点的法线，再将此镜面与另半段曲线同上法找出该点的法线，若两法线不重合，则可取二法线的中线作为该点的法线。然后再通过该点作法线的垂线即为该点的切线。

⑥ 写图名

曲线作好后，应在图的正下方（也有写在图的右侧者）写明图序号、图的名称及作图所依据的条件。纵横坐标所代表的物理量、比例尺及单位在坐标轴旁（纵左横下）予以标明。

5.3.2　实验报告的书写

正确书写实验报告是实验教学的主要内容之一，也是基本技能训练的需要。因此，完成实验报告的过程，不仅仅是学习能力、书写能力、灵活运用知识能力的培养过程，而且也是培养基础科研能力的过程。因此，必须完整准确、严肃认真地如实填写实验报告。

一份完善的实验报告应包括以下 6 个部分。

① 实验目的：简述实验的目的与要求。

② 实验原理：简明扼要地说明实验有关的基本原理、性质、主要反应式及定量测定的方法原理。

③ 实验内容：对于实验现象记录与数据记录，按照实验指导书的要求，要尽量采用表格、框图、符号等形式表示，如 5 滴简写为"5d"，加试剂用"＋"，加热用"△"，黄色沉淀用"↓黄"、棕红色气体放出用"↑棕红"表示，试剂名称和浓度则分别用化学符号表示。内容要具体详实，记录要表达准确，数据要完整真实。

④ 解释、计算与结论：对实验记录要作出简要的解释或者说明，要求做到科学严谨、简洁明确，写出主要化学反应、离子反应方程式；数据计算结果可列入表格中，但计算公式、过程等要在表下举例说明；最后按需要分标题小结或最后得出结论或结果。

⑤ 问题与讨论：主要针对实验中遇到的较难问题提出自己的见解或收获；定量实验则应分析出现误差的原因，对实验的方法、内容等提出改进意见。

⑥ 完成实验思考题。

5.3.3　实验报告的基本格式

实验报告的具体格式因实验类型而异，但大体应遵循一定的格式，常见的可分为物质性质实验报告、定量测定实验报告和物质制备实验报告三种类型，具体格式示例如下，仅供参考，但不希望千篇一律地机械模仿。应该鼓励学生发挥创造能力，结合实验内容写出具有自己风格的实验报告。

（1）性质实验报告

实验序号、名称（如：实验四　卤离子混合液的分离、鉴定）

一、实验目的（略）

二、实验步骤（仅列部分内容作示例）

Cl^-、Br^-、I^-混合液的分离、鉴定。

（1）分析简表

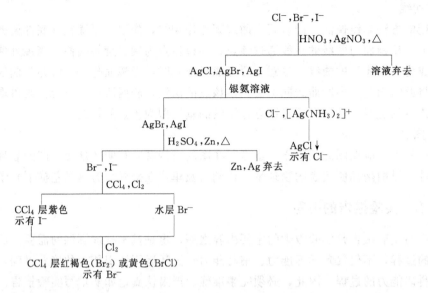

（2）分析步骤

离子：Cl^-，Br^-，I^-

颜色：无，无，无

次序	操作步骤	现象	结论	反应方程式
1	取2～3滴混合液,加1滴$6mol \cdot L^{-1}$ HNO_3酸化,加$0.1mol \cdot L^{-1}$ $AgNO_3$至沉淀完全,加热2min,离心分离。弃去溶液	先黄色后白色沉淀	有X^-	$Ag^+ + X^- \!=\!=\! AgX \downarrow$
2	在沉淀中加5～10滴银氨溶液,剧烈搅拌,并温热1min,离心分离	沉淀消失		$AgCl + 2NH_3 \!=\!=\! [Ag(NH_3)_2]^+ + Cl^-$
3	在2的溶液中,加$6mol \cdot L^{-1}$ HNO_3酸化	白色沉淀又出现	有Cl^-	$[Ag(NH_3)_2]^+ + Cl^- + 2H^+ \!=\!=\!$ $AgCl \downarrow + 2NH_4^+$
4	在2的沉淀中,加5～8滴$1mol \cdot L^{-1}$ H_2SO_4、少许锌粉,搅拌,加热至沉淀颗粒都变为黑色,离心分离。弃去沉淀	沉淀变黑		$2AgBr + Zn \!=\!=\! Zn^{2+} + 2Ag + 2Br^-$ $2AgI + Zn \!=\!=\! Zn^{2+} + 2Ag + 2I^-$
5	取2滴4的溶液,加8滴CCl_4,逐滴加入氯水,继续滴加氯水	氯仿层显紫色氯仿层紫色褪去后出现橙色	有I^-有Br^-	$2I^- + Cl_2 \!=\!=\! I_2 + 2Cl^-$ $I_2 + 5Cl_2 + 6H_2O \!=\!=\! 2HIO_3 + 10HCl$ $2Br^- + Cl_2 \!=\!=\! 2Cl^- + Br_2$

（2）定量测定实验报告

实验序号、名称（醋酸解离度和解离常数的测定）

一、实验目的

1. 了解 pH 法测定醋酸解离度 α 和解离常数 K_a（HAc）的原理和方法；

2. 学习精密酸度计的使用方法，练习滴定管的基本操作。

二、实验原理

醋酸在水中是弱电解质，存在下列解离平衡：

$$HAc(aq) \Longleftrightarrow H^+(aq) + Ac^-(aq)$$

令 HAc 的起始浓度为 c_0，其解离度为 α，由于 $c^{eq}(H^+) = c^{eq}(Ac^-) = c_0\alpha$

$$K_a(HAc) = c_0\alpha^2/[(1-\alpha)c^\ominus]$$

在一定温度下，用 pH 计测定一系列已知浓度醋酸的 pH 值，因 pH $= -\lg c^{eq}(H^+)$，根据 $c^{eq}(H^+) = c_0\alpha$，即可求得一系列对应浓度 HAc 的 α，进而求出其 K_a，取其平均值即为 K_a（HAc）。

三、实验仪器

精确 pH 计（精确至 0.001pH），100mL 小烧杯 6 只，酸式滴定管，碱式滴定管等。

四、实验步骤

（1）系列标准浓度醋酸溶液的配制

将已标定好的准确浓度的醋酸装入酸式滴定管中，分别放出 48.00mL、24.00mL、12.00mL、6.00mL、3.00mL 的 HAc 溶液于 5 只干燥并编号的烧杯中。从装有去离子水的碱管中放出 0.00mL、24.00mL、36.00mL、42.00mL、45.00mL 的去离子水，依次加入上述烧杯中，以玻璃棒搅匀备用。

（2）用精密酸度计测定上述配制好的 HAc 溶液的 pH 值，每份溶液测定 2 次，取平均值。

（3）计算上述溶液的 α 及 K_a，并算出 $\overline{K_a}$。

五、结果与讨论

（1）配制 HAc 系列标准溶液

HAc 标准溶液的浓度：_____ mol·L^{-1}

溶液编号	HAc 的体积/mL	H$_2$O 的体积/mL
1	3.00	45.00
2	6.00	42.00
3	12.00	36.00
4	24.00	24.00
5	48.00	0.00

（2）依次测定 HAc 溶液由稀到浓的 pH 值

测定时溶液的温度：_____ ℃

溶液编号	$c(HAc)$/mol·L^{-1}	测得溶液的 pH 值	$c(H^+)$/mol·L^{-1}	K_{HAc}	α_{HAc}
1					
2					
3					
4					
5					
			$\overline{K}_{HAc} =$		

六、讨论

七、思考题（略）

（3）制备实验报告

实验序号、名称（如：药用氯化钠的制备）

一、实验目的（略）

二、实验原理

粗食盐中含有有机物、一些不溶性杂质（如碳化物、泥沙等）和可溶性杂质（如 SO_4^{2-}、Ca^{2+}、Mg^{2+}、Fe^{3+}、K^+、Br^-、I^- 等）。通过爆炒炭化及溶解、过滤的方法可除去有机物及不溶性杂质。可溶性杂质 SO_4^{2-}、Ca^{2+}、Mg^{2+}、Fe^{3+} 等可通过化学方法除去，反应方程式如下：

$$SO_4^{2-} + Ba^{2+} = BaSO_4 \downarrow \qquad\qquad Ca^{2+} + CO_3^{2-} = CaCO_3 \downarrow$$

$$2Mg^{2+} + CO_3^{2-} + 2OH^- = Mg_2(OH)_2CO_3 \downarrow \qquad Mg^{2+} + S^{2-} = MgS \downarrow$$

$$2Fe^{3+} + 3S^{2-} = 2FeS \downarrow + S \downarrow \qquad\qquad CO_3^{2-} + 2H^+ = CO_2 \uparrow + H_2O$$

$$S^{2-} + 2H^+ = H_2S \uparrow$$

三、实验步骤

精制简易流程图如下：

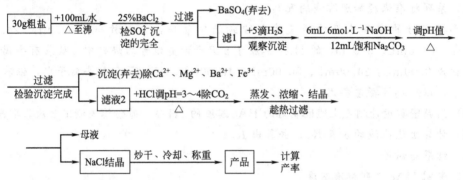

滤液用 $BaCl_2$ 检查无浑浊，溶液澄清。

产物的颜色形态：

称重（NaCl 质量/g）：

$$产率 = \frac{实际产量}{理论产量} \times 100\%$$

四、讨论（略）

五、思考题（略）

第 6 章

基础实验和综合性实验

实验一　分析天平的称量练习

一、实验目的

1. 了解分析天平的构造，学会正确的称量方法；

2. 初步掌握减量法的称样方法；

3. 了解在称量中如何运用有效数字。

二、实验用品

分析天平和砝码，台秤和砝码，小烧杯（25mL 或 50mL）2 只，称量瓶 1 只，试剂或试样（因初次称量，宜采用不易吸潮的结晶状试剂或试样，如 $K_2Cr_2O_7$）。

三、实验步骤

1. 准备 2 只洁净、干燥并编有号码的小烧杯，先在台秤上称其质量（准确到 0.1g）❶，记在记录本上。然后进一步在分析天平上精确称量，准确到 0.1mg（为什么？）。

2. 取一只装有试样的称量瓶，粗称其质量❶，再在分析天平上精确称量，记下质量为 m_1。然后自天平中取出称量瓶，将试样慢慢倾入上述已称出质量的第一只小烧杯中。倾样时，由于初次称量，缺乏经验，很难一次倾准，因此要试称，即第一次倾出少一些，粗称此量，根据此质量估计不足的量（为倾出量的几倍），继续倾出此量。例如要求称量 0.2～0.4g 试样，若第一次倾出的量为 0.15g（不必称准至小数点后第四位。为什么？），则第二次应倾出相当于加倍于第一次倾出的量，其总量即在需要的范围内。准确称量称量瓶与剩余试样的质量，设为 m_2，则 $m_1 - m_2$ 即为第一份试样的质量。第一份试样称好后，再倾第二份试样于第二只烧杯中，再次称出称量瓶与剩余试样的质量，设为 m_3，则 $m_2 - m_3$ 即为第二份试样的质量。

3. 分别称出两个"小烧杯+试样"的质量，记为 m_4 和 m_5。

4. 结果的检验

（1）检查 $m_1 - m_2$ 是否等于第 1 只小烧杯中增加的质量；$m_2 - m_3$ 是否等于第 2 个小烧杯中增加的质量；如不相等，求出差值，要求称量的绝对差值小于 0.5mg。

（2）再检查倒入小烧杯中的两份试样的质量是否合乎要求（即在 0.2～0.4g 之间）。

---

❶ 考虑到学生初次使用分析天平，操作不熟练，同时对物体质量的估计缺乏经验，因此可先在台秤上进行粗称。在称量比较熟练的情况下，可以直接在分析天平上进行准确称量。

（3）如不符合要求，分析原因并继续称量。

四、实验报告示例

实验一　分析天平的称量练习

实验日期：　　　年　　月　　日

一、方法摘要：用减量法称取试样 2 份，每份 0.2～0.4g。

二、数据记录：

记　录　项　目		I		II
（称量瓶＋试样）的质量（倒出前）	m_1	17.6549g	m_2	17.3338g
（称量瓶＋试样）的质量（倒出后）	m_2 —	17.3338g	m_3 —	16.9823g
称出试样质量		0.3211g		0.3515g
（烧杯＋称出试样）的质量	m_4	28.5730g	m_5	27.7175g
空烧杯质量	—	28.2516g	—	27.3658g
称出试样质量		0.3214g		0.3517g
绝对差值		0.0003g		0.0002g

三、讨论：讨论的内容可以是实验中发现的问题，情况纪要，误差分析，经验教训，心得体会，也可以对教师或实验室提出意见和建议等。

五、思考题

1. 分析天平的零点和平衡点如何测得？为什么在称量开始时，要先测定天平的零点？天平的零点宜在什么位置？如果偏离太大，应该怎样调节？

2. 为什么天平开启时，绝对不许把砝码或称量物放入盘上或从盘上取下？

3. 应用分析天平称量至何时才要用环码？

4. 减量法称样是怎样进行的？增量法称样是怎样进行的？它们各有什么优缺点？宜在何种情况下采用？

5. 在称量中如何运用优选法较快地确定出物体的质量？

6. 在称量的记录和计算中，如何正确运用有效数字？

实验二　化学反应摩尔焓变的测定

一、实验目的

1. 了解测定化学反应摩尔焓变的原理和方法；

2. 学习称量、溶液配制和移取的基本操作；

3. 学习实验数据的作图法处理。

二、实验原理

化学反应通常是在恒压条件下进行的，反应的热效应一般指的就是恒压热效应 Q_p。化学热力学中反应的摩尔焓变 $\Delta_r H_m$ 数值上等于 Q_p，因此，通常可用量热的方法测定反应的摩尔焓变。对于一般溶液反应（放热反应）的摩尔焓变，可用如图 6.1 所示的简易量热计测定。该量热器采用带夹层的有机玻璃制成，并附有数显温度计（可精确读至 0.1℃）和加料装置，以电磁搅拌来混合溶液。

本实验测定 $CuSO_4$ 溶液与锌粉反应的摩尔焓变：

$$Cu^{2+}(aq) + Zn(s) = Cu(s) + Zn^{2+}(aq)$$

为了使反应完全，使用过量的锌粉。

反应的摩尔焓变或反应热效应的测定原理是：设法使反应（$CuSO_4$ 溶液和锌粉）在绝热条件下，于量热计中发生反应，即反应系统不与量热计外的环境发生热交换。这样，量热计及其盛装物质的温度就会改变。从反应系统前后的温度变化及有关物质的热容，就可计算出该反应系统放出的热量。

但由于量热计并非严格绝热，在实验时间内，量热计不可避免地会与环境发生少量热交换；采用作图外推的方法（参见图 6.3），可适当地消除这一影响。

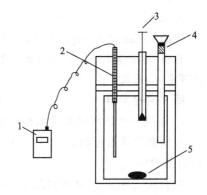

图 6.1　简易量热计示意图
1—数显温度计；2—温度传感器；
3—加料器；4—加水器；5—搅拌子

若不考虑量热计吸收的热量，则反应放出的热量等于系统中溶液吸收的热量：

$$Q_p = m_s C_s \Delta T = V_s \rho_s C_s \Delta T$$

式中　Q_p——反应中溶液吸收的热量，J；

m_s——反应后溶液的质量，g；

C_s——反应后溶液的比热容，$J \cdot g^{-1} \cdot K^{-1}$；

V_s——反应后溶液的体积，mL；

ρ_s——反应后溶液的密度，$g \cdot mL^{-1}$。

设反应前溶液中 $CuSO_4$ 的物质的量为 $n\,mol$，则反应的摩尔焓变以 $kJ \cdot mol^{-1}$ 计为

$$\Delta_r H_m = -V_s \rho_s C_s \Delta T / 1000n \tag{6.1}$$

设反应前后溶液的体积不变，则

$$n = c(CuSO_4) V_s / 1000$$

式中，$c(CuSO_4)$ 为反应前溶液中 $CuSO_4$ 的浓度，$mol \cdot L^{-1}$。

将上式代入式(6.1)中，可得：

$$\Delta_r H_m = -1000 V_s \rho_s C_s \Delta T / [1000 c(CuSO_4) V_s]$$
$$= -\rho_s C_s \Delta T / c(CuSO_4) \tag{6.2}$$

若考虑量热计的热容，则反应放出的热量 Q'_p 等于系统中溶液吸收的热量 Q_p 与量热计吸收的热量之和：

$$Q'_p = -(m_c C_s \Delta T + C_b \Delta T) = -(V_s \rho_s C_s + C_b) \Delta T \tag{6.3}$$

式中，C_b 表示量热计的热容，单位为 $J \cdot K^{-1}$，可采用实验步骤 2 的方法测定。

综上所述，考虑量热计热容时，反应的摩尔焓变 $\Delta_r H_m$ 的计算公式为：

$$\Delta_r H_m = -[(V_s \rho_s C_s + C_b) \Delta T] / [c(CuSO_4) \cdot V_s] \tag{6.4}$$

在 101.325kPa 和 298.15K 时，锌与 $CuSO_4$ 溶液反应的标准摩尔焓变的理论值可由有关物质的标准摩尔生成焓算出，$\Delta_r H_m^{\ominus}(298.15K) = -218.66 kJ \cdot mol^{-1}$。

三、实验用品

1. 仪器与材料

台式天平（公用），烧杯（100mL），试管，试管架，滴管，量筒（100mL），容量瓶（250mL），洗瓶，玻璃棒，滤纸，数显温度计（0~50℃或0~100℃，具有0.1℃分度），酒精温度计（0~100℃），量热计，电磁搅拌器，秒表。

2. 试剂

硫酸铜 $CuSO_4 \cdot 5H_2O$（固，分析纯），硫化钠 Na_2S（$0.1mol \cdot L^{-1}$），锌粉（化学纯）。

说明： 实验室需预先配制好准确浓度的 $CuSO_4$ 溶液，以备个别学生实验失败重做时使用；浓度的精确度要求 3 位有效数字。

四、实验步骤

1. 准确浓度的硫酸铜溶液的配制

实验前计算好配制 250mL $0.160mol \cdot L^{-1}$ $CuSO_4$ 溶液所需 $CuSO_4 \cdot 5H_2O$ 的质量（要求 3 位有效数字）。

在台式天平上称取所需的 $CuSO_4 \cdot 5H_2O$ 晶体，并将它倒入烧杯中，加入少量去离子水，用玻璃棒搅拌。待硫酸铜完全溶解后，将此溶液沿玻璃棒注入洁净的 250mL 容量瓶中。再用少量去离子水淋洗烧杯和玻璃棒 2～3 次，洗涤溶液也一并注入容量瓶中，最后加去离子水至刻度。盖紧瓶塞，将瓶内溶液混合均匀。

2. 量热计热容 C_b 的测定

（1）洗净并擦干（用滤纸片）量热计内套有机玻璃反应杯。用量筒准确量取 50～60mL 冷水并注入反应杯中，放入搅拌子，盖上盖子，务必使温度传感器的玻璃端浸入水中，但不能太深，以防止搅拌时打碎传感器探头。

（2）将量热计放在电磁搅拌器上，接通电源，搅拌溶液，转速以使水产生 0.5～1cm 深的旋涡为宜。以每隔 30s 读取一次量热计中冷水的温度，边读边记录，直至量热计中的水温保持热平衡（约 3～4min）。

（3）用量筒量取 100mL 热水（温度比冷水高 10～15℃），将温度计插入水中，每隔 30s 读取一次温度读数，连续测定 3min 后（不能停秒表），将量筒中的热水迅速全部倒入量热计中，立即盖上盖子，并及时、准确继续读取混合后的水温（按 30s 一次读数），连续测定 8～9min。

（4）实验结束，打开量热计盖子，倒出量热计中的水，擦干内套反应杯和搅拌子备用。

冷水温度 T_c 取测定的恒定值，热水温度 T_h 和混合后水的温度 T_m 可由作图外推法求得（参见图 6.2）。

3. 反应的摩尔焓变的测定

（1）在台式天平上称取 2.5g 锌粉（托盘上放称量纸），并将锌粉装入量热计盖子上的加料器中。

（2）洗净并擦干刚用过的有机玻璃反应杯，并使其冷却至室温。用量筒量取 100mL 配制好的硫酸铜溶液，注入量热计中（量热计是否事先要用硫酸铜溶液洗涤几次，为什么？使用量筒有哪些应注意之处？），盖上量热计盖子。

（3）开动电磁搅拌器，不断搅拌溶液，并用秒表每隔 30s 记录一次温度读数。注意要边读数边记录，直至溶液与量热计达到热平衡，而温度保持恒定（一般约需 2min）。

（4）按下加料器开关，并同时开启秒表，记录开始反应的时间，继续不断搅拌，并每隔 6s 记录一次温度读数，直至温度上升至最高读数后，再每隔 30s 记录一次温度读数，持续测定 3～4min。

（5）实验结束后，小心打开量热计的盖子。

取少量反应后的澄清溶液置于一试管中，观察溶液的颜色，随后加入 1～2 滴 $0.1mol \cdot L^{-1}Na_2S$ 溶液，从产生的现象分析生成了什么物质，并说明锌与 $CuSO_4$ 溶液反应进行的程度。

倾出量热计中反应后的溶液，关闭电磁搅拌器，收回所用的搅拌子，将实验中用过的仪器洗涤干净，放回原处。

五、数据记录和处理

1. 数据记录

室温 T/K：＿＿＿＿＿＿＿

$CuSO_4 \cdot 5H_2O$ 晶体的质量 $m(CuSO_4 \cdot 5H_2O)$ /g：＿＿＿＿＿＿

$CuSO_4$ 溶液的浓度 $c(CuSO_4)/mol \cdot L^{-1}$：＿＿＿＿＿＿

温度随实验观察时间的变化：

（1）量热计热容的测定

	时间(t)/s	
温度	冷水 T_c/K	
	热水 T_h/K	
	混合后水的 T_m/K	

（2）反应的摩尔焓变的测定

时间(t)/s	
温度(T)/K	

2. 作图与外推

（1）量热计的热容 C_b

用实验步骤 2 测定的温度对时间作图，得时间-温度曲线（如图 6.2）。外推得混合时热水的温度 T_h，混合后水的温度 T_m；冷水的温度 T_c 取测定的恒定值。

（2）反应的摩尔焓变

用实验步骤 3 所测定的温度对时间作图（参见实验数据的作图法），得时间-温度曲线（如图 6.3），得出 T_1 和外推值 T_2。

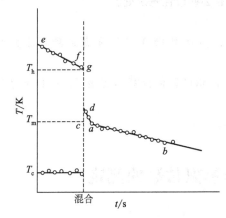

图 6.2　量热计热容测定时
温度随实验时间的变化

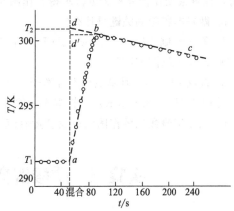

图 6.3　反应的摩尔焓变测定时
温度随时间的变化

实验中温度到达最高值后，往往有逐渐下降的趋势，如图 6.3 所示。这是由于本实验所用的简易量热计不是严格的绝热装置，它不可避免地要与环境发生少量热交换。图 6.3 中，线段 bc 表明量热计热量散失的程度。考虑到散热从反应一开始就发生，因此应将该线段延长，使与反应开始时的纵坐标相交于 d 点。图中 dd' 所表示的纵坐标值，就是用外推法补偿的由热量散失造成的温度差。为了获得准确的外推值，温度下降后的实验点应足够多。

3. 量热计热容 C_b 和反应的摩尔焓变 $\Delta_r H_m$ 的计算

（1）量热计热容 C_b

根据能量守恒原理，热水放出的热量等于冷水吸收的热量与量热计吸收的热量之和：

$$(T_h - T_m)V_h\rho(H_2O)C(H_2O) = (T_m - T_c)[V_c\rho(H_2O)C(H_2O) + C_b] \qquad (6.5)$$

式中　V_h——热水的体积，mL；

　　　　V_c——冷水的体积，mL；

　$\rho(H_2O)$——水的密度，采用 $1.00\,g\cdot mL^{-1}$；

　$C(H_2O)$——水的比热容，采用 $4.18\,J\cdot g^{-1}\cdot K^{-1}$；

　　　　C_b——量热器的热容，$J\cdot K^{-1}$。

（2）反应的摩尔焓变 $\Delta_r H_m$

根据式（6.2）和式（6.4）可分别计算不考虑量热计热容和考虑量热计热容的反应的摩尔焓变，反应后溶液的比热容 C_s 可近似地用水的比热容代替：$C_s = C(H_2O)$；反应后溶液的密度 ρ_s 可近似地取室温时 $0.200\,mol\cdot L^{-1}$ $ZnSO_4$ 溶液的密度，为 $1.03\,g\cdot mL^{-1}$。

（3）实验结果的百分误差

误差计算式如下：

$$百分误差 = \frac{(\Delta_r H_m)_{实验值} - (\Delta_r H_m)_{理论值}}{(\Delta_r H_m)_{理论值}} \times 100\% \qquad (6.6)$$

式中，$(\Delta_r H_m)_{理论值}$ 可近似地以 $\Delta_r H_m^{\ominus}$ （298.15K）代替。

计算两种情况测定的反应的摩尔焓变的百分误差，分析产生误差的原因。

六、思考题

1. 实验中所用锌粉为何只需用台式天平称取，而对 $CuSO_4$ 溶液的浓度则要求比较准确？

2. 为什么不取反应物混合后溶液的最高温度与刚混合时的温度之差作为实验中测定的 ΔT 数值，而要采用作图外推的方法求得？作图与外推中有哪些应注意之处？

3. 做好本实验的关键是什么？

4. 了解配制 $250\,mL$ $0.160\,mol\cdot L^{-1}$ $CuSO_4$ 溶液的方法和操作时的注意事项，计算所需 $CuSO_4\cdot 5H_2O$ 晶体的质量。

5. 根据298.15K时单质和水合离子的标准摩尔生成焓的数值计算本实验反应的标准摩尔焓变，并用 $\Delta_r H^{\ominus}$ （298.15K）估算本实验的 $\Delta T(K)$。

6. 预习实验数据的作图法以及容量瓶使用等内容。

实验三　醋酸解离度和解离常数的测定

一、实验目的

1. 了解 pH 法测定醋酸解离度和解离常数的原理和方法；
2. 学习并掌握酸度计的使用方法，练习滴定管和移液管的基本操作。

二、实验原理

醋酸 CH_3COOH（HAc）在水中是弱电解质，存在着下列解离平衡：

$$HAc(aq) + H_2O(l) \Longrightarrow H_3O^+(aq) + Ac^-(aq)$$

可简写为

$$HAc(aq) \Longrightarrow H^+(aq) + Ac^-(aq)$$

其解离常数为

$$K_a(HAc) = \frac{\{c^{eq}(H^+)/c^\ominus\}\{c^{eq}(Ac^-)/c^\ominus\}}{\{c^{eq}(HAc)/c^\ominus\}}$$

如果 HAc 的起始浓度为 c_0，其解离度为 α，由于 $c^{eq}(H^+) = c^{eq}(Ac^-) = c_0\alpha$，代入上式，得

$$K_a(HAc) = (c_0\alpha)^2/[(c_0 - c_0\alpha)c^\ominus]$$
$$= c_0\alpha^2/[(1-\alpha)c^\ominus]$$

某一弱电解质的解离常数 K_a 仅与温度有关，而与该弱电解质溶液的浓度无关；其解离度 α 则随溶液浓度的降低而增大。可以有多种方法用来测定弱电解质的 α 和 K_a，本实验采用 pH 法测定 HAc 的 α 和 K_a。

在一定温度下，用 pH 计（酸度计）测定一系列已知浓度的 HAc 溶液的 pH 值，按 $pH = -lg\{c(H^+)/c^\ominus\}$ 换算成 $c(H^+)/c^\ominus$。根据 $c^{eq}(H^+) = c_0\alpha$，即可求得一系列对应的 HAc 的解离度 α 和 $c_0\alpha^2/[(1-\alpha)c^\ominus]$ 的值。这一系列 $c_0\alpha^2/[(1-\alpha)c^\ominus]$ 值应近似为一常数，取其平均值，即为该温度时 HAc 的解离常数 K_a。

另一种测定 K_a 的简单方法是根据缓冲溶液的计算公式。

$$pH = pK_a - lg\{c^{eq}(HAc)/c^{eq}(Ac^-)\}$$

若 $c^{eq}(HAc) = c^{eq}(Ac^-)$，则上式简化为：

$$pH = pK_a$$

由于

$$pK_a = -lgK_a$$

因而如果将 HAc 溶液分为体积相等的两部分，其中一部分溶液用 NaOH 溶液滴定至终点（此时 HAc 即几乎完全转化为 Ac^-），再与另一部分溶液混合，并测定该混合溶液（即缓冲溶液）的 pH 值，即可得到 HAc 的解离常数。测定时无需知道 HAc 和 NaOH 溶液的浓度。

三、实验用品

1. 仪器与材料

pB-10 型 pH 计，烧杯（100mL，6 个），锥形瓶（250mL，3 个），铁架台，移液管（25mL，2 支），洗耳球，滴定管（50mL，酸式、碱式各一支），滴定台（附蝴蝶夹），玻璃棒，温度计（0～100℃）一支。

2. 试剂

醋酸 HAc（0.1mol·L^{-1}），标准 NaOH 溶液（0.1mol·L^{-1}，用邻苯二甲酸氢钾标定），酚酞（1%）。

四、实验步骤

根据具体的实验条件任意选择一种方法测定 HAc 的解离度 α 和解离常数 K_a，若有可能，完成全部实验内容并将各种测定值与文献值作比较。

1. 醋酸溶液浓度的标定

用移液管分别准确移取 25.00mL 0.1mol·L^{-1}HAc 溶液 3 份于 250mL 锥形瓶中，各加入 1～2 滴酚酞指示剂。

分别用标准 NaOH 溶液滴定至终点，记录 NaOH 的消耗体积，求 HAc 溶液的准确浓度（在舍去可疑值后，以平均值表示）。

记录项目	Ⅰ	Ⅱ	Ⅲ
$c(NaOH)/mol \cdot L^{-1}$			
$V(NaOH)$ 终/mL			
$V(NaOH)$ 初/mL			
$V(NaOH)$ 耗/mL			
$\overline{V}(NaOH)/mL$			
$c(HAc)/mol \cdot L^{-1}$			
$\overline{c}(HAc)/mol \cdot L^{-1}$			

2. 系列醋酸溶液的配制和 pH 值的测定

将已标定的 HAc 溶液装入酸式滴定管，然后从滴定管中分别放出 48.00mL、24.00mL、12.00mL、6.00mL、3.00mL 的 HAc 溶液于 5 只干燥并编号的烧杯中（为什么？）（注意：接近所要求的体积时，应逐滴滴加，以确保准确度，并避免过量！如过量必须重做）从另一支滴定管中向这 5 只烧杯中分别依次加入 0mL、24.00mL、36.00mL、42.00mL、45.00mL 蒸馏水，使各烧杯中的溶液的总体积均为 48.00mL，用玻璃棒搅匀待用。

按酸度计使用的具体操作步骤分别测定各 HAc 溶液的 pH 值。记录实验时的室温，算出不同浓度 HAc 溶液的 α 值及 $c\alpha^2/(1-\alpha)$ 值。在舍弃可疑数据后，取平均值，即为 HAc 解离常数 K_a 的实验值。对于相差较大的数据，应重做。

五、思考题

1. 预习酸度计的使用及酸式、碱式滴定管的基本操作，拟定各部分的实验数据记录表格，明确每一步测定的意义和原理。

2. 酸度计是如何定位的？其目的何在？

3. 为什么要预先标定 HAc 的准确浓度？它对测定结果有何影响？

4. 如何确保各个烧杯中 HAc 溶液的指定浓度？

实验四 氧化还原反应与电化学

一、实验目的

1. 了解原电池的组成及其电动势的粗略测定；

2. 了解电极电势与氧化还原反应的关系以及浓度、介质的酸碱性对电极电势、氧化还原反应的影响；

3. 了解一些氧化还原电对的氧化还原性；

4. 了解电化学腐蚀的基本原理及防止的方法。

二、实验原理

1. 原电池组成和电动势（$E_{池}$）

利用氧化还原反应产生电流的装置叫作原电池。原电池中必须有电解质（常为溶液）及不同的电极，还有盐桥。对于用两种不同金属电极所组成的原电池，一般来说，较活泼的金属为负极，相对不活泼的金属为正极。放电时，负极上的金属给出电子发生氧化反应，电子通过外电路流入正极；阳离子在正极上得到电子发生还原反应。在外电路中接上伏特计，可粗略地测得原电池的电动势 $E_{池}$（此时，测定过程中有电流通过）。要精确地测定原电池的电动势，需用补偿法（又称为对消法；此时，测定过程中无电流通过），可借电势（差）计测量。原电池电动势 $E_{池}$ 是正、负电极的电极电势的代数差：

$$E_{池} = E_{正} - E_{负}$$

2. 浓度、介质对电极电势和氧化还原反应的影响

(1) 浓度对电极电势的影响　浓度对电极电势的影响可用能斯特（W. Nernst）方程式表示。在 298.15K 时

$$E = E^{\ominus} + \frac{0.05917V}{n}\lg\frac{c^a(\text{氧化态})}{c^b(\text{还原态})}$$

以铅铁原电池为例

铅半电池　　　　　　　　$Pb^{2+} + 2e^- \Longrightarrow Pb$

铁半电池　　　　　　　　$Fe \Longrightarrow Fe^{2+} + 2e^-$

当增大 Pb^{2+}、Fe^{2+} 浓度时，它们的电极电势 E 值都分别增大；反之，则 E 值减小。

如果在原电池中改变某一半电池的离子浓度，而保持另一半电池的离子浓度不变（或者反之），则会发生电动势 $E_{池}$ 的改变。尤其是加入某种沉淀剂（如 OH^-、S^{2-} 等）或配合剂（如氨水）时，会使金属离子浓度大大降低，从而使 E 值发生改变，甚至能导致反应方向和电极正、负符号的改变。

(2) 介质的酸碱性对电极电势和氧化还原反应的影响　介质的酸碱性对含氧酸盐的电极电势和氧化性影响较大。例如，氯酸钾能被还原成 Cl^-；在酸性介质中，其电极电势 E 值较大，表现出强氧化性；但在中性或碱性介质中，其电极电势值显著变小，氧化性也变弱。它的半电池反应为：

$$ClO_3^- + 6H^+ + 6e^- \Longrightarrow Cl^- + 3H_2O \qquad E^{\ominus} = 1.45V$$

$$E(ClO_3^-/Cl^-) = E^{\ominus}(ClO_3^-/Cl^-) + \frac{0.05917V}{6}\lg\frac{c(ClO_3^-)c^6(H^+)}{c(Cl^-)}$$

又如，高锰酸钾在酸性介质中能被还原为 Mn^{2+}（淡红色），其半电池反应为

$$MnO_4^- + 8H^+ + 5e^- \Longrightarrow Mn^{2+} + 4H_2O \qquad E^{\ominus} = +1.49V$$

$$E(MnO_4^-/Mn^{2+}) = E^{\ominus}(MnO_4^-/Mn^{2+}) + \frac{0.05917V}{5}\lg\frac{c(MnO_4^-)c^8(H^+)}{c(Mn^{2+})}$$

但在中性或碱性介质中，MnO_4^- 能被还原为褐色或黄褐色二氧化锰沉淀，其半电池反应为：

$$MnO_4^- + 2H_2O + 3e^- \Longrightarrow MnO_2(s) + 4OH^- \qquad E^{\ominus} = +0.588V$$

$$E(MnO_4^-/MnO_2) = E^{\ominus}(MnO_4^-/MnO_2) + \frac{0.05917V}{3}\lg\frac{c(MnO_4^-)}{c^4(OH^-)}$$

而在强碱性介质中，MnO_4^- 则可被还原为绿色的 MnO_4^{2-}，其半电池反应为：

$$MnO_4^- + e^- \Longrightarrow MnO_4^{2-} \qquad E^{\ominus} = +0.564V$$

$$E(MnO_4^-/MnO_4^{2-}) = E^{\ominus}(MnO_4^-/MnO_4^{2-}) + 0.05917V\lg\frac{c(MnO_4^-)}{c(MnO_4^{2-})}$$

由此可见，高锰酸钾的氧化性随介质酸性减弱而减弱，在不同介质中，其还原产物也有所不同。

3. 氧化还原电对的氧化还原性及氧化还原反应的方向

（1）氧化还原电对的电极电势和氧化还原反应的方向　根据反应的吉布斯函数变 ΔG 的数值，可以判别氧化还原反应能否进行。当 $\Delta G < 0$ 时，反应能自发进行。吉布斯函数变 ΔG 与原电池电动势之间存在下列关系：

$$-\Delta G = nFE_{池}$$

若 $\Delta G < 0$，则 $E_{池} > 0$，即 $E_{正} > E_{负}$。这就是说，作为氧化剂物质的电对的电极电势应大于作为还原剂物质的电对的电极电势。如果在某一水溶液体系中同时存在多种氧化剂（或还原剂），都能与所加入的还原剂（或氧化剂）发生氧化还原反应，氧化还原反应则首先发生在电极电势差值最大的两个电对所对应的氧化剂和还原剂之间。即 $E^{\ominus}$ 越大的电对中的氧化态物质与 $E^{\ominus}$ 值越小的电对中的还原态物质首先起反应。例如：

$$I_2 + 2e^- \Longrightarrow 2I^- \qquad\qquad E^{\ominus}(I_2/I^-) = +0.535V$$
$$Fe^{3+} + e^- \Longrightarrow Fe^{2+} \qquad\qquad E^{\ominus}(Fe^{3+}/Fe^{2+}) = +0.771V$$
$$Br_2 + 2e^- \Longrightarrow 2Br^- \qquad\qquad E^{\ominus}(Br_2/Br^-) = +1.06V$$

$FeCl_3$ 可与 KI 发生氧化还原反应生成 I_2，而与 KBr 不反应；相反地，溴水可使 $FeSO_4$ 氧化为 $Fe_2(SO_4)_3$，而碘水与 $FeSO_4$ 不反应。

（2）中间价态物质的氧化还原性　中间价态物质（如 H_2O_2、I_2 等）既可以与其低价态物质组成氧化还原电对（如 H_2O_2/H_2O、I_2/I^-），而用作氧化剂；又可以与其高价态物质组成氧化还原电对（如 O_2/H_2O_2、IO_3^-/I_2），而用作还原剂。以 H_2O_2 为例，它常用作氧化剂而被还原为 H_2O 或 OH^-。

$$H_2O_2 + 2H^+ + 2e^- \Longrightarrow 2H_2O \qquad\qquad E^{\ominus} = +1.77V$$

但 H_2O_2 遇到强氧化剂如 $KMnO_4$ 或 KIO_3（在酸性介质中）时，则作为还原剂而被氧化，放出氧气。

$$O_2 + 2H^+ + 2e^- \Longrightarrow 2H_2O_2 \qquad\qquad E^{\ominus} = +0.682V$$

H_2O_2 还能在同一反应系统中扮演双重角色（氧化剂和还原剂）。例如，在 Mn^{2+} 和 $CH_2(COOH)_2$ 存在下，H_2O_2（还原剂）和在酸性介质中的 KIO_3（氧化剂）发生氧化还原反应而生成游离碘（I_2），I_2 和溶液中的淀粉形成蓝色包合物；此时过量的 H_2O_2（氧化剂）又能将生成的 I_2（还原剂）氧化成为碘酸根离子，溶液蓝色消失；当碘酸根离子再次被过氧化氢还原生成碘 I_2 时，溶液又变为蓝色[1]。反应如此"摇摆"发生，颜色也随之反复变化，直到过氧化氢等物质含量消耗至一定程度方才结束。主要反应式为：

$$2IO_3^- + 2H^+ + 5H_2O_2 \Longrightarrow I_2 + 5O_2 \uparrow + 6H_2O$$
$$5H_2O_2 + I_2 \Longrightarrow 2IO_3^- + 2H^+ + 4H_2O$$

应当指出，实验所涉及的反应机理较为复杂，有些情况尚不甚清楚，一些副反应这里不做介绍。

4. 电化学腐蚀及其防止

电化学腐蚀是由于金属在电解质溶液中发生与原电池相似的电化学过程而引起的一种腐蚀。腐蚀电池中较活泼的金属作为阳极（即负极）而被氧化；而阴极（即正极）仅起传递电子作用，本身不被腐蚀。通常钢铁在大气中的腐蚀是吸氧腐蚀。

$$\text{阳极} \quad Fe \xrightarrow{} Fe^{2+} + 2e^-$$
$$\text{阴极} \quad 1/2O_2 + H_2O + 2e^- \xrightarrow{} 2OH^-$$

由于氧气浓度不同而引起的腐蚀称为差异充气腐蚀，实际上也是一种吸氧腐蚀。

在腐蚀性介质中，加入少量能防止或延缓腐蚀过程的物质叫作缓蚀剂。例如，乌洛托品（六次甲基四胺，商业上又称为 H 促进剂），可用作钢铁在酸性介质中的缓蚀剂。

阴极保护法有牺牲阳极法和外加电流法，后者是将欲保护金属与外加电源的负极相连，使其成为阴极。

三、实验用品

1. 仪器与材料

表面皿（2个），烧杯（50mL，3个），试管，试管架，滴管，量筒（10mL，50mL），洗瓶，滤纸片，砂纸。

锌片（或锌棒），小锌条，铜片（或铜棒），铜丝（粗，细），铁片，小铁钉，一头连有鳄鱼夹的导线、直流伏特计（0~3V），盐桥[2]。

2. 试剂

盐酸 HCl（0.1mol·L^{-1}），硫酸 H_2SO_4（1mol·L^{-1}，3mol·L^{-1}，浓），氢氧化钠 $NaOH$（1mol·L^{-1}，6mol·L^{-1}），硫酸铜 $CuSO_4$（0.1mol·L^{-1}），三氯化铁 $FeCl_3$（0.1mol·L^{-1}），硫酸亚铁 $FeSO_4$（0.1mol·L^{-1}），溴化钾 KBr（0.1mol·L^{-1}），氯酸钾 $KClO_3$（0.1mol·L^{-1}），碘化钾 KI（0.1mol·L^{-1}），溴化钾 KBr（0.1mol·L^{-1}），铁氰酸钾 $K_3[Fe(CN)_6]$（0.1mol·L^{-1}），高锰酸钾 $KMnO_4$（0.1mol·L^{-1}），硫氰酸钾 $KSCN$（0.1mol·L^{-1}），氯化钠 $NaCl$（0.1mol·L^{-1}），硫化钠 Na_2S（0.1mol·L^{-1}，饱和），亚硫酸钠 Na_2SO_3（0.1mol·L^{-1}），硝酸铅 $Pb(NO_3)_2$（0.1mol·L^{-1}），硫酸锌 $ZnSO_4$（0.1mol·L^{-1}），溴水 Br_2（饱和），H_2O_2 溶液（3%），碘水 I_2（饱和），锌粒（纯），乌洛托品 $(CH_2)_6N_4$（20%），酚酞（1%），四氯化碳 CCl_4。

试液（Ⅰ）取 410mL 30% H_2O_2 溶液，倒入大烧杯中，加水稀释至 1000mL，搅匀储存于棕色瓶中。

试液（Ⅱ）称取 42.8g KIO_3，置于烧杯中，加入适量水，加热使其完全溶解。待冷却后，加入 40mL 2mol·L^{-1} H_2SO_4，混合液加水稀释至 1000mL，搅匀，储存于棕色瓶中。

试液（Ⅲ）称取 0.3g 可溶性淀粉，置于烧杯中，用少量水调成糊状，加入盛有沸水的烧杯中，然后加入 3.4g $MnSO_4·H_2O$ 和 15.6g 丙二酸 $CH_2(COOH)_2$[3]，不断搅拌使其全部溶解。冷却后，加水稀释至 1000mL，储存于棕色瓶中。

四、实验步骤

1. 原电池组成和电动势的粗略测定

在 2 只 50mL 烧杯中，分别倒入适量 0.1mol·L^{-1} $CuSO_4$ 和 0.1mol·L^{-1} $ZnSO_4$ 溶液，按图 6.4 装配成原电池。接上电位计（注意正、负极），观察电位计指针偏转方向，并记录电位计读数[4]。

根据上述实验写出原电池的原电池符号、电极反应式及原电池总反应式。

2. 浓度、介质对电极电势和氧化还原反应的影响

（1）浓度对电极电势的影响　由实验步骤 1 装配的原电池。按实验步骤 1 操作，在任一电极中加水稀释，

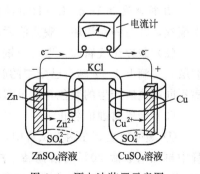

图 6.4　原电池装置示意图

或选择适当的物质（如 OH^-、S^{2-}、氨水）加入某一电极中，使生成难溶物质或难解离物质（如配离子）。观察电位计读数的变化，记录并解释现象。

(2) 介质对电极电势和氧化还原反应的影响

① 介质对氯酸钾氧化性的影响。将少量 $0.1mol \cdot L^{-1}KClO_3$ 和 KI 溶液在试管中混匀，观察现象。若加热之，有无变化？若用 $3mol \cdot L^{-1}H_2SO_4$ 酸化之，又如何变化？

② 介质对高锰酸钾氧化性的影响。在三支各盛有 $1 \sim 2$ 滴 $0.1mol \cdot L^{-1}KMnO_4$ 溶液的试管中，分别加入相同量的 $3mol \cdot L^{-1}H_2SO_4$ 溶液、$6mol \cdot L^{-1}NaOH$ 溶液和水。在不同介质（酸性、碱性、中性）条件下，分别向高锰酸钾溶液加入少量等量的 $0.1mol \cdot L^{-1}Na_2SO_3$ 溶液。观察有何不同现象（注意：碱性条件下，$0.1mol \cdot L^{-1}Na_2SO_3$ 溶液的用量要尽量少，同时碱溶液用量不宜过少。为什么？）。写出有关的反应方程式。

3. 氧化还原电对的氧化还原性

(1) 卤素及其离子的氧化还原性 取两支试管，向其中一支试管中加入少量 $0.1mol \cdot L^{-1}$ KI 溶液，另一支试管中加入少量 $0.1mol \cdot L^{-1}$ KBr 溶液，再向两支试管中各加入少量 $0.1mol \cdot L^{-1}FeCl_3$ 溶液，摇匀，有何现象？若再向两支试管中各加入少量 CCl_4 摇匀，有何现象？解释之。

另取两支试管，分别加入少量 $0.1mol \cdot L^{-1}FeSO_4$ 溶液，其中一支加入碘水溶液，另一支加入溴水溶液，观察现象。比较 I_2/I^-、Fe^{3+}/Fe^{2+}、Br_2/Br^- 三个电对的标准电极电势的大小，指出它们作为氧化剂、还原剂的相对强弱。

(2) 中间价态物质的氧化还原性

① H_2O_2 的氧化还原性。往一支试管加入少量 $0.1mol \cdot L^{-1}Pb(NO_3)_2$ 和 $0.1mol \cdot L^{-1}$ Na_2S 溶液，有何现象发生？往另一试管中加入少量 $0.1mol \cdot L^{-1}KMnO_4$ 溶液；两支试管均用 $3mol \cdot L^{-1}H_2SO_4$ 酸化，然后再分别加入少量 $3\% H_2O_2$ 溶液，摇匀。仔细观察现象，并解释之。

② H_2O_2 与 KIO_3 溶液的摇摆反应。取 10mL 试液（Ⅰ），倒入 50mL 烧杯中。然后加入试液（Ⅱ）和试液（Ⅲ）各 10mL，搅拌均匀，观察溶液颜色的反复变化[5]，写出反应式，解释现象。

4. 电化学腐蚀及其防止

(1) 宏电池腐蚀

① 往表面皿（其中放一小片滤纸）上滴 $4 \sim 5$ 滴自己配制的腐蚀液[6]，然后取 1 枚小铁钉，在铁钉一端紧绕一根铜丝，将其置于表面皿滤纸上，并浸没在上述溶液中。经过一定时间后观察有何现象发生，简单解释之。

② 往盛有 $0.1mol \cdot L^{-1}HCl$ 溶液的试管中，加入 1 粒纯锌粒，观察有何现象。插入 1 根粗铜丝，并与锌粒接触，观察前后现象有何不同，简单解释之。

(2) 差异充气腐蚀 取马口铁（镀锡铁）和白铁（镀锌铁）各一片，用锉刀在上面锉开镀层，各滴上 $1 \sim 2$ 滴自己配制的腐蚀液，观察现象。静置约 $20 \sim 30min$ 后，再仔细观察液滴不同部位所产生的颜色，简单解释之。

(3) 金属腐蚀的防止

① 缓蚀剂法。在两支试管中，各放入 1 枚无锈或已经去锈的铁钉，并向其中的 1 支试管中再加入数滴 20% 乌洛托品。然后各加入约 2mL $0.1mol \cdot L^{-1}$ 盐酸和几滴 $0.1mol \cdot L^{-1}$ $K_3[Fe(CN)_6]$ 溶液（两支试管中各溶液的用量应相同）。观察、比较两支试管中现象有何不

同。为什么？

② 阴极保护法。将一条滤纸碎片放置于表面皿上，并用自己配制的腐蚀液润湿。将两枚铁钉隔开一段距离放置于已润湿的滤纸碎片上，并分别与铜锌电池（由实验步骤 1 提供）正、负极相连。静置一段时间后，观察有何现象，并解释。

5. 电解（微型实验）

取一块 6 孔井穴板，向其中一孔装入 $0.1mol \cdot L^{-1}$ $CuSO_4$ 溶液，另一相邻孔加入 $0.1mol \cdot L^{-1}$ 的 $ZnSO_4$ 溶液，装配一个 Cu-Zn 原电池，作为直流电源。往另一孔穴中加入适量的 $0.1mol \cdot L^{-1}$ KI 溶液和几滴 $3mol \cdot L^{-1}$ 硫酸，以石墨棒（可由 $5^{\#}$ 废电池拆出）作阴极和阳极组成电解池，并分别与原电池的正、负极相连，进行电解。几分钟后，仔细观察电解池中发生的现象。往电解池中滴入 2 滴淀粉和酚酞溶液，观察现象并解释。

注释：

〔1〕 反应过程中，溶液的颜色会发生依次为无色→琥珀色→蓝色的反复变化。

〔2〕 将 2g 琼胶和 30g KCl 溶于 100mL 水中，加热煮沸后，趁热倒入 U 形管中，冷却后，即为"盐桥"。不用时，可将 U 形管倒置，使管口浸在饱和 KCl 溶液中。

〔3〕 欲使琥珀色明显，丙二酸的用量可适当加大。

〔4〕 严格讲，电池电动势与电极电势应采用"对消法"，用电位差计进行测量，但因酸度计具有较高的输入阻抗（$10^{12}\Omega$），故测定结果接近电动势。

〔5〕 该反应可在大试管或量筒中进行。可沿器壁慢慢倒入试液（Ⅰ）、（Ⅱ）、（Ⅲ），不要搅拌（尽量不使混匀），使溶液分层，观察反应的进行。

〔6〕 腐蚀液的配制：往试管中加入 1mL $0.1mol \cdot L^{-1}$ NaCl 和 1 滴 $0.1mol \cdot L^{-1}$ $K_3[Fe(CN)]_6$ 及 1 滴 1% 酚酞溶液，保留此溶液供下面（2）、（3）使用。

五、思考题

1. 了解原电池的电极名称及其相互连接方法。

2. 在铜锌原电池中，往正极或负极分别加入 OH^-（aq）、S^{2-}（aq）或 NH_4^+（aq）时，原电池的电动势将如何变化？为什么？

3. 介质的酸性强弱对 $KClO_3$ 和 $KMnO_4$ 的氧化性有何影响？

4. 在酸性介质中，H_2O_2 与 KI 和 $KMnO_4$ 的反应有何不同？

5. 用腐蚀液在铁片上进行差异充气腐蚀实验时，液滴中央是阴极还是阳极？将显什么颜色？液滴周围又将如何？

实验五 碳酸氢钠的制备

一、实验目的

1. 掌握以粗食盐和碳酸氢铵为原料，利用复分解反应制取碳酸氢钠的原理和方法；

2. 学习溶解、水浴加热、减压过滤、冷却、结晶、固液分离等基本操作。

二、实验原理

由氯化钠和碳酸氢铵作用制取碳酸氢钠的反应是一个复分解反应：

$$NaCl + NH_4HCO_3 \rightleftharpoons NaHCO_3 + NH_4Cl$$

溶液中同时存在 NaCl、NH_4HCO_3、$NaHCO_3$、NH_4Cl 四种盐，它们在不同温度下的溶解度见表 6.1。NaCl 溶液密度与浓度对照表见表 6.2。

表 6.1　四种盐在不同温度下的溶解度　　　　　　　　　　　　　　　　　　　g

盐	温度/℃							
	0	10	20	30	40	50	60	70
NaCl	35.7	35.8	36.0	36.3	36.6	37.0	37.3	37.8
NH_4HCO_3	11.9	15.8	21.0	27.0	—	—	—	—
$NaHCO_3$	6.9	8.2	9.6	11.1	12.7	14.5	16.4	—
NH_4Cl	29.4	33.3	37.2	41.4	45.8	50.4	55.2	60.2

表 6.2　NaCl 溶液密度与浓度对照表（25℃）

$w/\%$	密度/g·mL^{-1}	质量浓度/g·L^{-1}	摩尔浓度/mol·L^{-1}
20	1.148	229.5	3.927
22	1.164	256.0	4.380
24	1.180	283.0	4.846
26	1.197	311.2	5.325

从表 6.1 可知，在 30～35℃ 范围内，$NaHCO_3$ 的溶解度在四种盐中相对最低，反应温度若低于 30℃，会影响 NH_4HCO_3 的溶解度；高于 35℃，NH_4HCO_3 会分解。本实验就是利用各种盐类在不同温度下溶解度的差异❶，进行复分解反应，控制 30～35℃ 的反应温度，将研细的 NH_4HCO_3 固体粉末溶于浓的 NaCl 溶液中，在充分搅拌下制取 $NaHCO_3$ 晶体。

因为粗食盐中有 Ca^{2+}、Mg^{2+} 等，当与 NH_4HCO_3 反应时会生成 $Ca(HCO_3)_2$ 和 $Mg(HCO_3)_2$ 等杂质。它们的溶解度均比 $NaHCO_3$ 的小，在产品中一起沉淀，影响产品的质量，因此，必须进行粗盐精制。

粗盐水精制可采用加入 NaOH 和 Na_2CO_3 混合液调节至 pH=11，使之生成碱式碳酸镁和碳酸钙沉淀过滤除去。

三、实验用品

1. 仪器与材料

烧杯（100mL），玻璃漏斗，恒温水浴，布氏漏斗，吸滤瓶，真空泵，研钵，台秤，定性滤纸。

2. 试剂

粗食盐水（25％，由实验室准备），NaOH 3.0mol·L^{-1}，盐酸 HCl 3.0mol·L^{-1}，Na_2CO_3 1.5mol·L^{-1}，NH_4HCO_3（化学纯），pH 试纸（1～14）。

四、实验步骤

1. 粗食盐水的精制

量取 25％ 的粗食盐水 50mL，放入 100mL 小烧杯中，用 3.0mol·L^{-1} 的 NaOH 溶液和 1.5mol·L^{-1} 的 Na_2CO_3 溶液组成的等体积混合碱液 10mL 左右，调节食盐水的 pH=11（此时溶液明显变浑浊），小心加热煮沸。待沉淀沉降后，在上面清液中，滴加 1.5mol·L^{-1} Na_2CO_3 溶液至不再产生沉淀为止。用常压过滤或减压过滤分离沉淀。将滤液倒入洁净的小烧杯中，再

---

❶ 在一定温度下，混合溶液中四种盐的溶解度都要变化，这些数据只代表一种近似关系。

以 $3.0mol \cdot L^{-1}$ 的盐酸调节溶液的 pH=7,备用。

2. 碳酸氢钠的制备

将上述精制后盛于小烧杯中的食盐水,放在水浴上加热,控制温度在 $30 \sim 35℃$ 之间。称取 20g NH_4HCO_3 固体并研成细粉,在不断搅拌下,分几次加入到食盐水中,加料完毕后继续充分搅拌,并保温 $10 \sim 15min$,然后静置几分钟,减压过滤,并用少量冷水(不能多)淋洗晶体,以除去沾附的铵盐。再尽量抽干母液,取下洁白蓬松的 $NaHCO_3$ 晶体,粗称其湿重。

3. 计算 $NaHCO_3$ 的理论产量和实验收率。

提示:粗食盐的纯度按 90% 计。

五、思考题

1. 粗食盐水精制时为何要调节溶液 pH=11?

2. 实验中为何要加入 NH_4HCO_3 固体粉末?而不是加入 NH_4HCO_3 溶液?

3. 粗食盐水精制后为何要加盐酸调节 pH=7?

实验六　邻菲啰啉分光光度法测定铁

一、实验目的

1. 通过条件试验,掌握分光光度法测定铁的条件;

2. 通过铁含量及邻菲啰啉铁配合物中邻菲啰啉与铁的摩尔比测定,学习分光光度法的应用;

3. 了解 72 型(或 721 型)分光光度计的构造和使用方法。

二、实验原理

邻菲啰啉(又称邻二氮菲)是测定微量铁的一种显色试剂。在 $pH=1.5 \sim 9.5$ 的条件下,Fe^{2+} 与邻菲啰啉生成极稳定的橘红色配合物,其反应式如下:

此配合物的 $lgK_{稳}=21.3$,摩尔吸光系数 $\varepsilon_{510}=1.1 \times 10^4 L \cdot mol^{-1} \cdot cm^{-1}$。

在显色前,先用盐酸羟胺把 Fe^{3+} 还原为 Fe^{2+},其反应式如下:

$$4Fe^{3+}+2NH_2OH \Longrightarrow 4Fe^{2+}+N_2O+H_2O+4H^+$$

测定时,控制溶液酸度在 $pH \approx 5$ 较为适宜。酸度高时,反应进行较慢;酸度太低,则 Fe^{2+} 水解,影响显色。

Bi^{3+}、Cd^{2+}、Hg^{2+}、Ag^+、Zn^{2+} 等能与显色剂生成沉淀;Ca^{2+}、Cu^{2+}、Ni^{2+} 等则形成有色配合物。因此当这些离子共存时,应注意它们的干扰作用。

三、实验用品

1. 仪器与材料

分光光度计(72 型或 721 型),容量瓶(50mL,12 个),吸量管(10mL)等。

2. 试剂

$100\mu g \cdot mL^{-1}$铁标准溶液：准确称取 0.864g 分析纯 $NH_4Fe(SO_4)_2 \cdot 12H_2O$，置于烧杯中，以 30mL $2mol \cdot L^{-1}$ HCl 溶液溶解后移入 1000mL 容量瓶中，以水稀释至刻度，摇匀。

$10\mu g \cdot mL^{-1}$铁标准溶液：由 $100\mu g \cdot mL^{-1}$ 的铁标准溶液准确稀释 10 倍而成。

$0.0001mol \cdot L^{-1}$铁标准溶液：准确称取 0.0482g $NH_4Fe(SO_4)_2 \cdot 12H_2O$ 于烧杯中，用 30mL $2mol \cdot L^{-1}$盐酸溶解，然后转移至 1000mL 容量瓶中，用水稀释至刻度，摇匀（供测摩尔比用）。

10%盐酸羟氨溶液（因其不稳定，需临用时配制），0.1%邻菲啰啉溶液（新近配制），0.02%（$\approx 0.001mol \cdot L^{-1}$）邻菲啰啉溶液（新近配制），$1.0mol \cdot L^{-1}$ NaAc 溶液，$2.0mol \cdot L^{-1}$ HCl 溶液，$0.4mol \cdot L^{-1}$ NaOH 溶液。

四、实验步骤

1. 吸收曲线的绘制

准确移取 $10\mu g \cdot mL^{-1}$ 铁标准溶液 5mL 于 50mL 容量瓶中，加入 10%盐酸羟氨溶液 1mL，摇匀，稍停，加入 $1mol \cdot L^{-1}$ NaAc 溶液 5mL 和 0.1%邻菲啰啉溶液 3mL，以水稀释至刻度。在 72 型（或 721 型）分光光度计上，用 2cm 比色皿，以蒸馏水为空白溶液，用不同的波长（从 430～570nm，每隔 20nm 测定一次）测定吸光度 A。然后以波长为横坐标，吸光度为纵坐标绘制出吸收曲线，从吸收曲线上确定进行测定的适宜波长 λ_{max}。

2. 标准曲线的绘制

取 50mL 容量瓶 6 个，分别准确吸取 $10\mu g \cdot mL^{-1}$ 铁标准溶液 0mL、2.0mL、4.0mL、6.0mL、8.0mL 和 10.0mL 于各容量瓶中，各加 1mL 10%盐酸羟氨溶液，摇匀，经 2min 后再各加 5mL $1mol \cdot L^{-1}$ NaAc 溶液及 3mL 0.1%邻菲啰啉溶液，以水稀释至刻度，摇匀。在 72 型（或 721 型）分光光度计上，用 2cm 比色皿，在最大吸收波长（510nm）处，测定各溶液的吸光度。以铁含量为横坐标，吸光度为纵坐标，绘制标准曲线。

3. 未知溶液铁含量的测定

吸取未知溶液 5mL 代替标准溶液，其他步骤均同上，测定其吸光度。根据未知溶液的吸光度，在标准曲线上查出 5mL 未知溶液中的铁含量，并以铁含量/$\mu g \cdot mL^{-1}$表示。

4. 邻菲啰啉与铁的摩尔比的测定

取 50mL 容量瓶 8 只，吸取 $0.0001mol \cdot L^{-1}$ 铁标准溶液 10mL 于各容量瓶中，各加 1mL 10%盐酸羟氨溶液，5mL $1mol \cdot L^{-1}$ NaAc 溶液。然后依次加 0.02%邻菲啰啉溶液（$\approx 1 \times 10^{-3}$ $mol \cdot L^{-1}$）0.5mL、1.0mL、2.0mL、2.5mL、3.0mL、3.5mL、4.0mL、5.0mL，以水稀释至刻度，摇匀。在 510nm 波长下，用 2cm 比色皿，以蒸馏水为空白液，测定各溶液的吸光度。最后以邻菲啰啉与铁的浓度比 c_R/c_{Fe} 为横坐标，对吸光度作图，根据曲线上前后两部分延长线的交点位置确定 Fe^{2+} 与邻菲啰啉反应的配合比。

五、记录及分析结果

1. 记录

分光光度计型号_____ 比色皿厚度_____

（1）吸收曲线的绘制

λ/nm	430	450	470	490	510	530	550	570
吸光度 A								

（2）标准曲线的绘制与铁含量的测定

试　液	标 准 溶 液						未知溶液
吸取的标准溶液体积/mL	0.0	2.0	4.0	6.0	8.0	10.0	5
总含铁量/μg							
吸光度 A							

（3）邻菲啰啉与铁的摩尔比测定

容量瓶号	1	2	3	4	5	6	7	8
邻菲啰啉加入量/mL	0.5	1.0	2.0	2.5	3.0	3.5	4.0	5.0
摩尔比(c_R/c_{Fe})								
吸光度 A								

2. 绘制以下曲线

（1）吸收曲线；（2）标准曲线；（3）A-摩尔比曲线。

3. 对各项测定结果进行分析并做出结论：例如吸收曲线的绘制，邻菲啰啉铁配合物在波长 510nm 处吸光度最大，因此测定铁时宜选用的波长为 510nm。

六、思考题

1. 预习分光光度计的使用方法以及溶液配制方法。

2. Fe^{3+} 标准溶液在显色前加盐酸羟氨的目的是什么？如测定一般铁盐的总铁量，是否需要加盐酸羟氨？

3. 何谓吸收曲线？何谓标准曲线？两者有何实际意义？

4. 溶液的酸度对邻菲啰啉铁的吸光度影响如何？为什么？

5. 显色前加入还原剂、NaAc 溶液，然后加入显色剂的顺序可否颠倒？为什么？

实验七　s区、p区元素

一、实验目的

1. 了解某些金属单质的还原性和非金属单质的氧化还原性；

2. 了解碱金属、碱土金属的焰色反应及模拟烟火；

3. 了解碳酸盐沉淀的形成与转化以及硅酸及其盐的某些性质；

4. 联系氢氧化物的酸碱性及硫化物的溶解性等，了解某些金属离子的分离方法；

5. 练习焰色反应的检验以及使用坩埚和启普发生器的方法，进一步练习离心分离的基本操作。

二、实验原理

1. 金属单质的还原性

金属单质的化学性质主要表现为还原性。铝是一种较活泼的金属，在空气中由于表面生成一层保护膜而稳定。若使铝汞齐化（铝汞合金化），破坏这层氧化物膜，则就能引起铝的迅速被氧化（电化学腐蚀），生成蓬松的氧化铝的水合物，并伴随产生大量的热。

金属镁、铝等不仅能与氧气和水作用，也能从其他金属氧化物（如 Fe_3O_4）或非金属的氧化物（如 SiO_2）中夺取氧而得到相应金属或某些非金属单质。例如：

$$3Fe_3O_4(s)+8Al(s)=\!\!=\!\!=4Al_2O_3(s)+9Fe(s) \quad \Delta H^{\ominus}_{298K}=-3328kJ\cdot mol^{-1}$$

$$SiO_2(s)+2Mg(s)=\!\!=\!\!=2MgO(s)+Si(s) \quad \Delta H^{\ominus}_{298K}=-334kJ\cdot mol^{-1}$$

2. 焰色反应

钙、锶、钡及碱金属等的挥发性化合物（如氯化物）在高温火焰中灼烧时，能分别发射出一定波长（在可见光范围内）的光，使火焰显出特征的颜色。例如：

<table>
<tr><td>钠</td><td>钾</td><td>钙</td><td>锶</td><td>钡</td></tr>
<tr><td>黄色</td><td>浅紫色</td><td>橙红色</td><td>大红色</td><td>浅黄绿色</td></tr>
</table>

在分析化学中常利用这种性质以检验这些元素，称之为焰色反应。

3. 非金属单质的氧化还原性

Cl_2、Br_2、I_2 等自由单质（以 X_2 表示）与水能发生水解反应，并存在下列平衡：

$$X_2+H_2O \Longrightarrow H^++X^-+HXO$$

在此反应中，反应物 X_2 既是氧化剂，又是还原剂，这类反应称为歧化反应。上述平衡（水解）常数的表达式为：

$$K_h=\frac{c(H^+)\cdot c(X^-)\cdot c(HXO)}{c(X_2)}$$

Cl_2、Br_2 和 I_2 的上述 K_h 值分别为 4.2×10^{-4}、7.21×10^{-9} 和 2.0×10^{-11}。这类反应的进行程度与溶液的 pH 值有关，在溶液中加酸能抑制卤素单质的水解，加碱则能促进其水解。

4. 碳酸盐和硅酸盐的性质

除碱金属外，一般金属的碳酸盐（用 MCO_3 表示）的溶解度较小，而相应的酸式盐则较易溶解于水。在一些难溶碳酸盐（如 $CaCO_3$）和水组成的系统中，由于存在下列平衡：

$$MCO_3(s)+CO_2(g)+H_2O(l)\Longrightarrow 2HCO_3^-(aq)+M^{2+}(aq)$$

通入 CO_2 气体，可使其变为酸式盐而溶解。

硅酸是一种多元弱酸。它可由盐酸或碳酸等与 Na_2SiO_3 溶液作用而制得，其组成随形成的条件而变，可用通式 $m SiO_2\cdot n H_2O$ 表示，如偏硅酸 H_2SiO_3（$m=1$，$n=1$）和正硅酸 H_4SiO_4（$m=1$，$n=2$）等。

硅酸能形成胶体溶液（常称为溶胶），放置后，能形成软而透明且具有弹性的硅酸凝胶。

除碱金属外，一般金属的离子与硅酸钠溶液作用，均能生成难溶于水的硅酸盐。

5. 水溶液中某些金属离子的初步分离

利用一些主族金属的化合物如氯化物、氢氧化物、硫化物等的性质及有关反应，可对这些金属离子进行初步分离。

（1）氯化物的性质　除钾、钠、钡等最活泼金属的氯化物外，一般金属氯化物都能发生水解，使溶液呈酸性。值得注意的是，p 区的 Sn^{2+}、Sb^{3+}、Bi^{3+} 氯化物水解后生成溶解度很小的碱式盐或氯氧化物。例如：

$$SnCl_2+H_2O=\!\!=\!\!=Sn(OH)Cl\downarrow+HCl$$

$$SbCl_3+H_2O=\!\!=\!\!=SbOCl\downarrow+2HCl$$

在制备这类物质的溶液时，必须加入适量的浓盐酸，以抑制水解，从而防止上述沉淀的析出。

（2）氢氧化物的性质　金属氢氧化物的性质主要表现为溶解性和酸碱性。其中 Al^{3+}、Sn^{2+}、Pb^{2+} 等的氢氧化物难溶于水，但能溶于强酸或强碱溶液中，常称为两性氢氧化物。例如：

$$Pb^{2+}+2OH^-（少量）\!=\!=\!=Pb(OH)_2\downarrow$$

$$Pb(OH)_2+2OH^-（过量）\!=\!=\!=PbO_2^{2-}+2H_2O$$

$$Pb(OH)_2+2H^+（如\ HNO_3）\!=\!=\!=Pb^{2+}+2H_2O$$

（3）硫化物的性质　在常见金属中，如 s 区金属的硫化物可溶于水，BeS 在水中分解；p 区金属的硫化物不溶于水，也不溶于稀酸[$c(H^+)\approx 0.3mol\cdot L^{-1}$]，且往往有特征的颜色，如 PbS(黑色)、SnS(棕色)、Sb_2S_3(橙色)。

应当指出，在水溶液中，Al^{3+} 与 S^{2-} 不能生成 Al_2S_3，但能生成 $Al(OH)_3$ 白色沉淀和 H_2S，这可认为是由于 Al^{3+} 与 S^{2-} 的水解作用互相促进，而完全水解的结果。反应式可表示如下：

$$2Al^{3+}+3S^{2-}+6H_2O\longrightarrow 2Al(OH)_3\downarrow+3H_2S\uparrow$$

三、实验用品

1. 仪器与材料

台秤（公用），酒精灯，酒精喷灯（或煤气灯），烧杯（50mL，100mL，250mL），蒸发皿，坩埚，坩埚钳，泥三角，试管，硬质试管（干燥），试管架，试管夹，石棉铁丝网，铁圈，铁夹，铁架台，药勺，沙浴，研钵，滴管，点滴板，洗瓶，玻璃棒，滤纸碎片（或棉花），电动离心机（公用），离心试管，启普发生器，砂纸，防护眼镜。

石棉手套，蘸有酒精的棉花球，蓝色玻璃片，软毛刷，镍铬丝，镊子，磁铁。

2. 试剂

醋酸 $HAc(6mol\cdot L^{-1})$，盐酸 $HCl(2mol\cdot L^{-1}$，$6mol\cdot L^{-1}$，浓），硝酸 $HNO_3(2mol\cdot L^{-1}$，$6mol\cdot L^{-1}$，浓），氢硫酸 H_2S(饱和)，硫酸 $H_2SO_4(2mol\cdot L^{-1}$，$6mol\cdot L^{-1}$），氢氧化钙 $Ca(OH)_2$，饱和氢氧化钠 $NaOH(2mol\cdot L^{-1}$，$6mol\cdot L^{-1}$），氨水 $NH_3(aq)$（$2mol\cdot L^{-1}$），硝酸银 $AgNO_3(0.1mol\cdot L^{-1})$，硫酸铝 $Al_2(SO_4)_3(0.1mol\cdot L^{-1}$，固），氯化钡 $BaCl_2$ $(0.1mol\cdot L^{-1}$，固），氯化钙 $CaCl_2$(浓)，碳酸钙 $CaCO_3$(固)，硝酸钴 $Co(NO_3)_2$(固)，硫酸铜 $CuSO_4$(固)，三氯化铁 $FeCl_3$(固)，硫酸亚铁 $FeSO_4$(固)，氯化汞 $HgCl_2(0.1mol\cdot L^{-1}$，有毒），氯化钾 KCl(浓，固)，铬酸钾 $K_2CrO_4(0.1mol\cdot L^{-1}$，$0.5mol\cdot L^{-1}$），碘化钾 KI(固)，氯化亚锰 $MnCl_2$(固)，氯化铵 NH_4Cl(饱和)，硫化铵 $(NH_4)_2S(0.1mol\cdot L^{-1})$，氯化钠 $NaCl$(浓)，硅酸钠 Na_2SiO_3(20%)，硫酸镍 Ni_2SO_4(固)，硝酸铅 $Pb(NO_3)_2(0.1mol\cdot L^{-1}$，固），氯化亚锡 $SnCl_2(0.1mol\cdot L^{-1}$，固），氯化锶 $SrCl_2$(浓)，硫酸锌 $ZnSO_4$(固)，混合溶液（含有 Ba^{2+}，Al^{3+}，Pb^{2+} 三种金属离子)[1]，铝 Al(粉)，硝酸钡 $Ba(NO_3)_2$(固)，硝酸钙 $Ca(NO_3)_2$（固)，蔗糖 $C_{12}H_{22}O_{11}$(固)，氯化钾 KCl(固)，氯酸钾 $KClO_3$(固)，硫黄 S(粉)，硝酸锶 $Sr(NO_3)_2$(固)，铝 Al(片)，过氧化钡 BaO_2(固)[2]，溴水 Br_2(饱和)，氯水 Cl_2(饱和)，四氧化三铁 Fe_3O_4（粉)，碘水 I_2(饱和)[3]，镁粉和石英粉的混合物（质量比为 7:10），镁 Mg(条，粉)，石蕊试纸，pH 试纸。

四、实验步骤

本实验内容较多。若时间不够，可考虑先做 1（1）、2、4、5、6、7，其余的实验可选做。

1. 金属的还原性

(1) 铝与氧或水的作用——电化学腐蚀　取一片铝片，用砂纸擦净。在铝表面上滴 1 滴 $0.1mol\cdot L^{-1}HgCl_2$ 溶液，当出现灰色后（什么物质？），用滤纸片（或棉花）轻轻将铝片上的残留液滴吸干。然后将此铝片置于空气中，观察白色絮状物（什么物质？）的生成，并注意铝片发热。擦去此絮状物，将该铝片放入试管内，再将该试管装满水并倒置于水槽中。观察现象，并解释之。

(2) 镁与二氧化硅的作用　在一支干燥的硬质试管中放一大匙镁粉和石英粉的混合物，把试管垂直地夹在铁架上，然后强热试管底部[4]，观察现象（注意：反应剧烈！）。

待试管冷却后（仍将试管垂直夹在铁架上）。用滴管加入 $1\sim2mL$ $6mol\cdot L^{-1}HCl$ 溶液，以溶解过量的镁和生成的氧化镁[5]，而反应产物非晶体硅则以棕色粉末留于试管中（可倒在蒸发皿或点滴板上观察）。

2. 卤素单质的氧化还原性

(1) 往少量饱和氯水、溴水或碘水溶液中，各加入数滴强碱稀溶液，观察现象。然后再加入强酸稀溶液至过量。观察现象，并简单解释之。

(2) 往少量饱和氯水、溴水或碘水溶液中，各加入数滴 $0.1mol\cdot L^{-1}AgNO_3$ 溶液。观察现象，并简单解释之。

3. 碱金属和碱土金属的焰色反应

(1) 焰色反应　取一根镍铬丝，用砂纸擦净其表面，将末端弯成小圈（直径约 3mm），按下法清洗：在试管或点滴板空穴中，加入少许浓盐酸（纯），将镍铬丝浸入浓盐酸溶液中，片刻后取出，在酒精喷灯（或煤气灯)[6]的氧化焰中灼烧。如此反复处理数次，直至火焰不带有杂质所呈现的颜色为止。将清洗过的镍铬丝蘸以浓 NaCl 溶液（各种试验溶液可预先放入点滴板空穴中），灼烧之，观察火焰的颜色。

同上操作，分别观察 KCl、$CaCl_2$、$SrCl_2$、$BaCl_2$ 溶液的焰色反应[7]，在试验钾盐时，即使有微量钠盐存在，钾所显示的浅紫色也将被钠的黄色所遮蔽，所以最好通过蓝色玻璃片观察钾的火焰颜色。因为蓝色玻璃能吸收黄色光。

(2) 烟火试验

① 准备工作　按照下面的质量比例，配制各种火焰颜色的烟火药品，并在纸上把它们混合均匀（如果个别固体颗粒较大，可预先用研钵研细，但一旦混合，千万不能再研磨！为什么？）。

a. 紫红色烟火　$KClO_3$：硫黄粉：KCl＝9：20：35

b. 砖红色烟火　$KClO_3$：硫黄粉：木炭粉：$Ca(NO_3)_2$＝5：10：12：35

c. 猩红色烟火　$KClO_3$：硫黄粉：木炭粉：$Sr(NO_3)_2$＝4：10：12：32

d. 浅黄绿色烟火　$KClO_3$：硫黄粉：木炭粉：$Ba(NO_3)_2$＝8：10：2：31

e. 银白色烟火　$KClO_3$：硫黄粉：木炭粉：蔗糖：铝粉＝5：10：12：6：20

② 实验操作　将上述按比例混合的药品分别倒入坩埚底部并插入镁条，然后用坩埚钳夹持蘸有酒精的点燃的棉花球引燃镁条。待坩埚内的固体混合物燃着后，即可见到艳丽的烟火，并伴随有大量的烟雾产生。

注意点：

a. 称量固体试剂时，所用药匙要专用，以免 $KClO_3$、木炭粉、硫黄粉混杂。

b. $KClO_3$ 与木炭粉、硫黄粉混合时，切勿研磨，以免引起爆炸事故。

c. 该实验产生大量烟雾，而使空气污染，所以应在通风橱中进行。

4. 碳酸盐的形成与转化

(1) 酸式盐与正盐的转化　在配制的澄清石灰水中通入 CO_2 气体（启普发生器的使用参见实验的基本操作），观察现象。再继续通入 CO_2 气体，观察有何变化，写出反应方程式。将所得溶液分成两份，再进行下面实验。

(2) 碳酸盐沉淀的形成　往上述一份溶液中加入少量澄清石灰水。将另一份溶液加热。分别观察现象，写出反应方程式。

根据上面的实验结果，总结它们之间的相互转化关系，并解释之。

5. 硅酸凝胶的形成和硅酸盐的溶解性

(1) 硅酸凝胶的形成　往 3 支试管中分别加入数毫升 20% 的 Na_2SiO_3 溶液。然后在一支试管中通入 CO_2 气体，静置；往第二支试管中加入少许 $6mol \cdot L^{-1}$ HCl 溶液；在第三支试管中加入少许 NH_4Cl 饱和溶液。分别观察现象，并写出有关反应方程式。

(2) 微溶硅酸盐的形成——"水中花园"　往一只小烧杯（50mL）中加入 20% 的 Na_2SiO_3 或 20% 的水玻璃，液面至约达烧杯容积的 2/3。用镊子夹持 $Al_2(SO_4)_3$、$CuSO_4$、$Co(NO_3)_2$、Na_2SiO_3、$ZnSO_4$、$FeSO_4$、$FeCl_3$、$MnCl_2$ 等固体各一小粒投入烧杯内（注意：最好不要将各种固体混在一起，并记住它们各自的位置）。静置一段时间后，观察现象[8]。由于 Na_2SiO_3 对玻璃有侵蚀作用，所以实验结束后，应立即将烧杯洗净。

6. 某些金属离子的性质

(1) Pb^{2+} 的性质

① 酸碱性。用 pH 试纸检验 $Pb(NO_3)_2$ 溶液的酸碱性。

② 沉淀的形成和溶解

a. 往离心试管中加入约 1mL $0.1mol \cdot L^{-1}$ 的 $Pb(NO_3)_2$ 溶液，滴加 10～12 滴 $6mol \cdot L^{-1}$ HCl 溶液，使溶液的 $c(H^+)$ 为 2.0～2.5$mol \cdot L^{-1}$，观察有何种沉淀生成。离心分离，弃去上层清液，再加入约 2mL 去离子水，加热至沸腾（若离心试管管底较薄，则不宜直接加热，可在水浴中加热），观察沉淀是否溶解（此沉淀应为何物？）。在此清液中，趁热加入几滴 $0.1mol \cdot L^{-1}$ K_2CrO_4 溶液，观察有何种沉淀生成（此沉淀应为何物？）。再加入过量 $6mol \cdot L^{-1}$ NaOH 溶液，直至沉淀完全溶解（此时 Pb^{2+} 以何种形式存在？）。

b. 向 5 滴 $0.1mol \cdot L^{-1}$ $Pb(NO_3)_2$ 溶液中加入 2 滴 $2mol \cdot L^{-1}$ HCl 溶液，再加入 4～6 滴 H_2S 饱和溶液（新配制）[9]，观察现象。

(2) Sn^{2+} 的性质

① 水解。往试管中加入少许（约米粒大小）$SnCl_2$ 固体，然后加入 1～2mL 去离子水，观察溶解情况，并检验溶液的酸碱性。再加入少量浓盐酸（纯）观察白色沉淀（沉淀为何物）的溶解情况。

② 沉淀的形成和溶解。往少量 $0.1mol \cdot L^{-1}$ $SnCl_2$ 溶液中，滴加 $6mol \cdot L^{-1}$ NaOH 溶液至过量，直至沉淀完全溶解（此时生成何物）。

(3) Al^{3+} 的性质

① 酸碱性。检验 $Al_2(SO_4)_3$ 溶液的酸碱性。

② 沉淀的形成和溶解

a. 设法制得 $Al(OH)_3$ 沉淀，并证明其为两性氢氧化物。

b. 往 $Al_2(SO_4)_3$ 溶液中加入适量 $0.1mol \cdot L^{-1}(NH_4)_2S$ 溶液，可得白色沉淀。试通过实验证明该沉淀物是氢氧化铝。

（4）Ba^{2+} 的性质

检验 $BaCl_2$ 溶液的酸碱性。

Ba^{2+} 能生成哪些沉淀？试证明之。

提示：查阅难溶物的溶度积。

7. Pb^{2+}、Al^{3+}、Ba^{2+} 的分离

取上述混合溶液，设计实验方案（包括分离的步骤及用的药品等），并进行试验。

注释：

[1] 混合溶液中 Ba^{2+}、Pb^{2+} 的浓度一般可为 $0.1mol \cdot L^{-1}$，Al^{3+} 的浓度可稍大一些。注意，混合溶液中若含有 Pb^{2+}，则需用硝酸盐配制。

[2] 过氧化钡(BaO_2)和镁粉可由实验预备室均匀混合（质量比为 4∶1）。

[3] 实验室中通常用的碘水是将单质 I_2 溶于 KI 溶液而制得的。但本实验中所用碘水是由单质碘溶于去离子水中而制得的饱和溶液。

[4] 若用酒精灯加热，火焰要大。由于酒精灯火焰温度不够高，镁与二氧化硅的反应不完全；但不妨碍本实验中各种现象的观察。

[5] 在高温条件下，硅能与过量的镁生成硅化二镁（Mg_2Si），硅化二镁与盐酸作用生成硅氢化合物（如甲硅烷 SiH_4），后者在空气中能自燃，发出闪闪的火光和"啪啪"的爆炸声，并生成二氧化硅（SiO_2）白烟。若将镁粉和石英粉的比例改为 8∶5，则上述现象更为明显。硅氢化合物有剧毒，实验应在通风橱中进行。

[6] 若无煤气灯或酒精喷灯，可改用酒精灯，依上述方法试验。

[7] 每次改用另一种盐溶液做试前，必须将镍铬丝用浓盐酸（纯）溶液处理，灼烧洁净。也可用 5 根镍铬丝（公用）做好记号，分别试验这 5 种盐类溶液。钾、钡的焰色甚浅。若用固体代替溶液，则焰色比较明显，但固体在灼烧时易跳失。

[8] +2 价铜盐——蓝绿色，+2 价钴盐——紫色，+2 价锰盐——浅红色，铝盐——无色透明玻璃状，+3 价铁盐——棕红色，+2 价铁盐——浅绿色，锌盐——白色，+2 价镍盐——翠绿色。

[9] 溶液的 $c(H^+)$ 应约为 $0.1 \sim 1.0 mol \cdot L^{-1}$。

五、思考题

1. 怎样用实验检验金属镁、铝的还原性？
2. 怎样用实验检验单质氯、溴、碘的氧化还原性？
3. 金属的碳酸盐与其相应的酸式盐的溶解性有何区别？怎样相互转化？
4. 怎样制备硅酸凝胶？怎样由微溶硅酸盐形成"水中花园"？
5. 怎样从实验确定某些难溶金属氢氧化物为两性氢氧化物？
6. 焰色反应检验法的操作中有哪些应注意之处？
7. 怎样配制 $SnCl_2$ 溶液？为什么？

实验八　d 区元素与配位化合物

一、实验目的

1. 了解某些金属元素的氢氧化物和硫化物的沉淀与溶解；
2. 了解配离子的形成与解离以及某些离子的颜色试验；

3. 联系沉淀的生成与溶解、配离子的形成与解离以及沉淀和配位化合物（或配离子）的特征颜色，初步分离与鉴别某些金属离子；

4. 进一步练习离心分离的操作。

二、实验原理

副族元素都是过渡金属元素，它们的单质彼此间性质的差异较小。然而，可用副族元素所形成的化合物来区别它们。利用副族化合物中的氢氧化物和硫化物沉淀的生成与溶解、配离子的形成与离解，可对一些副族元素的离子进行分离；根据一些沉淀和配合物的特征颜色可对某些副族元素的离子进行鉴别。

1. 金属氢氧化物的沉淀和溶解

通常，副族元素的氢氧化物溶解度较小。按氢氧化物与酸碱反应的不同可区分为碱性氢氧化物、酸性氢氧化物和两性氢氧化物。例如，$Cr(OH)_3$ 和 $Zn(OH)_2$ 是典型的两性氢氧化物；$Cu(OH)_2$ 微显两性，它既溶于强酸，也能溶于强碱的浓溶液中。$AgOH$（白色）是中强碱，能溶于稀 HNO_3；但 $AgOH$ 很不稳定，在常温下即易脱水而成棕色的 Ag_2O。CrO_3 的水合物（即氢氧化物）为铬酸 H_2CrO_4 和重铬酸 $H_2Cr_2O_7$，均是中强酸。

2. 金属硫化物的沉淀和溶解

副族元素的硫化物往往具有特征颜色，按其溶解度的不同分为两类。一类不溶于水，但可溶于稀酸 $[c(H^+) \approx 0.3\text{mol·L}^{-1}]$，如 MnS（浅红色）、NiS（黑色）和 ZnS（白色）。另一类既不溶于水，也不溶于稀酸，主要是 ds 区元素的硫化物，如 CuS（黑色）、CdS（黄色）和 Ag_2S（黑色）等。应当指出，在水溶液中，Cr^{3+}（和 Al^{3+} 相似）与 S^{2-} 反应生成的不是 Cr_2S_3，而是它们完全水解的产物氢氧化物沉淀和 H_2S。

$$2Cr^{3+} + 3S^{2-} + 6H_2O == 2Cr(OH)_3 \downarrow + 3H_2S$$

3. 配离子的形成和解离

副族元素易形成配位化合物，例如，Zn^{2+}、Ni^{2+}、Cu^{2+}、Ag^+ 等均易与氨水反应形成相应的配离子 $[Zn(NH_3)_4]^{2+}$、$[Ni(NH_3)_6]^{2+}$、$[Cu(NH_3)_4]^{2+}$、$[Ag(NH_3)_2]^+$ 等。配离子在水溶液中存在着解离平衡，例如：

$$[Ag(NH_3)_2]^+(aq) \rightleftharpoons Ag^+(aq) + 2NH_3(aq)$$

其解离常数为：

$$K_i = K_{不稳} = \frac{c_{eq}(Ag^+) \cdot c_{eq}^2(NH_3)}{c_{eq}[Ag(NH_3)_2^+]}$$

$K_{不稳}$ 称为不稳定常数，它可表示该配离子在水溶液中的不稳定程度。不稳定常数的倒数称为稳定常数 $K_{稳}$，它可表示该配离子在水溶液中的稳定程度。

应当指出，Fe^{3+} 或 Cr^{3+} 与氨水溶液反应生成的产物不是配离子而是相应的氢氧化物沉淀 $Fe(OH)_3$ 或 $Cr(OH)_3$。氨水与不同金属离子形成配离子或氢氧化物沉淀的这两种不同情况，可作为分离金属离子的一种依据。

配离子的解离平衡也是一种离子平衡，它能向着生成更难解离或更难溶解物质的方向移动。例如，配离子 $[Ag(NH_3)_2]^+$ 可因加入不同的沉淀剂或配合剂（或控制不同浓度）而经历一系列的沉淀和溶解的相互转化。

4. 某些金属离子的颜色变化和鉴别

金属离子所形成化合物的特征颜色是鉴别金属离子的重要依据之一。引起金属离子的颜色变化的原因主要有以下两种。

(1) 氧化还原反应 以铬离子为例作以说明。$+3$ 价铬的氢氧化物呈两性，它溶于过量碱中生成 CrO_2^-，CrO_2^- 易被强氧化剂（如 H_2O_2）氧化为黄色的 CrO_4^{2-}。

$$2CrO_2^- + 3H_2O_2 + 2OH^- = 2CrO_4^{2-} + 4H_2O$$

铬酸盐和重铬酸盐在水溶液中存在下列平衡：

$$2CrO_4^{2-} + 2H^+ \rightleftharpoons Cr_2O_7^{2-} + H_2O$$
　　　　（黄色）　　　　　　（橙色）

加酸或加碱都可使平衡发生移动，这可从颜色的改变而得到证实。CrO_4^{2-} 可与 Ba^{2+}、Pb^{2+}、Ag^+ 等反应，生成有特征颜色的难溶性铬酸盐。这些反应常用来鉴别 CrO_4^{2-} 或 Cr^{3+}。

重铬酸钾在酸性溶液中有较强的氧化性，易被还原为 Cr^{3+}。若在酸性溶液中与 H_2O_2 反应，则能生成易溶于乙醚的蓝色的过氧化铬 CrO_5：

$$Cr_2O_7^{2-} + 4H_2O_2 + 2H^+ = 2CrO_5 + 5H_2O$$

CrO_5 很不稳定，很快分解为 Cr^{3+} 并放出氧气：

$$4CrO_5 + 12H^+ = 4Cr^{3+} + 7O_2 \uparrow + 6H_2O$$

这些反应常用来鉴别 $Cr_2O_7^{2-}$ 或 Cr^{3+}。

(2) 非氧化还原反应 这里主要是指配合物的颜色变化。例如，Fe^{3+} 可与 SCN^- 反应生成血红色的 $[Fe(NCS)_n]^{3-n}$（$n = 1 \sim 6$）配离子，该反应常用来鉴别 Fe^{3+}。若在 $[Fe(NCS)_n]^{3-n}$ 溶液中加入 F^-，则能转化为无色的 $[FeF_6]^{3-}$ 配离子。

Ni^{2+} 可与单基或多基配位体反应形成配离子或螯合物，并可因所含配位体的不同而呈现出不同的颜色。例如 $[Ni(H_2O)_6]^{2+}$ 呈绿色，$[Ni(NH_3)_6]^{2+}$ 呈深蓝色，$[Ni(en)_3]^{2+}$（en 表示乙二胺 $NH_2CH_2CH_2NH_2$）呈紫色，$[Ni(en)_2(H_2O)]^{2+}$ 呈蓝色，$[Ni(DMG)_2]$（DMG 表示丁二酮肟基）呈鲜红色，$[Ni(CN)_4]^{2+}$ 呈黄色等。在微碱性溶液中，Ni^{2+} 与丁二酮肟反应生成鲜红色螯合物 $[Ni(DMG)_2]$ 沉淀，这一反应常用来鉴别 Ni^{2+}。其反应为：

三、实验用品

1. 仪器与材料

酒精灯，试管，试管架，滴管，洗瓶，玻璃棒，电动离心机（公用），离心试管。

2. 试剂

盐酸 HCl（浓），硝酸 HNO_3（$2mol \cdot L^{-1}$，$6mol \cdot L^{-1}$），氢硫酸 H_2S（饱和、新配制的），硫酸 H_2SO_4（$1mol \cdot L^{-1}$），氨水 NH_3（$2mol \cdot L^{-1}$，$6mol \cdot L^{-1}$），氢氧化钠 NaOH（$0.1mol \cdot L^{-1}$，$2mol \cdot L^{-1}$，$6mol \cdot L^{-1}$），硝酸银 $AgNO_3$（$0.1mol \cdot L^{-1}$），氯化钡 $BaCl_2$（$0.1mol \cdot L^{-1}$），硫酸铬 $Cr_2(SO_4)_3$（$0.1mol \cdot L^{-1}$），氯化铜 $CuCl_2$（$0.1mol \cdot L^{-1}$），硫酸铜 $CuSO_4$（$0.1mol \cdot L^{-1}$），硫酸铁 $Fe_2(SO_4)_3$（$0.1mol \cdot L^{-1}$），溴化钾 KBr（$0.1mol \cdot L^{-1}$），铬酸钾 K_2CrO_4（$0.1mol \cdot L^{-1}$），重铬酸钾 $K_2Cr_2O_7$（$0.1mol \cdot L^{-1}$），碘化钾 KI（$0.1mol \cdot L^{-1}$），硫氰酸铵 NH_4SCN（$0.1mol \cdot L^{-1}$），硫化钠 Na_2S（$0.1mol \cdot L^{-1}$），氯化钠 NaCl（$0.05mol \cdot L^{-1}$，$0.1mol \cdot L^{-1}$），氟化钠 NaF（$0.1mol \cdot L^{-1}$），硫代硫酸钠 $Na_2S_2O_3$（$1mol \cdot L^{-1}$，饱和），硫酸镍 $NiSO_4$（$0.1mol \cdot L^{-1}$），硫酸锌 ZnSO$_4$

$(0.1\text{mol}\cdot\text{L}^{-1})$，氰化钾 KCN$(0.1\text{mol}\cdot\text{L}^{-1})$，过氧化氢 H_2O_2（3％），乙二胺 $NH_2CH_2CH_2NH_2$（1％），丁二酮肟（乙二酰二肟）(1％)，pH 试纸。

混合溶液[1]　　混合溶液（Ⅰ）：Fe^{2+}、Zn^{2+}、Ni^{2+}
　　　　　　　　混合溶液（Ⅱ）：Ni^{2+}、Cu^{2+}、Cr^{3+}
　　　　　　　　混合溶液（Ⅲ）：Cu^{2+}、Ag^+、Fe^{3+}
　　　　　　　　混合溶液（Ⅳ）：Zn^{2+}、Ag^+、Cr^{3+}

四、实验步骤

1. 氢氧化物的沉淀和溶解

在试管中，分别试验 Ni^{2+}、Zn^{2+}、Cr^{3+} 与 $2\text{mol}\cdot\text{L}^{-1}$ NaOH 溶液的作用，观察沉淀的颜色。再分别试验这些沉淀的酸碱性。列表比较上述金属离子与 NaOH 反应的产物及其产物的性质。

若有时间，再分别试验 Ag^+、Cu^{2+}、Fe^{2+} 与 $2\text{mol}\cdot\text{L}^{-1}$ NaOH 溶液的作用并试验沉淀的酸碱性，$Cu(OH)_2$ 沉淀要用 $6\text{mol}\cdot\text{L}^{-1}$ NaOH 来试验，为什么？AgOH 沉淀应用什么酸来试验？

2. 硫化物的沉淀和溶解

在离心试管中，分别试验 Ag^+、Ni^{2+}、Zn^{2+}、Cu^{2+} 在稀酸介质[2]中与饱和 H_2S 溶液的作用。观察有无沉淀生成。

往没有沉淀的试管中各加入几滴氨水，以中和溶液的酸性，观察有何变化（氨水的用量是否要控制？为什么？）。

将有沉淀的试管中物质离心分离，弃去清液。试验硫化物沉淀在 $1\text{mol}\cdot\text{L}^{-1}$ 硫酸中的溶解情况。

通过上述试验，列表对这四种硫化物在酸性和中性溶液中的溶解情况作出结论。

3. 配离子的形成和解离

（1）副族金属离子与氨水的作用　在试管中，分别试验 Ag^+、Zn^{2+}、Cu^{2+}、Ni^{2+}、Cr^{3+}、Fe^{3+} 等与 $2\text{mol}\cdot\text{L}^{-1}$ 氨水溶液的作用，注意观察使用少量和过量氨水时的现象。列表指出 Ag^+、Zn^{2+}、Cu^{2+}、Ni^{2+}、Cr^{3+}、Fe^{3+} 与氨水反应后的产物。

（2）Ag(Ⅰ) 配离子的形成与沉淀的溶解　往离心试管中加入 $0.1\text{mol}\cdot\text{L}^{-1}$ $AgNO_3$ 溶液，然后按以下次序进行试验[3]。写出每一步骤主要生成物的化学式。

① 滴加 $0.05\text{mol}\cdot\text{L}^{-1}$ NaCl 溶液至刚生成沉淀；
② 滴加 $2\text{mol}\cdot\text{L}^{-1}$ 氨水至沉淀刚溶解；
③ 滴加 $0.1\text{mol}\cdot\text{L}^{-1}$ NaCl 溶液至刚生成沉淀；
④ 滴加 $6\text{mol}\cdot\text{L}^{-1}$ 氨水至沉淀刚溶解；
⑤ 滴加 $0.1\text{mol}\cdot\text{L}^{-1}$ KBr 溶液至刚生成沉淀；
⑥ 滴加 $1\text{mol}\cdot\text{L}^{-1}$ $Na_2S_2O_3$ 溶液至沉淀刚溶解；
⑦ 滴加 $0.1\text{mol}\cdot\text{L}^{-1}$ KI 溶液至刚生成沉淀；
⑧ 滴加 $0.1\text{mol}\cdot\text{L}^{-1}$ KCN 溶液至沉淀刚溶解。

注意：KCN 有剧毒！实验后，废液不能倒入下水道。

根据上述试验，比较 Ag(Ⅰ) 配离子的稳定性和各难溶电解质的溶解度大小。

4. 某些金属离子的颜色变化和鉴别

（1）＋3 价铬和＋6 价铬的颜色变化

① 重铬酸盐和铬酸盐的互变。观察 $0.1mol \cdot L^{-1} K_2Cr_2O_7$ 溶液加碱和加酸后的颜色变化，再分别观察向 $0.1mol \cdot L^{-1} K_2Cr_2O_7$ 和 $0.1mol \cdot L^{-1} K_2CrO_4$ 溶液中加入 $BaCl_2$ 溶液后的现象。对以上现象进行解释。

② 过氧化铬的生成和分解。试验 Cr^{3+} 与过量 NaOH 溶液的作用（生成物是什么？）。将上述约 $1\sim2mL$ 溶液加热后，趁热加入 $8\sim10$ 滴 $3\% H_2O_2$ 溶液，观察黄色 CrO_4^{2-} 的生成，再逐滴加入 $6mol \cdot L^{-1} HNO_3$ 使之酸化。注意观察溶液立即变为深蓝色并迅速转变为绿色等现象。

将实验②中铬酸根的鉴定与下列实验的反应进行比较，有何异同？

取 $K_2Cr_2O_7$ 溶液，用稀硫酸酸化后，加入 H_2S 饱和溶液至略过量。

（2）配合物的颜色变化

① Cu(Ⅱ)配离子的颜色变化。往 $CuCl_2$ 溶液中逐滴加入浓 HCl 溶液，观察溶液颜色的变化。加水稀释后，溶液将变为何色？再加入 $6mol \cdot L^{-1}$ 氨水溶液后，观察颜色变化。在该溶液中滴加 $1mol \cdot L^{-1} H_2SO_4$ 溶液后，观察颜色变化并解释之。

② Fe(Ⅲ)配离子的颜色变化。往试管中加入少量 $Fe_2(SO_4)_3$ 溶液，加水稀释至近于无色后，加入几滴 NH_4SCN 溶液，观察现象；再滴加 NaF 溶液，观察颜色变化并予以解释。

③ Ni(Ⅱ)配合物的颜色变化。

a. 往盛有 $0.1mol \cdot L^{-1} NiSO_4$ 溶液的试管中，逐滴加入 1‰乙二胺溶液，则将按顺序生成 $[Ni(en)(H_2O)_4]^{2+} \rightarrow [Ni(en)_2(H_2O)_2]^{2+} \rightarrow [Ni(en)_3]^{2+}$。仔细观察颜色按浅蓝-蓝-紫的顺序变化。

b. 在试管中观察 $0.1mol \cdot L^{-1} NiSO_4$ 与 $2mol \cdot L^{-1}$ 氨水作用后的颜色变化，逐滴加入 1‰的乙二胺溶液，溶液将变为何色？再加入 1‰丁二酮肟溶液，观察鲜红色沉淀的生成[4]。

5. Ag^+、Zn^{2+}、Cu^{2+}、Ni^{2+}、Cr^{3+}、Fe^{3+} 等离子的初步分离和鉴别

（1）个别离子的鉴别 前面已做过 Ag^+、Cu^{2+}、Ni^{2+}、Cr^{3+}、Fe^{3+} 鉴别试验。Zn^{2+} 通常不形成有特征颜色的化合物，可以通过 Zn^{2+} 所生成的氢氧化物分别溶于强碱和强酸溶液的反应来鉴别；也可以通过 Zn^{2+} 与氨水溶液形成 $[Zn(NH_3)_4]^{2+}$ 配离子后，加入 $(NH_4)_2S$ 溶液，生成白色 ZnS 沉淀的现象来鉴别。

（2）混合溶液中离子的初步分离和鉴别 任选下列一组混合溶液，采用离心分离法[5]，设计所含金属离子的分离和鉴别的实验方案（包括对所含金属离子的分离和鉴别步骤以及所用药品等），也可画出分离和鉴别过程示意图，经指导教师审核后，进行初步分离和鉴别。

混合溶液（Ⅰ）：Zn^{2+}、Ni^{2+}、Fe^{3+}

混合溶液（Ⅱ）：Cu^{2+}、Ni^{2+}、Cr^{3+}

混合溶液（Ⅲ）：Ag^+、Cu^{2+}、Fe^{3+}

混合溶液（Ⅳ）：Ag^+、Zn^{2+}、Cr^{3+}

注释：

[1] 四种混合溶液中，Ag^+、Ni^{2+}、Cu^{2+}、Zn^{2+}、Fe^{3+}、Cr^{3+} 浓度均可为 $0.1mol \cdot L^{-1}$。注意，若含有 Ag^+，则均用硝酸盐配制。

[2] 溶液的 $c(H^+)$ 应调节到约 $0.3mol \cdot L^{-1}$（每 $5\sim6$ 滴微酸性或中性溶液，应加 1 滴 $1mol \cdot L^{-1}$ 硫酸）。

[3] 进行本实验时，凡生成沉淀的反应，沉淀剂的用量应尽可能少，一般以刚生成沉淀为宜。凡使沉

淀溶解的反应，加入溶液量也应尽可能少，以使沉淀刚溶解为宜。因此，溶液必须逐滴，且边滴边摇。若试管中溶液量太多，可在生成沉淀后，离心分离，吸出并弃去上层清液，再继续进行实验。

[4] $[Ni(en)_3]^{2+}$ 的稳定常数与 $[Ni(DMG)_2]$ 的稳定常数大小相近，可能现象不明显，可多加一些丁二酮肟溶液，然后，再追加几滴 $NiSO_4$ 溶液。

[5] 采用离心分离操作时，为了确保沉淀完全，在经离心沉降后，可往清液中再加入 1 滴沉淀剂，应不再有沉淀生成。当沉淀与溶液分离后，若该沉淀仍要继续用来进行实验，由于沉淀表面仍含有少量溶液，则必须经过洗涤，才能得到较纯净的沉淀。为此，应往盛沉淀的离心试管中加入适量的去离子水（约为沉淀体积的 2～3 倍）。用玻璃棒充分搅匀后，进行离心沉降。用滴管将上面清液吸出、弃去，并按上法反复操作两次。

五、思考题

1. 怎样从实验确定 $Cr(OH)_3$、$Zn(OH)_2$ 是两性氢氧化物？

2. 银离子的卤化物溶解性如何？选用什么试剂可将其溶解？为什么？

3. 怎样实现 $Cr^{3+} \rightarrow Cr^{6+} \rightarrow Cr^{3+}$ 的转化？

4. 怎样根据实验的结果推测铜氨配离子的生成、组成和解离？

5. 为什么在 Cr^{3+}、Fe^{3+} 的溶液中加入 Na_2S 得不到 Cr_2S_3、Fe_2S_3 沉淀？怎样才能得到？

6. 本实验中，有哪些因素能使配离子的平衡发生移动？哪些生成配位化合物的反应可用于金属离子的鉴别？

实验九　去离子水的制备与检验

一、实验目的

1. 了解离子交换法净化水的原理与方法；

2. 通过对水质的评价，学习无机离子的定性检验；

3. 学习使用电导率仪，并以电导率大小评价水质。

二、实验原理

水质可用水的纯度表示，水的纯度是水中杂质相对含量的量度。锅炉、化学工业、生物、地质、宇航以及电子工业等用水对水质各有不同的等级要求。水质的好坏直接影响到许多工农业产品的质量以及设备的使用寿命，因此许多部门都要使用纯水，去离子水就是纯水的一种。

1. 去离子水的制备

天然水中常含有 Ca^{2+}、Mg^{2+}、Na^+、Fe^{3+} 等阳离子和 HCO_3^-、CO_3^{2-}、SO_4^{2-}、Cl^- 等阴离子，以及一些气体和有机杂质。一般可以使用离子交换树脂与水中某些无机离子进行选择性的离子交换反应，从而达到去除无机离子的目的。采用离子交换法制得的纯水称为去离子水。

离子交换树脂是具有某种活性基团，能与阳离子或阴离子发生有选择性的离子交换反应的一些高分子物质。例如，某些含有磺酸基（—SO_3H）或羧基（—$COOH$）等酸性基团的树脂，能与水中的阳离子发生选择性交换，就称为阳离子交换树脂，用 RH 表示；某些含有季铵或伯胺等碱性基团的树脂，能与水中的阴离子发生选择性交换，就称为阴离子交换树脂，用 ROH 表示。发生的反应式为：

$$2RH + Mg^{2+}(Ca^{2+}) \Longleftrightarrow R_2Mg(R_2Ca) + 2H^+$$

$$ROH + Cl^- \Longleftrightarrow RCl + OH^-$$

$$2ROH + SO_4^{2-}(CO_3^{2-}) \rightleftharpoons R_2SO_4(R_2CO_3) + 2OH^-$$

从而使 Ca^{2+}、Mg^{2+}、CO_3^{2-}、SO_4^{2-} 固着在树脂上，而树脂中的 H^+、OH^- 则置换到水中，达到净水目的。

在实际生产中，去离子水的制备是使水通过装有氢型阳离子交换树脂、氢氧型阴离子交换树脂、阴阳混合树脂的交换柱。分别进行阳离子交换、阴离子交换及多级交换，使产生的 H^+、OH^- 反应生成 H_2O，从而保证去离子水为中性。

树脂使用之前要先用去离子水浸泡至溶胀。使用一段时间后，交换达到饱和，树脂失效，可分别用稀 HCl 溶液或稀 NaOH 溶液淋洗阳离子交换树脂或阴离子交换树脂，进行上述反应的逆反应，使树脂再生。

2. 水质评价

水质评价的主要指标之一是水中的含盐量，即水中杂质离子的含量，可用电导率仪测量其电导率来测定。纯水是弱电解质，含有可溶性杂质常使其电导能力增大。测量水样的电导率，可以确定水的纯度。各种水样的电导率的大致范围列于表 6.3。

表 6.3 各种水样的电导率

水 样	自来水	蒸馏水	去离子水	高纯水（理论值）
电导率/S·cm^{-1}	$5.1 \times 10^{-3} \sim 5.1 \times 10^{-4}$	$2.8 \times 10^{-6} \sim 6.3 \times 10^{-8}$	$4.0 \times 10^{-6} \sim 8.1 \times 10^{-7}$	5.5×10^{-8}

本实验采用 DDS-11A 型电导率仪测定水的电导率，具体操作参见有关参考书。

3. 离子定性鉴定

水的纯度还可以用化学法检测，水中 Ca^{2+}、Mg^{2+} 的检验方法如下。

（1）Ca^{2+} 的检验　本实验使用钙指示剂检验 Ca^{2+}，但它与 Ca^{2+}、Mg^{2+} 均发生反应，使溶液显红色。因此，本实验要先调节水的 pH 值为 12～13，使 Mg^{2+} 转化为 $Mg(OH)_2$ 沉淀，消除 Mg^{2+} 对 Ca^{2+} 的干扰。

（2）Mg^{2+} 的检验　本实验用铬黑 T 来检验 Mg^{2+}，在 pH 值为 9～11 时，铬黑 T 遇 Mg^{2+} 生成红色螯合物。

三、实验用品

1. 仪器与材料

碱式滴定管，滴定管夹，铁架台，T 形管，乳胶管，螺旋夹，玻璃纤维，烧杯。

2. 试剂

$3mol·L^{-1}$ 硝酸，$2mol·L^{-1}$ 盐酸，$2mol·L^{-1}$ 氨水，$2mol·L^{-1}$ NaOH 溶液，$1mol·L^{-1}$ BaCl$_2$ 溶液，$0.1mol·L^{-1}$ AgNO$_3$ 溶液，氢型强酸性阳离子交换树脂，氢氧型强碱性阴离子交换树脂，铬黑 T 指示剂，钙指示剂。

四、实验步骤

1. 去离子水的制备

（1）装柱　在 3 支碱式滴定管底部装入玻璃纤维，按图 6.5 所示，装好仪器。分别将氢型阳离子交换树脂、氢氧型阴离子交换树脂和质量比为 1∶1 的混合阴阳离子交换树脂浸泡在去离子水中。将树脂和水倾入各交换柱中，

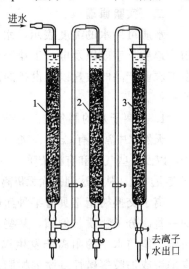

图 6.5　离子交换装置示意图
1—阳离子交换柱；2—阴离子交换柱；
3—阴阳离子交换柱

同时打开交换柱下面的活塞，让水缓慢地流出，不要让水流完，以免在树脂中形成气泡。然后，用导管如图 6.5 连接。

（2）净水　打开入水开关及各柱间的螺旋夹，调节入水量，使流速为每分钟 25～30 滴，开始的 30mL 弃之不用。重定流速为每分钟 15～20 滴后，分取自来水、阳离子交换柱流出液、阴离子交换柱流出液、阴阳离子混合交换柱流出液 4 种水样（编号为样品 1、2、3、4）待用。

2. 电导率的测定

使用电导仪测定 4 份水样的电导率。每次测定前用待测水样仔细冲洗，并用滤纸吸干电极。注意测量时必须将铂片全部浸入水中。

注意： 净化水样要尽快测定其电导率，否则空气中少量 CO_2 等气体会溶入水中造成电导率升高。

3. 离子的定性检验

（1）钙离子的检测　取样品 1、2、4，调节 pH 值为 12～13，滴入 2 滴钙指示剂，观察颜色变化，比较 3 份样品中 Ca^{2+} 含量的异同。

（2）镁离子的检测　取样品 1、2、4，调节 pH 值为 9～11，滴入 2 滴铬黑 T 指示剂，观察颜色变化，比较 3 份样品中 Mg^{2+} 含量的异同。

（3）阴离子的检测　自己设计实验方案，检测样品 1、3、4 中的 SO_4^{2-}、Cl^-。

五、思考题

1. 自来水中的主要无机杂质有哪些？离子交换法采用什么原理？

2. 各柱底取出液的水质有何不同？

3. 电导率数值越大，水样的纯度是否越高？

实验十　自来水硬度的测定

一、实验目的

1. 了解水硬度的表示方法和测定的意义；

2. 掌握 EDTA 配位滴定法测定水的硬度的原理和方法；

3. 掌握铬黑 T 和钙指示剂的应用及金属指示剂的特点。

二、实验原理

1. 硬水和水的硬度

自来水中的杂质是 Ca^{2+}、Mg^{2+}，还有微量的 Fe^{3+}、Al^{3+} 等。通常将溶有微量或不含 Ca^{2+}、Mg^{2+} 等的水叫作软水，而将溶有较多量 Ca^{2+}、Mg^{2+} 等的水叫硬水。水的硬度是指溶于水的 Ca^{2+}、Mg^{2+} 等的含量，硬度可分为暂时硬度和永久硬度。水中所含钙、镁以碱式碳酸盐形式存在的，称为暂时硬度；若以硫酸盐、氯化物、硝酸盐形式存在的，则称为永久硬度。暂时硬度和永久硬度的总和称为"总硬度"。

水的硬度是表示水质的一项重要指标，尤其对工业用水关系很大。水的硬度是形成锅炉中的锅垢和影响工业产品质量的主要因素之一。测定水的总硬度又为确定用水质量和进行水的软化处理提供依据。

硬度的表示有多种表示方法，有的以水中所含 CaO 的浓度（以 $mmol \cdot L^{-1}$ 为单位）表示，也有以水中 $CaCO_3$ 的含量作硬度标准的。我国将钙、镁的总量折算成 CaO 来计算水的硬度，以度（°）表示。每升水中含 10mg CaO，其硬度为 1°。按水的总硬度大小可将水质分类如表 6.4。

表 6.4　水硬度的分类

总　硬　度	水　质	总　硬　度	水　质
0°～4°	很软水	17°～30°	硬水
5°～8°	软水	＞30°	很硬水
9°～16°	中等硬水		

我国生活饮用水的水质标准规定，生活饮用水的硬度不得超过 25°，pH 值为 6.5～8.5（参见 GB 5749—2006）。

2. 水硬度的测定原理

水的硬度的测定方法甚多，最常用的是 EDTA 配合滴定法。EDTA 是乙二胺四乙酸的缩写，可用 H_4Y 表示，实验室中通常用其二钠盐（Na_2H_2Y）来配制溶液。

在测定过程中，控制适当的 pH 值，用少量铬黑 T（金属指示剂，可简写为 NaH_2EBT）为指示剂，水样中的 Ca^{2+}、Mg^{2+} 能与铬黑 T 反应，生成紫红色的配离子 $[Mg(EBT)]^-$ 和 $[Ca(EBT)]^-$，但其稳定性小于 EDTA 与 Ca^{2+}、Mg^{2+} 形成的配离子 $[MgY]^{2-}$ 和 $[CaY]^{2-}$。滴定时，EDTA 离子先与未配合的 Ca^{2+}、Mg^{2+} 结合，然后与 $[Mg(EBT)]^-$ 和 $[Ca(EBT)]^-$ 反应。从而游离出指示剂 EBT，使溶液由紫红色转变为蓝色，表明滴定达到终点。这一过程可用化学反应式表示：

$$HEBT^-(aq) + Ca^{2+}(aq) \xrightarrow{pH=10.0} [Ca(EBT)]^- + H^+(aq)$$
$$\text{（蓝色）} \qquad\qquad\qquad \text{（紫红色）}$$

$$[Ca(EBT)]^- + H_2Y^{2-}(aq) + OH^-(aq) = [CaY]^{2-} + HEBT^{2-}(aq) + H_2O(l)$$

水硬度的计算方法如下：

$$\text{硬度} = \frac{c(EDTA) \cdot V(EDTA) \cdot M(CaO)}{V(H_2O)} \times 10^2$$

式中　$V(H_2O)$——水样体积，mL；

$\qquad c(EDTA)$——EDTA 标准溶液的浓度，$mol \cdot L^{-1}$；

$\qquad V(EDTA)$——滴定时消耗的 EDTA 标准溶液的体积，mL；若此量为滴定总硬时所耗用的，则所得的硬度为总硬度，若此量为滴定钙硬时所耗用的，则所得的硬度为钙硬度；

$\qquad M(CaO)$——CaO 的摩尔质量，$g \cdot mol^{-1}$。

三、实验用品

1. 仪器与材料

酸式滴定管(50mL)，锥形瓶(250mL)，洗瓶，移液管(100mL)，烧杯(250mL)。

2. 试剂

$0.02mol \cdot L^{-1}$ EDTA 标准溶液（用 CaO 标定），NH_3-NH_4Cl 缓冲溶液（pH≈10），10%NaOH 溶液，钙指示剂（固），铬黑 T 指示剂。

四、实验步骤

1. 总硬度的测定

量取澄清的水样 100mL（用什么量器？），放入 250mL 锥形瓶中，加入 5mL NH_3-NH_4Cl 缓冲液，摇匀。再加入约 0.01g 铬黑 T 指示剂，再摇匀，此时溶液呈酒红色，以 0.02mol·L^{-1} 的 EDTA 标准溶液滴定至纯蓝色，即为终点。

平行测定三份。计算水的总硬度，以度（°）表示。

2. 钙硬度的测定

量取澄清水样 100mL，放入 250mL 锥形瓶中，加入 4mL 10％ NaOH 溶液，摇匀，再加入约 0.01g 钙指示剂，再摇匀，此时溶液呈淡红色。用 0.02mol·L^{-1} 的 EDTA 标准溶液滴定至呈纯蓝色，即为终点。

平行测定三份。计算水的钙硬度，以度（°）表示。

3. 镁硬度的确定

总硬度减去钙硬度即得镁硬度。

五、思考题

1. 如果对硬度测定中的数据要求保留两位有效数字，应如何量取？

2. 用 EDTA 配位滴定法测定水硬度的原理是什么？用什么指示剂？终点如何变色？溶液 pH 值应怎样控制？

3. 镁硬度怎样获得？

实验十一　钙离子含量的测定——EDTA 法

一、实验目的

1. 了解 EDTA 法测定钙离子含量的基本原理；

2. 学习油气田污水中钙离子的测定方法。

二、实验原理

钙离子是水体中存在的主要离子，以钙垢为主要形式的水体结垢问题是油气田污水处理、锅炉用水处理过程需要解决的主要问题之一。

EDTA 法适用于油气田水中钙、镁、钡（钡、锶合量）离子含量的测定。

镁、钙、锶、钡离子在 pH 值为 10 的缓冲溶液中，以铬黑 T 为指示剂，用 EDTA 标准溶液滴定测得总量。在 pH 值为 3～4 的介质中，用硫酸钠作沉淀剂，除去水样中钡、锶离子。除去钡、锶离子的试样，分别在 pH 值为 10 的缓冲溶液中以铬黑 T 为指示剂，用 EDTA 标准溶液滴定，测得镁、钙离子合量；在 pH 值为 12 的介质中以钙试剂为指示剂，用 EDTA 标准溶液滴定，测得钙离子含量。铁离子有干扰，当试样中铁离子含量大于 1mg 时，需除去铁离子。其反应式如下：

$$Y^{4-} + M^{2+} \Longrightarrow MY^{2-}$$
$$Y^{4-} + Ca^{2+} \Longrightarrow CaY^{2-}$$
$$Ba^{2+}(Sr^{2+}) + SO_4^{2-} \Longrightarrow BaSO_4(SrSO_4) \downarrow$$
$$Mg^{2+} + 2OH^- \Longrightarrow Mg(OH)_2 \downarrow$$
$$Fe^{3+} + 3OH^- \Longrightarrow Fe(OH)_3 \downarrow$$

三、实验用品

1. 仪器

过滤装置、大肚移液管、烧杯。

2. 试剂

EDTA（分析纯），浓氨水，氯化铵，氯化钙（分析纯），氯化镁（分析纯），盐酸溶液（$\varphi_{HCl}=1\%$）。

四、实验步骤

水样为油气田污水或者自制模拟水。

1. 预处理——除铁离子

用大肚移液管取一定体积的水样（钙含量应在 100mg）于烧杯中，加水使总体积为 80mL，加 0.3g 氯化铵，用盐酸溶液（$\varphi_{HCl}=1\%$）调节溶液 pH 值为 3~4；在电炉上煮沸，搅拌下滴加 5~10mL 浓氨水，煮沸 1min；趁热过滤，用热水洗沉淀至无氯离子，滤液和洗涤液一并收集在另一烧杯中，置烧杯于电炉上，煮沸；冷却至室温后，用盐酸溶液（$\varphi_{HCl}=1\%$）调节滤液 pH 值至 3~4，移入 250mL 容量瓶中，定容、摇匀，记作滤液 A，保留滤液 A 用于镁、钙、锶、钡离子总量的测定。

2. 测定

（1）镁、钙、锶、钡离子总量的测定

使用除去铁离子得到的滤液 A 测镁、钙、锶、钡离子的总量。用大肚移液管取一定体积滤液 A 于锥形瓶中，加水使总体积为 80mL，加 10mL 氨-氯化铵缓冲溶液，加 3~4 滴铬黑 T 指示剂，用 EDTA 标准溶液滴至纯蓝色为终点，EDTA 标准溶液耗量（mL）记作 V_1。

（2）镁、钙离子合量的测定

用大肚移液管取一定体积滤液 A（钙含量应在 40mg 左右）于烧杯中，加水稀释至 120mL，置烧杯于电炉上，加热至微沸，搅拌下滴加 10mL 硫酸钠溶液，煮沸 3~5min，在 60℃下静置 4h。将溶液和沉淀一并移入 250mL 容量瓶中，定容、摇匀。放置数分钟后，在滤纸上干过滤；记作滤液 B，保留滤液 B 用于镁、钙离子的测定。使用除去钡、锶离子得到的滤液 B 测镁、钙离子合量。用大肚移液管取一定体积滤液 B（与测镁、钙、锶、钡四种离子总量的原水样体积相同）于锥形瓶中，按（1）进行测定，EDTA 标准溶液的耗量（mL）记作 V_2。

（3）钙离子的测定

使用除去钡、锶离子得到的滤液 B 测钙离子含量。用大肚移液管取与测镁、钙离子合量的体积相同的滤液 B 于锥形瓶中，加水至总体积为 80mL，加 10mL 氢氧化钠溶液（4%），再加 3mg 钙指示剂。用 EDTA 标准溶液滴至纯蓝色为终点，EDTA 标准溶液的耗量（mL）记作 V_3。

3. 计算

镁、钙、钡（钡、锶含量）离子含量的计算见式(1)、式(2) 和式(3)。

$$\rho_{Ca^{2+}}\,(mg/L) = cV_3 \times 40.08 \times 10^3 / V \qquad (1)$$

$$\rho_{Mg^{2+}}\,(mg/L) = c(V_2 - V_3) \times 24.31 \times 10^3 / V \qquad (2)$$

$$\rho_{Ba^{2+}}\,(mg/L) = c(V_1 - V_2) \times 137.34 \times 10^3 / V \qquad (3)$$

式中　　　　　c——EDTA 标准溶液的浓度，$mol \cdot L^{-1}$；

V_1——镁、钙、锶、钡离子总量的测定时，EDTA 标准溶液的耗量，mL；

V_2——镁、钙离子合量的测定时，EDTA 标准溶液的耗量，mL；

V_3——钙离子的测定时，EDTA 标准溶液的耗量，mL；

V——试料的体积（原水样），mL；

40.08、24.31、137.34——与 1.00mL EDTA 标准溶液（$c_{EDTA}=1.0000mol \cdot L^{-1}$）完全反应所需要的钙、镁、钡离子的质量，mg。

1. 油气田污水中钙离子含量的测定，为什么要进行预处理？
2. 了解硬度、总硬的概念。

实验十二　硫酸根含量的测定——重量法

一、实验目的
1. 了解重量法测定硫酸根的基本原理；
2. 学习重量法测定硫酸根的方法。

二、实验原理
硫酸根是油气田污水的重要组成离子，通过重量法对硫酸根进行准确测定，对于了解油气田污水水质状况及腐蚀、结垢性质具有重要意义。该法适用于油气田水中含量为40～5000mg·L^{-1}硫酸根的测定。

在酸性溶液中，硫酸根与钡离子反应生成硫酸钡沉淀。经过滤、洗涤、炭化、灼烧至恒重，按公式计算硫酸根含量。当试料中铁离子含量大于1mg时，测定前需用氨水除去。其反应方程式如下：

$$SO_4^{2-} + Ba^{2+} \longrightarrow BaSO_4 \downarrow$$
$$Fe^{3+} + 3OH^- \longrightarrow Fe(OH)_3 \downarrow$$

三、实验用品
1. 仪器
抽滤装置，马弗炉，分析天平，烘箱，电炉，瓷坩埚。

2. 试剂
无水硫酸钠（分析纯），BaCl（分析纯），盐酸，甲基红，氨水（1+1），滤膜（0.45μm）。

四、实验步骤
1. 试样制备
水样为油气田污水或者自制模拟水。

用移液管取一定体积水样（硫酸根含量应为5～150mg）于烧杯中，加2～3滴甲基红指示剂，加盐酸溶液（$\varphi_{HCl}=50\%$）酸化样品，置烧杯于电炉上煮沸5min，搅拌下滴加氨水（1+1）使溶液呈碱性。铁离子以氢氧化物形式沉淀，待沉淀完全后，趁热过滤；将杯中沉淀全部移至滤纸上，用热水洗涤至滤液无氯离子；滤液和洗涤液一并收集在另一烧杯中，用水冲稀至120～150mL，记作滤液A。保留滤液A用于硫酸根含量的测定。

2. 测定
使用除去铁离子得到的滤液A测硫酸根含量。向滤液A滴加盐酸溶液（$\varphi_{HCl}=50\%$）使呈酸性，置烧杯于电炉上煮沸；搅拌下滴加10mL氯化钡溶液，煮沸3～5min，在约60℃处静置4h。在定量滤纸上过滤，将烧杯中沉淀全部移至滤纸上，用热水洗涤沉淀至滤液无氯离子；将滤纸和沉淀放入已恒重的坩埚中，先在电炉上炭化至滤纸变白；最后将坩埚放入高温炉中，升温至800℃，恒温30min；停止加热，待炉温降到400℃时取出坩埚，并在干燥器中冷却至室温，称量，再灼烧至恒量，两次称量相差不超过0.0004g。

3. 计算

硫酸根含量的计算见下式

$$\rho_{SO_4^{2-}}(\text{mg}\cdot\text{L}^{-1}) = (m_2 - m_1) \times 411.57 \times 10^3 / V$$

式中　　m_1——坩埚质量，g；

　　　　m_2——坩埚加沉淀质量，g；

　　　　V——试料的体积（原水水样），mL；

　　411.57——生成 1.0000g 硫酸钡所需要的硫酸根的质量，mg。

五、思考题

1. 在测定过程中，加入盐酸之后在电炉上煮沸的目的是什么？

2. 测定过程中是否可以直接进行滤膜烘干、称重，然后计算？误差多大？

实验十三　水溶性表面活性剂临界胶束浓度的测定

一、实验目的

1. 了解表面活性剂临界胶束浓度的含义；

2. 掌握电导法测定表面活性剂溶液的临界胶束浓度的原理与方法。

二、实验原理

表面活性剂是由疏水的非极性基团和亲水的极性基团组成的分子，具有润湿、乳化、去污等多种作用，广泛用于洗涤剂工业、石油工业、化妆品工业等方面。

随着水溶液中表面活性剂浓度的增大，表面活性剂离子或分子将会发生缔合，形成胶束。形成胶束所需表面活性剂的最低浓度，称为临界胶束浓度，用 CMC 表示。位于临界胶束浓度处溶液的许多物理化学性质，如表面张力、蒸气压、渗透压、电导率等会发生一个明显的变化，表现在溶液性质与浓度的关系曲线上，就会出现一个明显的转折点。

本实验利用电导法，通过测定阴离子型表面活性剂十二烷基硫酸钠的电导率来确定其CMC 值。对于离子型表面活性剂，当溶液浓度很稀时，电导的变化规律也和强电解质一样；但当溶液浓度达到临界胶束浓度时，随着胶束的生成，电导率发生变化，摩尔电导率也急剧下降，这就是电导法测定 CMC 的依据。

三、实验用品

1. 仪器与材料

电导率仪，移液管（50mL），容量瓶（50mL），锥形瓶（50mL），烧杯，电子天平，恒温槽。

2. 试剂

十二烷基硫酸钠（分析纯），重蒸水。

四、实验步骤

1. 十二烷基硫酸钠溶液的配制

十二烷基硫酸钠经 80℃ 烘 2h，用重蒸水配制 0.002mol·L^{-1}、0.004mol·L^{-1}、0.006mol·L^{-1}、0.007mol·L^{-1}、0.008mol·L^{-1}、0.009mol·L^{-1}、0.01mol·L^{-1}、0.012mol·L^{-1}、0.014mol·L^{-1}、0.016mol·L^{-1}、0.018mol·L^{-1} 和 0.020mol·L^{-1} 的十二烷基硫酸钠溶液。

2. 电导率的测定

将待测溶液在恒温槽中恒温 10min，按浓度从小到大的顺序，用电导率仪测定各溶液电导率值。待测前，分别用重蒸水和待测溶液清洗电极三次，读取电导率仪上的稳定数据，并记录。

3. 实验数据处理

计算各浓度的十二烷基硫酸钠水溶液的电导率 κ（$S \cdot m^{-1}$）和摩尔电导率 Λ_m（$S \cdot m^2 \cdot mol^{-1}$），作 κ-c 图和 Λ_m-$\sqrt{c}$ 图，由曲线转折点确定临界胶束浓度 CMC 值。

五、思考题

1. 非离子型表面活性剂能否用本实验方法测定临界胶束浓度？为什么？若不能，则可用何种方法测定。

2. 除电导法外，还有哪些方法可以测定表面活性剂的临界胶束浓度？

实验十四　分子筛的合成

一、实验目的

1. 了解水热法合成分子筛的过程和模板剂的作用；

2. 掌握 ZSM-5 分子筛合成方法。

二、实验原理

1756 年，瑞典矿物学家 A. F. Cronstedt 在焙烧矿物辉沸石时，观察到气泡产生——类似于液体的沸腾现象，因此将这类硅铝酸盐矿物命名为"沸石"。自然界中存在多种天然的沸石，如方沸石、锶沸石、钙霞石、菱沸石等。传统意义上的沸石是指以硅氧四面体（SiO_4）和铝氧四面体（AlO_4）为基本结构单元，通过氧原子形成的氧桥将基本机构单元连接构成的一类具有笼状或孔道结构的硅铝酸盐晶体。自 20 世纪 40 年代人们开始利用水热技术合成沸石分子筛，其中，美国 Mobil 公司报道的 ZSM-5 型分子筛是新型高硅分子筛的突出代表，由八个五元环组成的 Pentasil 型分子筛，具有平行于 a 轴方向的十元孔道结构，孔径约为 0.54nm×0.56nm，平行于 c 轴方向的十元环孔道呈直线性，孔径为 0.51nm×0.55nm，其结构如图 6.6 所示。

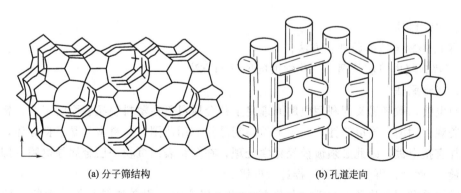

(a) 分子筛结构　　　　　　　　　(b) 孔道走向

图 6.6　ZSM-5 分子筛结构与孔道走向

本实验采用水热合成法，以正丁胺为模板剂合成 ZSM-5 沸石分子筛。

三、实验用品

1. 仪器与材料

马弗炉，真空干燥箱，不锈钢反应釜，电子天平，烧杯，量筒。

2. 试剂

氢氧化钠 NaOH（分析纯），硫酸铝 $Al_2(SO_4)_3$（分析纯），白炭黑 SiO_2（化学纯），氯化钠 NaCl（分析纯），正丁胺 $C_4H_{11}N$（分析纯），氯化钴 $CoCl_6 \cdot H_2O$（分析纯），无水乙醇（分析纯），硫酸 H_2SO_4（分析纯），去离子水。

四、实验步骤

1. ZSM-5 分子筛的制备

（1）将 0.375g 氢氧化钠和 3.21g 氯化钠溶于 20mL 去离子水中，然后加入 2.47g 白炭黑，搅拌至均匀胶体。

（2）将 0.326g 硫酸铝置于烧杯中，然后加入 10mL 去离子水，搅拌至全部溶解。

（3）在搅拌下，将（2）的溶液分几次转入溶液（1）中，搅拌约 10min 至均匀，然后加入 1.36mL 正丁胺，继续搅拌 1~2h 至均匀。

（4）将步骤（3）后得到的成胶混合物装入不锈钢反应釜中，拧紧釜盖，放于烘箱中在 180℃下晶化 7d 左右。

（5）取出反应釜，用水冷却至室温，产物过滤、水洗至 pH＝8~9 之间，然后在 110℃下干燥，得到 ZSM-5 沸石分子筛原粉。

2. ZSM-5 分子筛的物相分析

将 ZSM-5 粉末压入样品槽中进行粉末 X 射线衍射分析，记录 2θ 角在 5°~40°范围内的衍射图，将测得的 X 射线衍射图谱与 ZSM-5 分子筛标准衍射谱图进行对比，确定所得产品是否为 ZSM-5 沸石分子筛以及其纯度如何。

五、思考题

1. 合成过程中，影响 ZSM-5 分子筛合成的因素有哪些？
2. 如何处理使用后的反应釜？

实验十五　塑料电镀

一、实验目的

1. 了解塑料电镀的原理和方法；
2. 了解塑料电镀前处理——化学镀的原理和方法。

二、实验原理

塑料电镀，顾名思义即利用电解原理将某种金属覆盖在塑料制品表面的工艺，旨在改善塑料的美观、耐磨、导电等性能，拓宽塑料制品的应用范围。塑料本身是不良导体，不能像金属一样直接电镀，因此必须镀前经化学处理，在塑料表面沉积一层金属导电膜（即预先进行化学镀），然后，再如同金属一样进行电镀。

化学镀系利用氧化还原反应，使镀液中的金属离子沉积在塑料零件表面的一种镀覆工艺。为了形成牢固的金属导电层，一般须经过化学除油、化学粗化、敏化、活化和还原等预处理后再进行化学镀。

1. 化学镀前预处理步骤

（1）化学除油　利用碱性溶液清除塑料零件表面的油污。

（2）化学粗化　通过酸性强氧化剂的作用，使塑料表面呈微观的粗糙状态，从而增大表面积，获得亲水性，提高镀层的机械附着力。

（3）敏化处理　利用敏化剂（如酸性 $SnCl_2$ 溶液）的作用，使粗化处理的塑料零件表面吸附一层具有强还原性的金属离子（如 Sn^{2+}），为活化处理提供必要的反应条件。

（4）活化处理　经敏化处理后的塑料零件与金属的化合物（如 $AgNO_3$）作用，使塑料表面沉积一层具有催化活性的金属膜（如银微粒），它既是化学镀的催化剂，又是其结晶中心。

（5）还原处理　为保证化学镀液的稳定性，防止活化处理中未反应的 Ag^+ 进入镀液，采用还原性溶液，清除残留的 Ag^+。本实验以稀甲醛溶液作为还原处理液。

2. 化学镀

化学镀铜，经化学镀前预处理的塑料零件与化学镀铜液作用，在银微粒的催化作用下析出铜并逐渐形成铜薄膜层。常用的化学镀铜液中含有硫酸铜、甲醛（还原剂）、酒石酸钾钠（配合剂）、氢氧化钠（介质）等，反应可简单表达如下：

$$HCHO(aq) + OH^-(aq) \xrightarrow{Ag} H_2(g) + HCOO^-(aq)$$

$$Cu^{2+}(aq) + H_2(g) + 2OH^-(aq) \longrightarrow Cu(s) + 2H_2O(l)$$

$$HCHO(aq) + OH^-(aq) \xrightarrow{Cu} H_2(aq) + HCOO^-(aq)$$

3. 塑料电镀

塑料零件经化学镀后，表面清洁并覆盖着一层导电铜膜，为塑料电镀奠定了可靠的基础。根据对塑料零件的不同要求，可以采用不同的金属镀层。例如，为了增强塑料零件的导电性，可以镀铜、镀银；为了增强耐磨和耐蚀性，可以镀铬；为了使塑料零件外表面装饰美观华贵，可以依次镀铜、镀镍和镀铬等。在配制时应予以注意，不同的镀层应选用不同的电镀液配方。本实验对工程塑料 ABS（丙烯腈-丁二烯-苯乙烯三元共聚物）采用光亮镀镍以增强塑料的耐磨耐蚀性。电镀时塑料零件为阴极，金属镍为阳极，镍盐溶液为电镀液。在稳压直流电源作用下，阳极镍不断氧化以镍离子形式进入溶液，镍离子在阴极的塑料零件上放电，析出单质镍层。为保证镀层质量，对镀前处理、电镀液组分及工艺条件均有严格的要求。

三、实验用品

1. 仪器与材料

直流稳压电源，直流电流计（0～5～30A），直流伏特计（0～30V），调压变压器，电炉（800W），烧杯（250mL、500mL），镍片，粗铜丝，鳄鱼夹导线，塑料镊子，电镀槽，温度计，三脚架，石棉网，砂纸。

2. 试剂

（1）化学除油液配方

NaOH	$80mol \cdot L^{-1}$	Na_2CO_3	$15mol \cdot L^{-1}$
Na_3PO_4	$30mol \cdot L^{-1}$	洗涤液	$5mol \cdot L^{-1}$

（2）粗化液配方

CrO_3	$20g \cdot L^{-1}$	H_2SO_4（浓）	600mL

H_2O	400mL		

（3）敏化液配方

$SnCl_2 \cdot 2H_2O$	$10g \cdot L^{-1}$	锡粒	
浓盐酸 HCl	40mL	H_2O	960mL

（4）活化液配方

$AgNO_3$	$1.5 \sim 2g \cdot L^{-1}$		
氨水	$6mol \cdot L^{-1}$	滴定至沉淀溶解	

（5）甲醛还原液

$HCHO$（37%）：$H_2O = 1 : 9$（体积比）

（6）化学镀铜配方

	A		B
$CuSO_4 \cdot 5H_2O$	$14g \cdot L^{-1}$	$NaKC_4H_4O_6$	$45.5g \cdot L^{-1}$
$NiCl_2 \cdot 6H_2O$	$4g \cdot L^{-1}$	$NaOH$	$9g \cdot L^{-1}$
$HCHO$（37%）	$53mL \cdot L^{-1}$	Na_2CO_3	$4.2g \cdot L^{-1}$

组分 A、B 分别配制，单独保存，用前按体积比 A：B＝1：3 混合。

（7）镀镍液配方

$NiSO_4 \cdot 7H_2O$	$280g \cdot L^{-1}$	$NiCl_2 \cdot 6H_2O$	$20g \cdot L^{-1}$
$Na_2SO_4 \cdot 10H_2O$	$30g \cdot L^{-1}$	H_3BO_3	$35g \cdot L^{-1}$
$C_6H_5CONSO_2$（糖精）	$1g \cdot L^{-1}$	$C_{12}H_{25}SO_4Na$（十二烷基硫酸钠）	$0.05g \cdot L^{-1}$
$C_4H_6O_2$（1,4-丁炔二醇）	$0.8g \cdot L^{-1}$	$pH=3.5 \sim 5$	

四、实验步骤

1. 化学镀预处理

先测定 ABS 塑料零件尺寸，估计其表面积。用自来水把它洗净后，依次浸入除油液、粗化液、敏化液、活化液及甲醛还原液中处理，工艺条件参照表 6.5。

表 6.5　化学镀预处理的工艺条件

序号	处理过程	温度/℃	浸泡时间/min	处理注意事项
1	除油污	70~80	3~5	不断翻动零件，去油后用热水洗-自来水洗
2	粗化	25~27	3~5	翻动零件，粗化后用热水洗-自来水洗
3	敏化	室温	3~5	敏化后，于 30~40℃水中漂洗，再用去离子水清洗，切勿使零件受水流强烈冲击
4	活化	室温	3~5	轻轻翻动零件，再用去离子水清洗
5	甲醛还原	室温	10~30s	还原处理后用自来水洗净

2. 化学镀铜

将经过上述各步处理后的塑料零件在室温下，浸入事先刚混合好的 A、B 混合液中，浸泡 20~30min，并适当翻动，取出镀件后，用自来水冲洗干净，晾干。

3. 电镀镍

进行电镀时，按图 6.7，安装好电镀装置。在水浴中将镀镍溶液加热至 50~60℃。将其注入电镀槽内。用镍板作阳板，塑料零件作阴极。接通电源，调节滑线电阻，使电流密度为

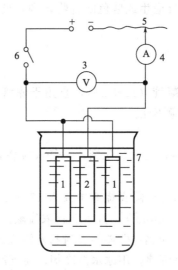

图 6.7　电镀装置示意图

1—阳极材料；2—塑料零件；3—伏特计；4—安
培计；5—滑线电阻；6—开关；7—电镀槽

$60\sim100A\cdot m^{-2}$。30min 后，取出镀件，用水洗净。

五、思考题

1. 了解塑料电镀的基本原理和工艺。

2. 熟悉塑料电镀装置的线路安装方法。

3. 敏化液中加入盐酸和锡粒的原因何在？敏化处理后为何要先用自来水洗净再用去离子水洗。

4. 化学镀的原理和作用是什么？

5. 塑料电镀和金属电镀有何异同？

实验十六　阿司匹林——乙酰水杨酸的合成

一、实验目的

1. 通过水杨酸的酰化了解酚羟基酰化反应的原理及条件；

2. 学习无水条件下的微型回流操作；

3. 练习减压过滤操作；

4. 学习用显微熔点测定仪测定固体的熔点。

二、实验原理

水杨酸是制造染料、香料的重要原料，并可用做食物防腐剂。水杨酸及其一些衍生物在医药中占有重要地位。例如，用于解热、镇痛的阿司匹林（Aspirin）是水杨酸的乙酰基化合物。水杨酸中的酚羟基与醇中的羟基不同，前者易与羧酸在酸催化下直接发生酯化反应；而酚羟基需在碱（碳酸钾、吡啶）或酸（硫酸、磷酸）的催化下才与酰氯或酸酐反应。

本实验是在一定温度下，经浓硫酸催化，水杨酸与乙酸酐酰化，生成乙酰水杨酸。

$$\underset{\text{OH}}{\underset{\text{COOH}}{\bigcirc}} + (CH_3CO)_2O \xrightarrow{H^+} \underset{\text{COOH}}{\underset{\text{O-C-CH}_3}{\bigcirc}}\overset{O}{\underset{}{}} + CH_3COOH$$

酚类物质与1%FeCl₃溶液反应生成紫色配合物，利用此性质可以检验乙酰水杨酸中是否含有未反应的水杨酸。

三、实验用品

1. 仪器与材料

圆底烧瓶（3mL），直形冷凝管（10/8cm），直角干燥管，电磁加热搅拌器，玻璃砂芯漏斗，10mL吸滤瓶，显微熔点测定仪。

2. 试剂

水杨酸，乙酸酐[1]，浓硫酸，无水氯化钙，1%FeCl₃溶液。

四、实验步骤

1. 装置如图6.8所示。在3mL圆底烧瓶中放入126mg水杨酸（0.91mmol），用1mL吸量管加入0.18mL乙酸酐（1.9mmol），滴加1滴浓硫酸。装上冷凝管和装有无水氯化钙的干燥管。加入磁搅拌子，水浴加热并搅拌[2]。维持水温在90℃，回流约15min。将反应物趁热倒入10mL冷水中，得白色沉淀，用冰水浴冷却，使沉淀完全。用玻璃砂芯漏斗减压抽滤，并用少量冷水洗涤晶体，抽干后将其放在空气中晾干，得到乙酰水杨酸120～130mg（产率约为74%～80%）。若产品不纯，可用乙醇-水进行重结晶[3]。

纯净的乙酰水杨酸为白色晶体，熔点为138℃。

2. 取制备的白色乙酰水杨酸少许（＜0.1mg）置于载玻片上，放到显微熔点测定仪（图6.9）的显微镜下观察其熔化过程。记录初熔及全熔温度，得到乙酰水杨酸的熔点应为134～136℃[4]。

3. 取少量样品放在点滴板上，加上1滴1%FeCl₃溶液，观察现象，以检查产品纯度[5]。

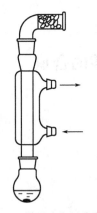

图6.8　微型防潮回流装置

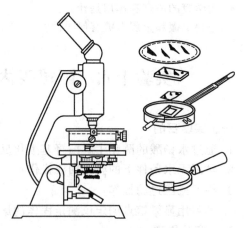

图6.9　显微熔点测定仪

注释：

[1] 水杨酸需预先干燥过，乙酸酐需重新蒸馏，收集139～140℃馏分。

[2] 反应温度不宜过高，且必须搅拌，否则会生成副产物水杨酰水杨酸酯和乙酰水杨酸水杨酸酯。

[3] 可在稀盐酸（1∶1）或苯、石油醚（沸程40～60℃）中重结晶，重结晶时不应加热过久，也不宜用高沸点溶剂，高温会使乙酰水杨酸发生部分分解。

[4] 乙酰水杨酸易受热分解，分解温度为128～135℃，因此熔点不是很明显。可先将仪器加热至120℃左右，再放上带有晶体的载玻片测定。

[5] 用水浴加热，一般反应得到产品的纯度不经重结晶已达要求。

五、思考题

1. 此反应为何要预先干燥水杨酸？反应成功的关键是什么？

2. 能否将水浴改为沙浴？为什么？

3. 减压过滤操作的要点有哪些？

实验十七　复方阿司匹林片中主要成分的分离与鉴定

一、实验目的

1. 了解薄层色谱方法的基本原理及操作；

2. 通过薄层色谱分离并鉴定复方阿司匹林片中的主要成分，学会药品检验的常规方法。

二、实验原理

把吸附剂（如硅胶或 Al_2O_3）铺在玻璃板、塑料片或金属（铝）箔片上，用一定极性的溶剂将样品展开并分离的操作方法称为薄层色谱法（thin layer chromatography，TLC）。

TLC 技术是一种微量分离与分析的方法。它具有分离效果好、样品用量少、灵敏度高、分析速度快等特点，并在多个学科中被广泛应用。

为了对薄层色谱法有一概括而全面的了解，现将其主要步骤和过程概括如下。

称取一定质量的硅胶（层析用，硅胶 G 或硅胶 H），加入 2.5～3 倍的蒸馏水，调匀呈糊状物，立刻用专用薄层涂铺器铺成厚度均匀（约 0.25mm）的硅胶薄层板（称"涂铺"或"铺板"）。再经室温阴干后，在 105℃烘箱中活化 30min 取出。用点样器将样品溶液点到薄层的下端，距边缘约 1.5～2.0cm 处（称为"点样"）。待样品点中的溶剂挥发干后，小心将薄层板斜放到一个事先盛有少量展开剂的层析缸中（注意保持浸入线平整）。盖紧缸盖，使展开剂沿薄层板由下向上爬行，这一过程称为"展开"。利用"相似相溶"的原理和极性不同的化合物在同一吸附剂上的吸附力/解吸附力的不同，把性质不相同的化合物相互分离。

把展开后的薄层板从展开缸中取出，挥发除去薄层板上的溶剂后，将该薄层板放到紫外分析仪中观察荧光斑点的形状与位置或薄层板上喷洒某特定的显色剂。经适当的显色处理后，根据薄板上各个组分斑点的荧光或颜色，与已知组分对照比较，就可以知道样品中大致含有的组分个数及种类（即 TLC 定性分析，亦称作"定位"或"显色"）。若需要，还可以进一步对某一组分的斑点进行定量分析（用薄层扫描仪定量）。总之，TLC 操作的整过程可由以下步骤组成。

①吸附剂，展开剂的选择；②铺板、活化；③点样；④展开；⑤定位或显色；⑥定性；⑦定量。

复方阿司匹林（又称复方乙酰水杨酸片，俗称 APC）曾经是国内外广泛使用的解热镇痛药物。它的主要成分是乙酰水杨酸（阿司匹林，Aspirin）、N-(4-乙氧基苯基)乙酰胺（非那西汀，Phenacetin）和 1,3,7-三甲基黄嘌呤（咖啡因，Caffeine）。它的典型处方如表 6.6。

表 6.6 阿司匹林典型处方

组 成	每片用量/g	用 途
乙酰水杨酸(俗称阿司匹林)	0.2268	解热镇痛药
N-(4-乙氧基苯基)乙酰胺(俗称非那西汀)	0.1620	用于发热、头痛
1,3,7-三甲基黄嘌呤(俗称咖啡因)	0.1250	兴奋剂
医用淀粉	0.0660	神经痛、牙痛等
淀粉浆(15%～18%淀粉溶液在 80～85℃糊化)	0.0880	
医用滑石粉	0.0400	

注:

N-(4-乙氧基苯基)乙酰胺 (非那西汀)　　　乙酰水杨酸 (阿司匹林)　　　咖啡因

阿司匹林和非那西汀是复方阿司匹林中的主要药用成分,由于它们的分子极性较小,所以在分析前应先用少量有机溶剂将它们从惰性结合剂(即固体片剂添加辅料,如医用淀粉、滑石粉等)中萃取出来,经点样后再进行 TLC 层析。为了更好地确定展开后斑点的位置和性质,在点样的同时,应选择相应的标准样品作参照。

除在紫外分析仪上观察组分荧光斑点的颜色或大小之外,还可以用碘蒸气对斑点进行显色,具体方法是:在显色瓶中,加入少数固体碘,利用碘的升华和氧化作用,给有关的有机化合物着色。因为各种有机物被碘蒸气氧化程度的快慢不同。对于不同的组分应采用不同的显色时间。如碘蒸气可以在数秒钟内,即可使非那西汀呈现明显的棕色斑点。而阿司匹林呈现的浅棕色斑点却需约 30min 的显色时间。因此,在两者共存时,应区别对待。

为了有助于鉴定斑点的性质,除将待测样品斑点与标准样品斑点的位置、大小、形状相对比较之外,还可以用展开后斑点的薄层色谱比较值(亦称 R_f 值)来辅助鉴别。

$$R_f = \frac{原点到展开后斑点几何中心的距离(cm)}{原点到展开剂展开后前沿的距离(cm)}$$

可以大致认为,在同一薄展板上,R_f 值相同的斑点为同一组分或化学性质相似的组分。

三、实验用品

1. 仪器与材料

薄层层析缸(尺寸大小由薄层板的大小而定);显色缸;紫外分析仪;薄层扫描仪;微量注射器;薄层涂铺器;玻璃板;研钵等。

2. 试剂

复方阿司匹林片(市售),2-乙酰基水杨酸(2-乙酰基苯甲酸)(市售,分析纯或自制),N-(4-乙氧基苯基)乙酰胺(市售,分析纯或自制),无水乙醇(分析纯),乙酸乙酯(分析纯),丙酮(分析纯),碘(化学纯),硅胶 G 或 GF$_{254}$(层析用)。

四、实验步骤

1. 薄层板的涂铺

将数块洁净而干燥的玻璃板首尾相接,依次排列在水平板平面上,把专用涂铺器(确保涂铺厚度约 0.25～0.30mm)置于玻璃板上。根据具体用量,称取硅胶 G 干粉,置于研钵中,按 1:(3～5)的比例加入蒸馏水,在研钵中研磨均匀并调成糊状。将其倒入涂铺器中,沿着玻璃板的排列方向,匀速拉动涂铺器(注意:用力要均匀,不能中途停顿)至涂铺完毕(务必在 2min 内完成)。挑选涂铺均匀的薄层板置于室温下阴干后,放入烘箱中 105℃活化 30min。

2. 样品溶液的配制

取复方阿司匹林片一片（约 0.2g）放入研钵中捣碎，并研磨成细粉。将其倒入 100mL 锥形瓶中，加入 2~5mL 无水乙醇，振荡，使药片中的有效成分充分溶解。静置、分层、备用。

用上述方法分别配制阿司匹林和非那西汀的标准样品溶液。

注意：需定量分析时，样品应事先准确称量，并定容。

3. 点样

用微量注射器将 5μL 样品溶液点到薄层板的下端，距边缘 1.5~2.0cm 处，点与点之间应有适当的间隔。放置使所有斑点的溶剂挥发完全。

注意：每点完一种样品溶液后，必须用丙酮洗净微量注射器，以免样品之间发生交叉污染。若只作定性分析，则可用玻璃毛细管代替微量注射器进行点样操作。

4. 展开

向层析缸中倒入适量乙酸乙酯，以确保薄层板浸入后，液面距点样线间距约 0.5cm。小心放入薄层板，使浸入液面线与点样线保持平行。盖紧缸盖，进行展开，待溶剂前沿爬至薄层板上沿约 0.5cm 处时，打开缸盖，取出薄层板，并立即用铅笔在溶剂前沿处作标记，以备事后测量 R_f 值之用。

5. 显色

将展开后的薄层板晾干，挥发完溶剂后，置于紫外分析仪中观察斑点荧光，并做出标记。再将其放入盛有碘粒的显色缸中，显色 30min，记录每一个斑点显现的时间和颜色。分别测量每一个斑点的几何中心距其原点的距离，分别求出每一个斑点的 R_f 值，并与标准样品的斑点的 R_f 值相对照，以确定斑点的归属。或定性说明待测样品的大致组成。

6. 定量

将显色好的薄层板放入薄层扫描仪，在适宜的扫描波长下对每个斑点进行定量扫描。根据记录仪上的读数，分别在标准曲线上查出相应的样品浓度。

五、思考题

1. 明确薄层分析各操作部分的目的和原理，查找有关的文献资料了解待测样品组成、结构、分子极性以及物化性质等。拟定相应的实验方案。

2. 影响薄层展开效果的客观因素有哪些（如温度、溶剂展开系统，展开系统蒸气饱和程度、边缘效应等）？

3. R_f 值相同的斑点就一定是同一化合物吗？为什么？

4. 硅胶是一种极性吸附剂，其固定相是硅胶表面吸附的微量水，在展开时常常选用的是比水极性小的溶剂体系作为流动相。试问在硅胶薄层展开时，是极性化合物的 R_f 值大？还是非极性化合物的 R_f 值大？

实验十八 磺胺嘧啶银的合成

一、实验目的

1. 掌握用成盐法对药物进行结构修饰的基本原理；
2. 掌握磺胺嘧啶银的微型合成操作技术；
3. 学习磺胺嘧啶银含量的测定及其红外光谱的识别。

二、实验原理

磺胺嘧啶银（Silver Sulfadiazine）由磺胺嘧啶经结构修饰而成，学名 N-2-嘧啶基-4-氨基苯磺酰胺银盐（$C_{10}H_9AgN_4O_2S$）。白色或类白色的结晶或粉末，遇光或遇热易变质，在水、乙醇、氯仿、乙醚中均不溶，它是我国广泛用于烧伤创面的抗菌药物，由磺胺嘧啶的氨溶液和银氨溶液反应生成。主要反应式为：

$$H_2N-\!\!\!\bigcirc\!\!\!-SO_2-N \overset{\displaystyle N}{\underset{\displaystyle H}{\bigcirc}} + NH_3 \cdot H_2O \longrightarrow H_2N-\!\!\!\bigcirc\!\!\!-SO_2-N \overset{\displaystyle N}{\underset{\displaystyle NH_4}{\bigcirc}} + H_2O$$

$$Ag^+ + 2NH_3 \cdot H_2O \longrightarrow [Ag(NH_3)_2]^+ + 2H_2O$$

$$[Ag(NH_3)_2]^+ + H_2N-\!\!\!\bigcirc\!\!\!-SO_2-N \overset{\displaystyle N}{\underset{\displaystyle NH_4}{\bigcirc}} \longrightarrow H_2N-\!\!\!\bigcirc\!\!\!-SO_2-N \overset{\displaystyle N}{\underset{\displaystyle Ag}{\bigcirc}} \downarrow + NH_4^+ + 2NH_3$$

磺胺嘧啶银的灭菌机理：银离子与菌体蛋白中的巯基、羧基等结合成为蛋白银而沉淀，表现出杀菌作用；继之蛋白银逐渐放出微量银离子而有抑菌作用。如磺胺嘧啶不经结构修饰而单独作用，易发生过敏反应。

三、实验用品

1. 仪器与材料

多用滴管，离心试管，离心机，15mL 锥形瓶，红外光谱仪。

2. 试剂

$AgNO_3$（固，化学纯），磺胺嘧啶（固，化学纯），$6mol \cdot L^{-1}$ 氨水，$0.1mol \cdot L^{-1}$ KCl，浓 HNO_3，$0.1000mol \cdot L^{-1}$ NH_4SCN 标准溶液，硫酸铁铵指示液。

四、实验步骤

1. 磺胺嘧啶银的合成

（1）取一支已校准液滴体积的多用滴管吸取氨水。

（2）称取磺胺嘧啶 0.25g，置于离心试管中，用多用滴管滴加 $6mol \cdot L^{-1}$ 氨水 1mL，使其溶解。

（3）称取硝酸银 0.17g，置于另一离心试管中，用多用滴管滴加 $6mol \cdot L^{-1}$ 氨水 0.5mL，使其溶解。

（4）用多用滴管把银氨溶液全部吸取并滴加到磺胺嘧啶的氨水溶液中，并不断挤压多用滴管的吸泡，使两溶液混匀，静止片刻，即析出白色沉淀。

（5）把有沉淀的试管放入离心机中离心，用多用滴管吸去上层清液，在沉淀中加 3～4mL 蒸馏水，搅拌洗涤沉淀。离心分层，仍用多用滴管吸去上层清液。反复洗涤几次，直至上层清液中无 Ag^+ 离子。

（6）取出沉淀，放于表面皿内，在 80℃下干燥备用。

2. 磺胺嘧啶银的测定

（1）含量测定　精确称取 0.05g 产品两份，分别置于两只 15mL 锥形瓶中，加 1mL 浓 HNO_3 溶解后，加蒸馏水 5mL 与硫酸铁铵指示液 0.2mL。用预先精确校过液滴体积的多用滴管吸取 $0.1000mol \cdot L^{-1}$ 硫氰酸铵标准溶液滴定，直至溶液呈浅红色即为滴定终点。1mL 的硫氰酸铵标准溶液（$0.1000mol \cdot L^{-1}$）相当于 35.71mg 的磺胺嘧啶银。

重复操作两次，结果取平均值。由滴定结果计算产品中磺胺嘧啶银的含量，并计算合成产率。

（2）红外光谱测定　用 KBr 压片法测定产品的红外光谱，与磺胺嘧啶、磺胺嘧啶银的标准图谱对照（见图 6.10）。

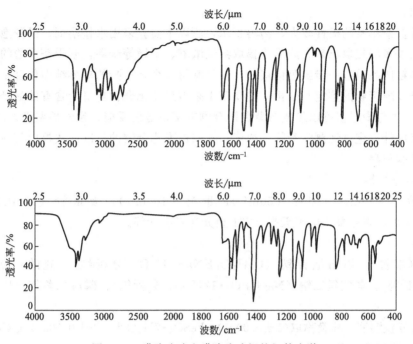

图 6.10　磺胺嘧啶和磺胺嘧啶银的红外光谱

五、思考题

1. 对磺胺嘧啶进行结构修饰有何意义？

2. 在合成磺胺嘧啶银时，为什么首先要把磺胺嘧啶和硝酸银分别溶于氨水，然后才能开始混合发生反应？

3. 写出测定磺胺嘧啶银含量过程中的主要化学反应。

实验十九　茶叶中茶多酚的提取

一、实验目的

1. 学习并了解天然产物化学研究的基本方法和步骤；

2. 了解并掌握中草药有效成分的分离与分析方法。

二、实验原理

茶多酚是一种统称，它主要由儿茶素、黄酮及黄酮醇、花色素、酚酸及缩酚酸四大类化合物组成。其中以儿茶素的含量最高，约占茶多酚总量的 60%～70%。除咖啡因外，茶多酚是另一种可以从茶叶中分离得到的天然混合组分。

近代的科学研究表明，茶多酚是一类具有抗氧化活性和消除人体内自由基等作用的天然化合物，可以被广泛用于食品、医药和日用化学品的生产过程中。诸如：可被用作食品的抗氧化剂；在医药制品中可被用于降血脂、抗辐射、抗突变、防癌、抗菌等；在日用化学品中，可作为抑制口臭、防龋齿、消退皮肤褶皱、色斑、青春痘、日光性皮炎等药用组分。

天然产物化学分离的第一个基本方法是溶剂提取。即根据溶质与溶剂之间所具有的"相似相溶"原理,利用常用有机溶剂(如石油醚、氯仿、乙醇、水等)所特有的极性,通过溶剂浸取的方法,将天然产物中的有效成分,按极性大小顺序分别提取出来的过程。这个过程亦称作浸出。

由于茶多酚本身的极性较大、易溶于水,所以本实验采用水作溶剂,以浸泡的方式,先将茶叶中的茶多酚提取出来。然后将提取液经浓缩、干燥等步骤,制得茶多酚的粗产品。

若将其粗产品再进一步经色谱层析,便可制得各个茶多酚的单体纯净化合物。

对于茶多酚产物的鉴定与分析,主要基于茶多酚类化合物自身所含有的酚羟基的化学性质。利用Fe^{2+}与酚羟基可以形成蓝紫色配合物的配位显色反应,定性地鉴别茶多酚的存在;借助分光光度计,定量地测定产物的浓度;参照标准化合物的标准曲线检验其纯度等。

三、实验用品

1. 仪器与材料

锥形瓶(250mL),烧杯(50mL),量筒(100mL),吸量管(10mL),容量瓶(25mL),电炉,真空泵,电子天平,721型分光光度计等。

2. 试剂

茶叶(市售),酒石酸钾钠($C_4H_4O_6KNa \cdot 4H_2O$,分析纯),硫酸亚铁($FeSO_4 \cdot 7H_2O$,分析纯),磷酸氢二钠($Na_2HPO_4 \cdot 12H_2O$,分析纯),磷酸二氢钾(KH_2PO_4,分析纯)。

酒石酸亚铁溶液:准确称取(1 ± 0.0001)g $FeSO_4 \cdot 7H_2O$ 和 (5 ± 0.0001) g $C_4H_4O_6KNa \cdot 4H_2O$,加水溶解后定容于 1L 容量瓶中。

磷酸盐缓冲溶液:(pH=7.5)

① Na_2HPO_4 溶液 $(1/15mol \cdot L^{-1})$:称取 23.377g $Na_2HPO_4 \cdot 12H_2O$,加水溶解后定容于 1L 容量瓶中。

② KH_2PO_4 溶液 $(1/15mol \cdot L^{-1})$:称取 9.078g KH_2PO_4,加水溶解后定容于 1L 容量瓶中。

③ 取上述 $1/15mol \cdot L^{-1}$ Na_2HPO_4 溶液 85mL 与上述 $1/15mol \cdot L^{-1}$ KH_2PO_4 溶液 15mL 混合,即为 pH=7.5 磷酸盐缓冲溶液。

四、实验步骤

1. 茶叶中茶多酚的提取

称取茶叶 10g,置于 250mL 锥形瓶中,加入 100mL 蒸馏水,放在控温电炉上加热。待微沸后,煎煮 30min,取下,冷却至室温。用布氏漏斗进行真空抽滤至干。用少量蒸馏水洗涤茶叶残渣 1~3 次,合并滤液,并用量筒量出滤液的总体积 V,单位为 mL。

将布氏漏斗中的茶叶残渣小心刮下,置于已知质量的 50mL 烧杯中。在 (105 ± 1)℃的烘箱中烘干后,称量。

$$提取率 = \frac{m_2 - m_1}{V} \times 100\%$$

式中 m_1——烧杯的质量,g;

m_2——干燥后茶叶残渣与烧杯的质量,g;

V——滤液总体积,mL。

将滤液中的溶剂(水)减压蒸馏至干,得提取物浸膏的总质量(假设蒸发过程中没有茶多酚损失），按下式计算粗制茶多酚纯度。

$$纯度(\%)=\frac{m-(m_2-m_1)}{m_3}\times100\%$$

式中　　m——茶叶的质量，g；

　　m_2-m_1——提取后茶叶残渣的质量，g；

　　　　m_3——提取物浸膏的总质量，g。

2. 浸取液中茶多酚的含量分析

准确移取茶多酚提取液 5.00mL，定容于 100mL 容量瓶中。准确移取此稀释溶液 1.00mL 于 25mL 容量瓶中，加入蒸馏水 4mL 和酒石酸亚铁溶液 5mL，充分混合，再用 pH＝7.5 的磷酸盐缓冲溶液稀释至刻度。以干燥后的提取物浸膏为标准样品，按上述方法配制标准系列溶液（确保茶多酚的标准浓度范围在 $0\sim1.6$mg·mL^{-1}之间）。用 1cm 的比色皿，在 $\lambda_{max}=540$nm 处，灵敏度旋钮置于 2 挡，以不加样品的溶剂空白溶液作参比，测定各个溶液的吸光度（A），并绘制标准曲线。在标准曲线（见图 6.11）上查出与样品溶液吸光度 A_x 相应的茶多酚浓度 c_x，按下式计算出提取液中茶多酚的浓度。

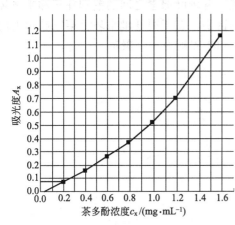

图 6.11　茶多酚标准曲线

$$c=k\cdot c_x$$

式中　k——稀释倍数，$k=20$；

　　c_x——提取液相应的茶多酚标准浓度，mg/mL。

五、思考题

1. 预习本实验的操作方法，如萃取、真空抽滤、减压蒸馏、称量、溶液移取及配制、分光光度计的使用等。明确提取过程各步骤的目的，提取率、纯度的计算方法，设计实验方案。

2. 影响茶多酚提取率和提取物纯度的因素有哪些？

3. 用分光光度法分析提取液中茶多酚含量的误差来源可能有哪些？是否有其他更好的分析方法？

4. 对于有底色的溶液进行分光光度法测量时，如何选择参比溶液？

5. 该实验的水溶性提取物中，除茶多酚外，还有咖啡因、生物碱、色素等其他杂质。这些杂质是否会影响茶多酚含量的测定结果？如何加以减免？

实验二十　蔬菜中天然色素的提取、分离和测定

一、实验目的

1. 了解叶绿素的基本性质及提取方法；

2. 掌握薄层色谱法分离微量组分的操作技术。

二、实验原理

叶绿素是一种十分重要的植物色素，它的存在确保了植物能够进行光合作用。即在太阳光能的作用下，植物将所吸收的二氧化碳和水变成糖类并释放氧气的过程：

$$6CO_2 + 6H_2O \xrightarrow[\text{绿色植物}]{\text{光能}} C_6H_{12}O_6 + 6O_2$$

绿色植物的叶片是进行光合作用的主体，而叶绿素是光合作用的重要细胞器官，在进行光合作用时，叶绿体的光合色素将光能转变成化学能，提供了植物生长所必需的养分。

叶绿体色素包括叶绿素 a、叶绿素 b、胡萝卜素和叶黄素等组分，其中叶绿素的吸光能力极强。叶绿素 a、叶绿素 b 的分子结构如图 6.12 所示，可以看出，叶绿素分子含有 4 个吡咯环，它们和 4 个次甲基（=CH—）连接成一个大环，称为卟啉。镁原子居于卟啉环的中央。另外有一只含碳原子的副环（V），在环上连接有一个羰基和羧基，羧基与甲醇结合生成酯。叶绿醇则和第IV吡咯环侧链上的丙酸生成酯，各种叶绿素之间的差别在于和吡咯环相连接的侧链结构有所不同。叶绿素 a 和叶绿素 b 的区别，在于第II吡咯环上第三碳位上的取代基 R′ 的不同。叶绿素 a 的 R′ 为甲基，而叶绿素 b 的 R′ 则为一个羰基。

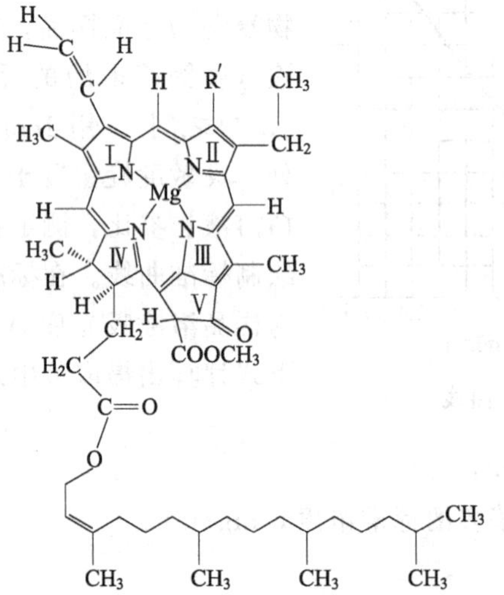

叶绿素a ($R' = CH_3$)　　　　叶绿素b ($R' = CHO$)

图 6.12　叶绿素 a 和叶绿素 b 的化学结构

在第IV吡咯环上的叶绿醇侧链是高分子量的碳氢化合物，这是叶绿素分子的亲脂部分，使其具有亲脂性；叶绿素分子的上端金属卟啉环中，镁原子偏向于带正电荷，而氮原子带负电荷，呈极性，因而具有亲水性。但叶绿素不溶于水，而溶于乙醇、丙酮、石油醚等有机溶剂。大多数植物体中叶绿素 a 的含量比叶绿素 b 的含量多 2～3 倍。

由于叶绿素卟啉环中的镁可被氢离子置换形成脱镁叶绿素，在脱镁叶绿素中引入其他金属离子（如 Zn^{2+}、Cu^{2+}、Co^{2+}、Ni^{2+} 等），则生成各种改性叶绿素。但只有离子半径与 Mg^{2+} 半径（0.065nm）相近的离子才易引入卟啉环的空腔，并形成足够稳定的络合物。

薄层色谱是一种分离、鉴定微量组分的常用方法。这种方法是把固定相吸附剂（或载体）均匀地铺在一块玻璃板上形成薄层，在此薄层上进行分离。待分离的样品溶液点在薄层一端，试样中各组分就被吸附剂所吸附，但吸附剂对不同物质的吸附能力是不同的。将薄层板点有样品的一端浸入展开槽，在流动相展开剂的作用下展开。由于薄层吸附剂（如硅胶）的毛细作用，展开剂将沿着薄板逐渐上升。当溶剂流经试样时，样品中的各组分就溶解在展开剂中。在吸附剂的吸附力和展开剂的毛细上升力作用下，物质就在吸附剂和展开剂之间发生连续不断的吸附和解析平衡。吸附力强的物质相对移动得慢一些，而吸附力弱的物质相对移动得快一些。经过一段时间的展开，样品中各物质就彼此分开，最后形成互相分离的斑点，称为薄层色谱谱图。

对于不同的样品，可以选择不同的吸附剂和展开剂；可以做吸附色谱，也可以做分配色谱或离子交换色谱。色谱谱图不仅可做定性鉴定，也可以进行定量分析。每次点样所需的样品量仅几微升到几十微升，因此它是一种高效、快速的微量分析方法。

本实验进行菠菜中叶绿素的提取、分离和测定。

三、实验用品

1. 仪器

研钵，展开槽，分液漏斗。

2. 试剂

碳酸钙，丙酮，乙醚，石油醚，乙醇，硅胶 G。

四、实验步骤

1. 叶绿素的提取

新鲜菠菜叶依次用自来水和去离子水洗净，晾干；称取去梗的叶子 4g，剪碎放于研钵中，加少量的碳酸钙和干净的石英砂及 10mL 去离子水，研成细浆。取 5mL 细浆于 50mL 大试管中，加入 20mL 丙酮，用玻璃棒搅拌 35min，使色素溶解。放置片刻使残渣沉于试管底部，滤去残渣，得深绿色叶绿素丙酮溶液。

2. 制板

称取 5g 硅胶 G 粉于 100mL 烧杯中，加入 11mL 去离子水，搅拌均匀后倒在 5cm×30cm 玻璃板上，用玻璃棒均匀地摊开。然后，用手托住玻璃板一头，另一头放在桌面上轻轻振敲，尽量使薄层厚度均匀，然后平放晾干。将晾干的薄层板放在 110℃ 的烘箱中活化30min，取出放在干燥器中冷至室温。

3. 展开

取 5mL 叶绿素丙酮提取液于 60mL 分液漏斗中，加入 3mL 乙醚萃取，弃下层丙酮溶液，得叶绿素的乙醚提取液。在暗处距离薄板一端 2cm 处（以画线作为起始线）用毛细管点样，将试液点成一条线，待第一次液点干后再点一次，共重复 5 次。

色素分离的展开剂采用乙醚-石油醚-丙酮-正丙醇（15∶7.5∶2.5∶0.12，体积比）。将上述展开剂注入展开槽中，摇匀，然后将薄层板直立于展开槽中，展开剂浸没薄板下端的高度不宜超过 0.5cm，薄板上的样品原点不得浸入展开剂中。将展开槽盖好，放在暗处展开30～40cm，待展开剂的前沿离薄板顶部 1～2cm 时，取出薄板，并在前沿处做出标记，待展开剂挥发后可见到几条色带。从上到下依次为胡萝卜素（橙黄色）、叶绿素 a（蓝绿色）、叶绿素 b（黄绿色）、叶黄素（黄色）。记下各色带中心到原点（起始线）的距离和溶剂前沿到原点的距离，计算叶绿素 a 和叶绿素 b 的 R_f 值：

$R_f = a/b =$ 原点至斑点中心的距离/原点至溶剂前沿的距离

在薄层色谱中，常用 R_f 来表示各组分在色谱谱图中的位置，它与被分离物质的性质有关，在一定条件下为一常数，其值在 0～1 之间。被分离物质间的 R_f 值相差越大，则分离效果越好。

4. 叶绿素 a 和叶绿素 b 的色带从玻璃板上刮下来并放在离心管中，加入 5mL 乙醚，振摇，离心后得澄清蓝绿色溶液，在仪器上测定其在 360～700nm 波长范围的吸收曲线。

五、问题与思考

1. 从菠菜中提取叶绿素时加入少量碳酸钙的作用是：防止失去 Mg；中和植物细胞中的酸。

2. 点样及画线时应十分小心，不要将薄层碰破。

3. 测定吸收光谱时若样品量较少，可同时展开两块或三块薄板，将叶绿素斑点刮下来同时测定。

4. 叶绿素对酸、碱和光很敏感，整个实验应在中性条件和暗处（或弱光）进行，各操作步骤应在尽可能短的时间内完成。

实验二十一　聚乙烯醇缩甲醛反应制备胶水

一、实验目的

1. 了解聚乙烯醇缩醛反应及其简单工艺过程；

2. 学习聚乙烯醇缩甲醛胶水的合成及分析检验方法；

3. 学习有机缩合反应的实验操作及简易黏度计的使用方法，练习分析天平的称量及滴定等基本操作。

二、实验原理

聚乙烯醇（polyvinyl alcohol，简写 PVA），是白色粉末，由聚乙酸乙烯酯醇解制得。目前工业上多采用聚乙酸乙烯酯的甲醇溶液，以碱作催化剂进行醇解反应，脱去醋酸根而得到 PVA：

$$-(CH_2-CH)_n + nCH_3OH \xrightarrow{NaOH} -(CH_2-CH)_n + nCH_3COOCH_3$$

聚乙酸乙烯酯　甲醇　　　　　　　　聚乙烯醇　乙酸甲酯

由于醇解反应不能进行到底，所以在 PVA 分子中，总会有一小部分醋酸根不能被羟基所取代，其醇解的程度叫醇解度，常以摩尔分数（百分率）表示。

PVA 分子主链上的侧基是羟基，诸多羟基在分子间和分子内形成氢键，大大降低了PVA 在水中的溶解度，因此，低温时 PVA 在水中的溶解度很小。由于氢键具有热力学不稳定性，在水温高时，很易破裂，所以 PVA 在水温高时，很易溶解。其水溶液可直接作为乳化剂、胶黏剂使用。PVA 按聚合度和醇解度的不同有多种型号。本实验所用的 PVA17-99系指平均聚合度约为 1700，醇解度约为摩尔分数 99％的 PVA。

为了提高 PVA 的胶黏强度和耐水性，可以通过 PVA 的缩醛化反应来改性，如聚乙烯醇与丁醛缩合反应制得的聚乙烯醇缩丁醛是一种强度很高的结构胶黏剂，用于制造防弹玻璃。本实验以盐酸为催化剂，PVA 与甲醛发生缩醛反应而成的热塑性树脂——聚乙烯醇缩甲醛（俗称 107 胶），其反应可表示为：

聚乙烯醇缩甲醛

聚乙烯醇缩甲醛分子中的羟基是亲水基，而缩醛基 $\left(\begin{array}{c}-CH-CH_2-CH-\\ | \quad\quad |\\ O-CH_2-O\end{array}\right)$ 是憎水基。控制一定的缩醛度，可使生成的聚乙烯醇缩甲醛胶水既有一定的水溶性，又有较好的耐水性。为保证胶水质量稳定，缩醛化反应结束后，需用 NaOH 中和胶水至中性。

聚乙烯醇缩甲醛胶水的黏度与 PVA 的用量有关。要获得合适的缩醛度，必须严格控制反应条件，如反应物的配比、溶液的酸度、催化剂的用量、反应温度和反应时间等。实验证明，当聚乙烯醇含量为 8%～9%，甲醛含量为 2%～3%，去离子水含量为 85%～87%，反应时间约为 1h，反应酸度 pH＝1.7～2.1，反应温度为 86～88℃时，即能生产出质量合格（符合国标 JC438—1991）的聚乙烯醇缩甲醛胶水。

胶水的质量检验，主要是测定其黏度和缩醛度，由于缩醛度的测定费时且操作复杂，因此一般通过测定胶水的游离甲醛量来判断缩醛度的高低，通常胶水中游离甲醛量少，表明缩醛度高；反之，则表明缩醛度低。本实验要求胶水游离甲醛量约在质量分数 1.2% 以下。

黏度的测定采用简易黏度计——涂-4 黏度计来测定[1]。在 20℃ 时，测定 100mL 胶水从规定直径（$\phi 4mm$）的孔中流出所需的时间（s），并以该流出时间来表示黏度的大小。本实验要求黏度约在 70s 以上。

胶水游离甲醛量的测定是通过亚硫酸钠与甲醛反应，使之生成羟基甲磺酸钠和氢氧化钠：

$$\begin{array}{c}H\\ | \\ C=O\\ | \\ H\end{array} + Na_2SO_3 + H_2O = \begin{array}{c}H \quad OH\\ \backslash \quad /\\ C\\ / \quad \backslash\\ H \quad SO_3Na\end{array} + NaOH$$

再用玫红酸（变色范围 pH＝6.2～8.0）作指示剂，用标准 HCl 溶液滴定上述反应生成的 NaOH，溶液由红色变为无色即为终点。根据滴定所需标准 HCl 溶液的量，算出游离甲醛的含量（质量分数），计算公式如下：

$$甲醛质量分数 = \frac{(V-V_0) \cdot c(HCl) \cdot M(HCHO)}{1000m} \times 100\%$$

式中　　　V——滴定胶水用去 HCl 标准溶液的体积，mL；

V_0——空白滴定（不加胶水）用去的 HCl 标准溶液的体积，mL；

$c(HCl)$——HCl 标准溶液的浓度，$mol \cdot L^{-1}$；

m——胶水的质量，g；

$M(HCHO)$——甲醛的摩尔质量，$g \cdot mol^{-1}$。

三、实验用品

1. 仪器和材料

台秤，分析天平，锥形瓶（250mL），具塞锥形瓶（250mL），铁架台（带双顶丝），铁万用夹，恒温水浴锅，滴管，量筒（10mL，50mL，200mL），酸式滴定管，滴定管夹，洗瓶，玻璃棒，滤纸片，软木塞，带软木塞的温度计（0～100℃），三口瓶（250mL），搅拌器，搅拌棒，秒表，涂-4 黏度计，pH 试纸（1～14）。

2. 试剂

盐酸标准溶液（$0.2000mol \cdot L^{-1}$），甲醛 HCHO（36%），浓盐酸，玫红酸（0.5%），氢氧化钠 NaOH（$6.0mol \cdot L^{-1}$），聚乙烯醇 17-99（PVA17-99），亚硫酸钠 Na_2SO_3（$0.5 mol \cdot L^{-1}$）。

四、实验步骤

1. 聚乙烯醇缩甲醛胶水的合成

胶水合成装置如图 6.13 所示。

（1）聚乙烯醇的溶解

① 接通恒温水浴锅（内装有水）的电源，开启水浴锅的电源开关。将水浴温度调节器先调至最大处，待水浴锅中水的温度升至 80～85℃，再将温度调节器调小，控制三口瓶内温度为 90～92℃为宜。

② 在水浴锅升温的同时，用台秤称取 13.5g PVA，并将它装入三口瓶中，再加入 150mL 去离子水。

③ 按图 6.13 将三口瓶置于水浴锅中并固定。在装有玻璃套管的软木塞中插入玻璃搅拌棒，装入三口瓶中间的瓶口中。细心调节电机、玻璃搅拌棒连接位置适当，并固定之。轻轻转动搅拌棒仔细判断安装位置正确后，塞紧软木塞，在三口瓶其他两个瓶口分别装入带软木塞的温度计和软木塞。

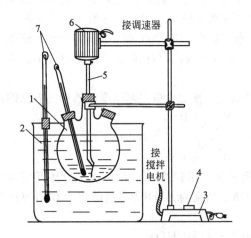

图 6.13　胶水合成的装置示意图
1—三口瓶；2—恒温水浴；3—搅拌器
座；4—调速器；5—玻璃搅拌棒；
6—搅拌电机；7—温度计

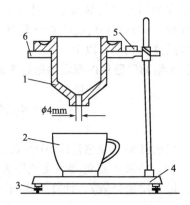

图 6.14　用涂-4 黏度计测定黏度的装置
1—涂-4 黏度计；2—承接杯；3—水
平调节螺丝；4—黏度计座；5—水
平仪；6—固定架

④ 开启搅拌器，控制调速器（由小到大）调节转速使固体全部搅起为宜。

⑤ 调节水浴锅温度调节器，使三口瓶内温度稳定在 90～92 ℃，直到三口瓶内 PVA 全部溶解，溶液呈透明状，不再有白色胶团为止。

（2）聚乙烯醇缩甲醛化反应

① 打开三口瓶上的软木塞，当三口瓶内温度降至 85～88℃时，往三口瓶中滴加浓盐酸，调节 PVA 水溶液的 pH 值至 1.7～2.0。

② 量取 4.3～5.0mL 质量分数为 36% 的甲醛溶液，用滴管少量多次加入三口瓶中，塞好软木塞，继续搅拌反应 1h。

注意：反应温度不能超过 90℃，否则在酸度稍低时，容易发生暴聚现象，形成凝胶团而游离出水溶液，导致缩合反应失败。

③ 切断水浴锅电源，停止加热。打开软木塞，滴加 6mol·L⁻¹ NaOH 溶液至聚乙烯醇缩甲醛胶水的 pH 值为 7 左右。

（3）降温出料

① 切断搅拌器的电源，停止搅拌。取出带有软木塞的温度计以及带有套管的软木塞和

搅拌棒，卸下三口瓶（小心操作，以防玻璃瓶破损）。

②用自来水淋洗三口瓶外壁，使瓶内的胶水冷却至室温。倾出胶水装入干净的锥形瓶中待用。然后洗净实验仪器。

2．产品的分析测定

（1）黏度的测定　按实验图 6.14 装置将洁净、干燥的涂-4 黏度计放置于固定架上，用水平调节螺钉调节涂-4 黏度计固定架，使处于水平状态。用手指按住黏度计下部水孔，将冷至室温（20℃）的待测胶水倒入涂-4 黏度计的样品杯至满后，用玻璃棒沿水平方向抹去多余部分。将承接杯置于黏度计下方，松开手指，同时按下秒表，测定胶水由细流状转变为滴流状流出所需的时间并记录之。

（2）游离甲醛量的测量　将合成的胶水倒入称量瓶中，在分析天平上用减量法称取 5g 左右（4 位有效数字）的胶水，置于 250mL 具塞锥形瓶中。加入 30mL 0.5mol·L^{-1} Na_2SO_3 溶液，迅速摇匀，并加入 3 滴 0.5％ 的玫红酸指示剂，立即用盐酸标准溶液（0.2mol·L^{-1}）滴至红色刚刚褪去，即为终点。

再用 250mL 锥形瓶进行空白试验（不加胶水，其余同上）。计算游离甲醛量。

注释：

[1] 涂-4 黏度计用于测定黏度在 150s 以下（以涂-4 黏度计为标准）的低黏度胶水。对于黏度在 150s 以上的胶水，可用旋转黏度计测定其黏度。

五、思考题

1．熟悉缩合反应机理、反应条件及合成装置的安装要点。

2．预习分析天平的基本操作、滴定管的基本操作要点和黏度计的操作要点。

3．如何提高 PVA 的耐水性？以 PVA 合成聚乙烯醇缩甲醛胶水的机理是什么？

4．本实验中影响产品质量的反应条件有哪些？怎么控制？

5．为什么开启搅拌器时，首先要检查搅拌器安装及反应仪器的安装是否适当？

6．测定聚乙烯醇缩甲醛胶水中游离甲醛含量的原理是什么？为什么要测定？甲醛量过大对人体有何危害？

实验二十二　彩色电视三基色（红、绿、蓝）荧光粉的制备

一、实验目的

1．学习荧光粉晶体发光的基本原理；

2．了解利用高温反应制备稀土彩色荧光粉的方法。

二、实验原理

晶体中的原子或离子由于电磁辐射（包括可见光、X 射线和 γ 射线）的照射，由基态原子跃迁到激发态的非稳态。在特定的条件下，晶体所吸收的一部分能量会以光辐射的形式放射出来，此时即表现为晶体发光。绝大多数的发光晶体都具有发光中心。发光中心可以是某种杂质离子，即激活剂离子，例如彩色电视荧光屏中的红光材料 Y_2O_2S：Eu^{3+} 中的 Eu^{3+}；发光中心也可以是晶体中某种原子团，如 X 射线发光材料 $CaWO_4$ 中 WO_4^{2-}。发光中心中的电子在不同的能级间的跃迁，就导致光的吸收和发射。发光中心在晶体中并不是孤立的，它受到晶体点阵中离子的作用，同时也对周围离子产生影响。发光中心的电子激发和跃迁并不

离开发光中心离子，也不和晶体中基质离子所共有，周围晶体离子对发光中心离子的电子只起微扰作用，这种发光中心叫分立发光中心，以稀土离子为激活剂的发光晶体就属于分立发光中心。Y_2O_2S：Eu^{3+} 的发光就是由于 Eu^{3+} 的 $^5D_0 \rightarrow {}^7F_2$ 能级跃迁所产生的辐射。随着 Eu^{3+} 含量的增加，$(^5D_0 \rightarrow {}^7F_2)/(^5D_0 \rightarrow {}^7F_1)$ 跃迁概率比值增大，晶体的发光颜色从橙黄逐渐变为红色。

稀土三基色荧光粉，由红、绿、蓝三种荧光粉，根据不同要求和不同配比，可制成各种不同色泽的荧光粉，各基色的荧光粉的发光颜色，主要决定于激活剂离子中电子跃迁的状态。例如，荧光粉 Y_2O_2S：Eu 的发射光决定于 Eu^{3+} 的发光，Eu^{3+} 在晶体中未占据对称中心位置，产生了 $^5D_0 \rightarrow {}^7F_2$ 的能级跃迁，故其发射波峰在 611nm，显红色。绿粉（Ce,Tb）$MgAl_{11}O_{19}$ 的发光，主要来源于 $^5D_4 \rightarrow {}^7F_{1(0-6)}$ 的能级跃迁，以 $^5D_4 \rightarrow {}^7F_5$ 为最强峰，对应的波长为 544nm，蓝粉（Ba，Mg，Eu）$Al_{11}O_{24}$ 的发光，决定于 Eu^{2+} 的发光，Eu^{2+} 激活的荧光粉是一种宽带跃迁发射 $(4f^65d^1) \rightarrow 4f^7(^8S_{7/2})$，由于 5d 电子露于外层，受晶体场环境的影响强烈，故基质的改变对发光颜色影响很大，可以制成由可见到紫外 Eu^{2+} 激活的荧光粉。

荧光粉制备工艺主要包括原料的制备、提纯、配料、灼烧和后处理几部分。三基色荧光粉的制备过程见实验内容。

三、实验用品

1. 仪器与材料

石英管，高纯氧化铝坩埚，玛瑙研钵，刚玉坩埚，台秤，坩埚钳，马弗炉，紫外分析仪，样品筛。

2. 试剂

Y_2O_3，Eu_2O_3，Na_2CO_3，K_3PO_4，S，Al_2O_3，$MgCO_3$，CeO_2，Tb_4O_7，H_3BO_3，$Ba_2F_2CO_3$，$4MgCO_3 \cdot Mg(OH)_2 \cdot 5H_2O$。

四、实验步骤

1. 红粉（Y_2O_2S：Eu）的制备

按（Y,Eu）$_2O_3$：S：Na_2CO_3：K_3PO_4＝100：30：30：5 的质量比称样，混磨均匀，装入石英管或高纯氧化铝坩埚，压紧，覆盖适量的硫黄，加盖盖严，于 1150～1250℃下恒温 1～2h，高温出炉，冷至室温，在 365nm 紫外光激发下选粉，用水或浓度为 2～4mol·L^{-1} 的盐酸浸泡后再用热水洗至中性，抽滤，烘干，过筛，即得白色的 Y_2O_2S：Eu 红色荧光粉。

反应式为：

$$Na_2CO_3 + S \longrightarrow Na_2S + Na_2S_x \quad （高温下）$$
$$（Y，Eu）_2O_3 + Na_2S + Na_2S_x \longrightarrow Y_2O_2S：Eu$$

配料中 K_3PO_4 为助熔剂，还可用 KH_2PO_4、$(NH_4)_2HPO_4$ 等磷酸盐，用量是（Y,Eu）$_2O_3$＋S＋Na_2CO_3 总量的 5％左右。

（Y,Eu）$_2O_3$ 的制备按 Y_2O_3：Eu_2O_3＝1：（0.062～0.07）的质量比称料，以稀硝酸溶解。加热，搅拌，再用去离子水稀释至每毫升含 Y_2O_3 10mg。加热，以稀氨水调 pH 至 2～3。加热到 80℃，用 80℃的 10％～15％的草酸溶液沉淀，沉淀完全后，抽滤，水洗沉淀至中性，即得到（Y,Eu）$_2(C_2O_4)_3 \cdot xH_2O$。将此沉淀在 120℃烘干脱水，再在 800～1000℃马弗炉中灼烧 1h 即成。

2. 绿粉 [(Ce,Tb)$MgAl_{11}O_{19}$] 的制备

按质量比将 Al_2O_3（79%）、$MgCO_3$（5%）、CeO_2（9%）、Tb_4O_7（5%）、H_3BO_3（2%）混合研磨均匀后，装入高纯氧化铝坩埚，在 1350℃灼烧 2h。取出粉碎磨匀，再装入刚玉坩埚中于 1400℃灼烧 1h，过 200 目筛即为产品。

绿粉外观仍为白色晶体，化学性质稳定。

3. 蓝粉[$(Ba,Mg,Eu)_3Al_{14}O_{24}$]的制备

将 $Ba_2F_2CO_3$、$4MgCO_3 \cdot Mg(OH)_2 \cdot 5H_2O$、$Eu_2O_3$、$Al_2O_3$、$H_3BO_3$ 按一定比例称取。混合磨匀，装入石英管中并通入 CO，在 1300℃灼烧 1～1.5h，出炉冷却，粉碎后过 200 目筛，即为产品。

Eu_2O_3 的用量在 3%～4%。$MgCO_3$ 高温分解为 MgO，作为基质的一部分，其用量控制在基质的 15% 为宜。$Ba_2F_2CO_3$ 经高温燃烧为 BaF_2，起着基质组分和助熔剂的作用，其用量以 10% 左右为佳。

彩色电视机的显像屏由红、绿、蓝三基色荧光粉组成，它们按一定的配比和一定的几何结构涂布在显像屏表面上，显像管中的电子枪有选择地激发三种荧光粉，从而复现摄像机传送来的各种彩色图像和信号。通过适当配比红、绿、蓝三基色，可以获得自然界中的各种颜色，这种规律叫三基色原理。人们利用三基色原理制造彩色电视。就是说，自然景物色彩丰富，但它们的光都能分解为红、绿、蓝三种成分，用光电转换把三种光转变为三种电信号，进行传送，再用能发红、绿、蓝三种色光的显像管合成出彩色影像来，这就是彩色电视。

五、思考题

1. 固体发光的机理是什么？
2. 什么是三基色原理？举例说明三基色荧光粉的化学组成。
3. 蓝色荧光粉制备时要通入 CO，原因何在？

实验二十三　新型汽油、柴油消烟剂——二茂铁的制备

一、实验目的

1. 了解二茂铁的制备方法和原理；
2. 学习利用红外光谱与熔点鉴定纯化合物的方法。

二、实验原理

二茂铁是亚铁和环戊二烯的配合物，为橙红色结晶，有樟脑样的气味，熔点 173～174℃，沸点 249℃，有升华性，不溶于水，易溶于苯、乙醚、汽油、柴油等有机溶剂。具有良好的热稳定性，400℃不分解，耐紫外光，在沸腾的烧碱和盐酸中不溶解，不分解。

二茂铁在燃烧时，首先分解为铁和环戊二烯基，Fe 与氧生成 α-Fe_2O_3：

$$4Fe + 3O_2 \Longrightarrow 2(\alpha\text{-}Fe_2O_3)$$

α-Fe_2O_3 能催化燃烧过程，使燃烧趋于完全，因此二茂铁的主要用途之一是作燃料助燃剂，用于促进柴油燃烧完全。在柴油中加入 0.1%二茂铁可使烟炱降低 65%以上，节油 5%以上。对于火箭燃料，1%～3%的二茂铁用量可使燃烧速度提高 1～3 倍。二茂铁还可作为提高汽油辛烷值的汽油添加剂等。

二茂铁的合成方法有化学法和电化学法。本实验采用化学法，一般是用碱金属、环戊二烯基衍生物在氮气保护下同氯化亚铁反应来制得：

$$2KOH + 2C_5H_6 + FeCl_2 \Longrightarrow Fe(C_5H_5)_2 + 2KCl + H_2O$$

三、实验用品

1. 实验原理

三颈磨口圆底烧瓶（150mL），电磁搅拌器，氮气钢瓶，分液漏斗（50mL），玻璃砂芯漏斗（2#），汞计泡器，表面皿（8cm）。

2. 试剂

1,2-二甲氧基乙烷，KOH（分析纯），环戊二烯，$FeCl_2 \cdot 4H_2O$（分析纯），二甲基亚砜，盐酸（HCl 气体与水以 1∶1 体积比混合）。

四、实验步骤

本实验介绍两种合成方法以供选择。

（1）在一只装有电磁搅拌器的 150mL 三颈圆底烧瓶中（如图 6.15），加入 40mL 1,2-二甲氧基乙烷和 18g KOH 粉末（愈细愈好），从一个侧口缓缓通入氮气，并缓慢搅拌，然后滴入 5mL 环戊二烯。将另一侧口塞紧，打开主颈分液漏斗的活塞，继续通入氮气，赶走瓶中空气。当断定有 99% 左右的空气从烧瓶中排出后，关闭此活塞。将 4g 四水氯化亚铁溶于 20mL 二甲基亚砜后倒入分液漏斗。将汞计泡器中的出气管口提高到汞液面上，使反应器内压力和大气压力平衡。然后剧烈搅拌，10min 后，打开分液漏斗活塞，一滴滴地加入 $FeCl_2$ 溶液，大约在 45min 内加完，关闭分液漏斗活塞，继续通入氮气搅拌 30min。然后停止通入氮气，

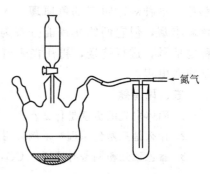

图 6.15　二茂铁的合成装置

向瓶中反应物倒入 60mL 备好的盐酸，再继续搅拌悬浮物约 15min。反应完毕后，用 2# 玻璃砂芯漏斗过滤并用 6mL 蒸馏水洗涤 4 次，抽干，把产物放在表面皿上风干。如需得到纯净产物，应将产物升华。然后取少量样品作红外光谱以及测定熔点。

（2）以二甲基亚砜为溶剂[1]：在氮气保护下，将 4.0g NaOH 粉末（0.1mol）加入 60mL 二甲基亚砜中，在不断搅拌下，迅速加入新蒸的环戊二烯 8.2mL（0.1mol），搅拌 15min，溶剂呈紫红色。然后滴加含 10.0g $FeCl_2$（0.05mol）的二甲基亚砜溶液 90mL，约 20min 滴完。继续搅拌 1h。反应完毕后，将反应混合液抽滤，滤液注入 300mL 水中，搅拌，析出黄色沉淀，抽滤。产品用水充分洗涤，干燥。得产品重 6.9g，产率 74%。

产物红外光谱吸收峰（KBr 压片），单位 cm^{-1}：170(m)，478(s)，492(s)，728(w)，811(s)，834(w)，1002(s)，1051(w)，1108(s)，1188(w)，1411(s)，1620(m)，1684(m)，1720(m)，1758(m)，3085(s)。

注释：

[1]　如室温较低，二甲基亚砜凝固，可用热水温热。

五、思考题

1. 了解二茂铁配合物的物理性质及用途。

2. 了解二茂铁的合成方法和反应原理。

3. 反应过程为何要通入氮气？

4. 二茂铁作为消烟剂的机理是什么？

实验二十四　由废定影液制备金属银和硝酸银

一、实验目的

1. 学习从含银废液或废渣回收金属银并制取 $AgNO_3$ 的方法；

2. 巩固无机制备与滴定分析基本操作技能与综合分析能力。

二、实验原理

从含银废液中提取金属银可以采取以下几种途径。

① 含银废液直接用还原剂还原为 Ag。

② 含银废液 $\xrightarrow{Na_2S}$ $Ag_2S\downarrow$ $\xrightarrow[\triangle]{1000℃左右}$ Ag。

③ 含银废液 $\xrightarrow{NaCl\ 或\ HCl}$ $AgCl\downarrow$ $\xrightarrow{浓\ NH_3\cdot H_2O}$ $[Ag(NH_3)_2]^+$ $\xrightarrow{Zn}$ Ag。

④ 含银废液可用有机萃取剂萃取富集后再还原为 Ag。

⑤ 含银废液可用离子交换法富集，洗脱后还原为 Ag。

选用何种途径是根据废液中银的含量，杂质及存在形式决定，因此一般选择方法前要对废液作较全面组分测定及了解废液的来源。例如废定影液中，银主要是以 $[Ag(S_2O_3)_2]^{3-}$ 配离子形式存在，在富集时可以加入 Na_2S，得到 Ag_2S 沉淀。

$$2Na_3[Ag(S_2O_3)_2]+Na_2S \Longrightarrow Ag_2S\downarrow+4Na_2S_2O_3$$

分离沉淀后，$Na_2S_2O_3$ 仍可作定影液使用。沉淀可经灼烧分解为 Ag。

$$Ag_2S+O_2 \Longrightarrow 2Ag+SO_2\uparrow$$

为了降低灼烧温度可加入 Na_2CO_3 与少量硼砂为助熔剂。

将制得的 Ag 溶解在 1∶1 HNO_3 溶液中，经蒸发、干燥，即可制得 $AgNO_3$ 晶体。

$$3Ag+4HNO_3 \Longrightarrow 3AgNO_3+NO\uparrow+2H_2O$$

$AgNO_3$ 的纯度可用佛尔哈德沉淀滴定法或电位滴定法进行测定。

三、实验用品

1. 仪器与材料

抽滤装置，马弗炉，瓷研钵，瓷坩埚，蒸发皿。

2. 试剂

$6mol\cdot L^{-1}\ NaOH$，$2mol\cdot L^{-1}\ Na_2S$，无水碳酸钠（固体），硼砂（固体），$0.1000mol\cdot L^{-1}$ NH_4SCN 标准溶液，$6mol\cdot L^{-1}\ HNO_3$，$6mol\cdot L^{-1}\ HCl$，40％铁铵矾溶液，醋酸铅试纸。

四、实验步骤

1. 金属银的提取

取 $500\sim600mL$ 废定影液置于 $1000mL$ 烧杯中，加热至 30℃左右，用 $6mol\cdot L^{-1}\ NaOH$ 调节溶液的 pH≈8（为什么？），在不断搅拌下，加入 $2mol\cdot L^{-1}\ Na_2S$ 至 Ag_2S 沉淀完全。用醋酸铅试纸检查清液，当试纸变黑时，说明 Ag_2S 沉淀完全。用倾泻法分离上层清液，将 Ag_2S 转移至 $250mL$ 烧杯中，用热水洗涤数次至无 S^{2-} 为止。抽滤并将 Ag_2S 沉淀转移至蒸发皿内，小火烧干，冷却，称量。按 $Ag_2S∶Na_2CO_3∶Na_2B_4O_7\cdot 10H_2O=3∶2∶1$ 的比例，

称取无水 Na_2CO_3 和硼砂并与 Ag_2S 混匀,研细后置瓷坩埚中。在马弗炉中 800℃灼烧 1h,小心取出坩埚,迅速将熔化的银倒出,冷却。然后在 6mol·L^{-1} HCl 中煮沸,除去黏附在金属银表面上的盐类,干燥,称量。

2. $AgNO_3$ 的制备

将纯净的银溶解在 6mol·L^{-1} HNO_3 中。在蒸发皿中缓缓蒸发、浓缩。冷却后过滤,用少量酒精洗涤、干燥、称量。

3. $AgNO_3$ 含量的测定(佛尔哈德法)

准确称取产品 $AgNO_3$ 0.4~0.6g(精确至 0.1mg),置于锥形瓶中,加水溶解。加入 1:1 的 HNO_3 5mL、铁铵矾指示剂 1mL,用 0.1000mol·L^{-1} NH_4SCN 标准溶液滴定,滴定时应不断振荡溶液,直到出现稳定的淡红色,即为终点。根据 NH_4SCN 标准溶液的用量,可计算出 $AgNO_3$ 的百分含量。

五、思考题

1. 请依据含银废液的回收,设计 AgCl 废渣中 Ag 的回收实验方案。

2. 可否直接用 Ag_2S 来制取 $AgNO_3$?

实验二十五 纳米材料的合成及表征

一、实验目的

1. 了解"21 世纪的新材料——纳米材料"的基本概念和内涵;

2. 学习认识纳米材料的主要合成方法及其应用前景;

3. 联系化学反应基本原理,结合"纳米金刚石的合成"和"纳米 Fe_2O_3 的合成"实验,加深对热力学基本理论的理解。

二、实验原理

纳米科学技术(Nano-ST,简称纳米科技)是 20 世纪 80 年代末诞生的新科技,它的基本含义是在纳米尺寸(10^{-9}~10^{-7}m)范围内认识和改造自然,通过直接操作和安排原子、分子创造新物质。简言之,纳米科技研究由尺寸在 1~100nm 之间的物质组成的体系的运动规律、相互作用以及可能的实际应用中的技术问题。

纳米材料的物理、化学性质既不同于微观的原子、分子,也不同于宏观的物体,纳米世界介于宏观世界与微观世界之间,人们把它叫作介观世界。当常态物质被加工到极其微细的纳米尺度时,会出现特异的表面效应、体积效应、量子尺寸效应和宏观隧道效应等,其光学、热学、电学、磁学、力学、化学等性质也就相应地发生突变。在纳米世界,人们可以控制材料的基本性质,如熔点、硬度、磁性、电容,甚至于颜色,而不改变其化学成分。人们可以完全按照自己的意愿,合成出具有特殊性能的新材料,如把优良的导体铜制成"纳米铜",使之成为绝缘体;把半导体硅制成"纳米硅"成为良导体;把易碎的陶瓷制作成"纳米陶瓷",使之可以在室温下任意弯曲等;把磁性纳米 Fe_2O_3 微粒表面覆盖蛋白质并携带药物,注射进入人体血管,通过磁场导航运到病变部位释放药物,从而减轻药物对肝、脾、肾的伤害,称为"生物导弹";纳米 ZnO 粉末对紫外光有强烈的吸收作用,但对可见光吸收甚弱,因此把纳米 ZnO 粉末加到化妆品中,可以有效地防止紫外线辐射对皮肤的损伤,防止皮肤癌的产生。因此,纳米材料具备其他一般材料所没有的优越性能,已广泛应用于电子、医药、化工、军事、航空航天等众多领域，在整个新材料的研究应用方面占据核心地位，被誉为"21世纪的新材料"。

纳米材料有两类：一是粒度在纳米级的超细材料；二是具有纳米孔、纳米通道等纳米相结构的材料。纳米材料的合成方法有别于一般化学合成方法。现有的纳米粉料和纳米结构材料的合成方法可归纳为：气相法、固相法、液相法和纳米结构合成法。液相法是实验室和工业上最为广泛采用的合成粉料的方法。

液相法制备纳米材料可简单地分为物理法和化学法两类。

（1）物理法　从水溶液中迅速析出金属盐。它是将溶解度高的盐的水溶液雾化成小液滴，使液滴中盐类呈球状迅速析出，最后将微细的粉末状盐类加热分解，即可得到氧化物纳米材料。

（2）化学法　使溶液通过加水分解或发生离子反应生成沉淀物，生成的沉淀物种类很多，如氢氧化物、草酸盐、碳酸盐、氧化物等，将沉淀加热分解，可制成纳米级粉料，这是应用广泛又具有实用价值的方法。

本实验制备纳米金刚石和纳米 Fe_2O_3 就是采用液相法合成的。

三、实验内容

1. 气敏材料——纳米 $\alpha\text{-}Fe_2O_3$、$\gamma\text{-}Fe_2O_3$ 粉体的制备与表征

氧化铁纳米材料可以用于检测空气中的可燃性气体和有毒气体，具有高气敏性和低能耗的特点。近年来，国内外研究者大多集中于 $\alpha\text{-}Fe_2O_3$ 气敏性质的研究。$\alpha\text{-}Fe_2O_3$ 的稳定性好，由它做成的气敏元件可以用来检测烃类气体和 CO 气体，但灵敏性较低；而 $\gamma\text{-}Fe_2O_3$ 气敏性较好，但其稳定性较差，在 390℃ 以上的高温会相变为 $\alpha\text{-}Fe_2O_3$。因此，目前的研究方向多集中于改性处理，一般可通过控制材料的微细结构、掺杂效应或制成复合氧化物等方法，其目的均归为提高 $\gamma\text{-}Fe_2O_3$ 转变为 $\alpha\text{-}Fe_2O_3$ 的相变温度。本实验采用沉淀法制备纳米 $\alpha\text{-}Fe_2O_3$，采用溶胶-凝胶法制备纳米 $\gamma\text{-}Fe_2O_3$。

（1）实验用品

仪器：JEM-2000EX 透射电子显微镜或 H600 透射电子显微镜，马弗炉，玻璃砂芯漏斗，抽滤瓶，真空泵，聚四氟乙烯烧杯等。

试剂：$FeSO_4 \cdot 7H_2O$（分析纯），$Fe(NO_3)_3 \cdot 9H_2O$（分析纯），无水 C_2H_5OH（分析纯），NaOH（分析纯），乙二醇（分析纯），二次去离子水。

（2）实验步骤

① 纳米 $\alpha\text{-}Fe_2O_3$ 的制备。在惰性气体下，向 $FeSO_4$ 溶液中加入过量的 NaOH 溶液，立即生成六角板状的白色胶粒 $Fe(OH)_2$；向悬浮液中鼓入空气后，$Fe(OH)_2$ 胶粒逐渐凝聚成较大的胶团，并在胶团与溶液面上形成针状 $\alpha\text{-}FeOOH$ 晶核，进而胶团逐渐分裂解体，直至全部转变为针形 $\alpha\text{-}FeOOH$ 微晶，反应中控制溶液 pH＝12，温度为 40℃。然后用玻璃砂芯漏斗（3#）对沉淀物进行过滤，用二次去离子水进行洗涤。放入马弗炉中在 350℃ 下干燥 2h 得到 Fe_2O_3 原粉，用二次去离子水洗涤至检验不出 SO_4^{2-}，再用无水乙醇洗涤，放入烘箱，在 100℃ 下烘干即为 $\alpha\text{-}Fe_2O_3$ 粉体。

② 纳米 $\gamma\text{-}Fe_2O_3$ 的制备。按计算量量取 $Fe(NO_3)_3 \cdot 9H_2O$ 和乙二醇，在 70℃ 下加热回流 12h，发生如下反应：

$$Fe(NO_3)_3 + 3HOCH_2CH_2OH \Longrightarrow Fe(OCH_2CH_2OH)_3 + 3HNO_3$$

将生成的溶胶在 80℃ 下蒸馏生成水凝胶，然后放入聚四氟乙烯烧杯中，在 80℃ 烘箱中干燥

24h 得到干凝胶。将干凝胶在 300℃ 马弗炉中煅烧 2h，得到 $\gamma\text{-Fe}_2\text{O}_3$ 粉体。

③ 透射电镜（TEM）表征。用透射电镜对制备的 $\alpha\text{-Fe}_2\text{O}_3$ 和 $\gamma\text{-Fe}_2\text{O}_3$ 进行 TEM 表征，所制备的 $\alpha\text{-Fe}_2\text{O}_3$ 和 $\gamma\text{-Fe}_2\text{O}_3$ 粉体粒子尺寸应在 $30\sim40\text{nm}$，粒子呈球形。

2. 纳米金刚石的合成及表征

石墨的 $\Delta_f G^{\ominus}$（石墨）$=0$，金刚石的 $\Delta_f G^{\ominus}$（金刚石）$=2.9\text{kJ}\cdot\text{mol}^{-1}$，因此在 298K 及 100kPa 下反应

$$C(\text{石墨})\longrightarrow C(\text{金刚石})$$

该反应的 $\Delta_r G^{\ominus}=\Delta_f G^{\ominus}$（金刚石）$-\Delta_f G^{\ominus}$（石墨）$=2.9-0=2.9\text{kJ}\cdot\text{mol}^{-1}>0$，从热力学数据可知，在常温常压下，该反应为非自发反应。但是人们分析石墨和金刚石的密度可知，石墨的密度为 $2.260\text{g}\cdot\text{cm}^{-3}$，而金刚石的密度为 $3.515\text{g}\cdot\text{cm}^{-3}$。这说明该反应为体积缩小的反应，尽管固相反应受压力影响较小，但是在加压情况下，肯定对上述反应是有利的。那么究竟需要多大的压力，才会使上述反应自发？在恒温下热力学可以采用下式计算压力对 ΔG 的影响。

$$\Delta G(p_2)-\Delta G(p_1)=\Delta V(p_2-p_1)$$

式中，p_1、p_2 表示不同压力，$\Delta G(p_1)$、$\Delta G(p_2)$ 为不同压力下的吉布斯函数变，ΔV 为反应中的体积改变量。因此 $p_1=100\text{kPa}$，$\Delta G^{\ominus}(p_1)=2.9\text{kJ}\cdot\text{mol}^{-1}$，在 p_2 压力下，要使石墨转变为金刚石必须使 $\Delta G(p_2)\leqslant0$，故

$$p_2=\frac{\Delta G(p_1)}{\Delta V}+p_1$$

$$p_2=\frac{\Delta G^{\ominus}(p_1)}{\dfrac{M}{d}-\dfrac{M}{d'}}+p_1$$

式中　M——石墨、金刚石的摩尔质量，$\text{kg}\cdot\text{mol}^{-1}$；

　　　d——石墨密度，$\text{kg}\cdot\text{m}^{-3}$；

　　　d'——金刚石密度，$\text{kg}\cdot\text{m}^{-3}$。

$$p_2=\frac{2.9\times10^3}{\dfrac{12\times10^{-3}}{2.260\times10^3}-\dfrac{12\times10^{-3}}{3.515\times10^3}}+1.0\times10^5\approx1.5\times10^9\,(\text{Pa})$$

计算说明在室温下，$1.5\times10^6\text{kPa}$ 的压力才可能使上述反应进行。然而从动力学角度看，298K 时该反应的反应速率几乎为零，而石墨转化为金刚石是吸热的，故从热力学看，需同时采用高温。实际生产中转化反应是在很高温度和比理论压力高得多的条件下进行的，如 De Carli P.S 等学者利用爆炸冲击波产生超高压，高温［约 $30\text{GPa}(30\times10^9\text{Pa})$、1400K］的条件下，在几微秒时间使石墨中一部分转变为微粉金刚石（大小为几 μm 的晶体），我国钱逸泰先生利用催化热分解法由 CCl_4 制得纳米金刚石，该成果发表于 1998 年，成为"稻草变黄金"的范例。

（1）实验用品　高压釜，XRD（X 射线衍射仪），TEM（电镜显微图），Raman（拉曼光谱）光谱仪。CCl_4，Ni：Mn：Co＝70：25：5 的 Ni-Co 合金催化剂，金属钠等。

（2）实验步骤

① 合成。将 5mL CCl_4 和过量的 20g 金属钠放入 50mL 高压釜中，加入 Ni-Co 合金催化剂。高压釜内温度为 700℃，在一定压力下，恒压恒温 48h，然后在釜中冷却。在还原实验开始时，高压釜中存在着高压，随着 CCl_4 被金属钠还原，压力减小。最后的产物为灰黑色

的粉末，密度为 $3.21g \cdot cm^{-3}$。

② 表征。产品经 XRD、TEM 和 Raman 光谱分析，证明是纳米金刚石粉末。

四、思考题

1. 何为纳米材料？纳米材料为何被誉为"21世纪的新材料"？

2. 简述纳米材料的化学合成法，你认为最有前途的纳米材料合成方法是什么？

3. 化学反应自发进行的依据是什么？是否 $\Delta_r G^\ominus < 0$ 的反应就一定能在常温常压下在实验室中完成？

4. 查阅纳米材料资料，设计 1~2 个纳米新材料的实验室合成方案。

实验二十六　差示扫描量热法 DSC 测定聚合物的热性能

一、实验目的

1. 了解热分析的概念；

2. 了解 DSC 的基本原理；

3. 掌握 DSC 测试聚合物 T_g 的方法。

二、实验原理

差示扫描量热法（differential scanning calorimetry，DSC）是在程序温度控制下，测量试样与参比物之间单位时间内能量差（或功率差）随温度变化的一种技术。它是在差热分析（differential thermal analysis，DTA）的基础上发展而来的一种热分析技术，DSC 在定量分析方面比 DTA 要好，能直接从 DSC 曲线上峰形面积得到试样的放热量和吸热量。

差示扫描量热仪可分为功率补偿型和热流型两种，两者的最大差别在于结构设计原理上的不同。一般实验条件下，选用的是功率补偿型差示扫描量热仪。仪器有两只相对独立的测量池，其加热炉中分别装有测试样品和参比物，这两个加热炉具有相同的热容及热导率，并按相同的温度程序扫描。参比物在所选定的扫描温度范围内不具有任何热效应。因此在测试的过程中记录下的热效应就是由样品的变化引起的。当样品发生放热或吸热变化时，系统将自动调整两个加热炉的加热功率，以补偿样品所发生的热量改变，使样品和参比物的温度始终保持相同，使系统始终处于"热零位"状态，这就是功率补偿 DSC 仪的工作原理，即"热零位平衡"原理。

三、实验用品

1. 仪器

耐驰公司 400PC DSC 仪，铝坩埚，电子天平，镊子，高纯氮气。

2. 试剂

PVC 粉末（室温~150℃），PMMA（室温~150℃）。

四、实验步骤

1. 打开气源；

2. 开启仪器主机电源；

3. 开启电脑主机；

4. 找到 DSC 测试软件并打开；

5. 在窗体选项栏点击诊断，在出现的菜单中选择气体与开关选项；

6. 在出现的气体与开关小窗体中勾选保护气 2 与吹扫气 2 选项，然后点击确定；

7. 称量 5～10mg 样品[1～2]，用铝坩埚装好样品[3]，盖上盖子压好；

8. 在窗体选项栏点击"文件-新建"，在出现的 DSC200PC 测试参数中点击样品选项，填好名称与样品质量，点击继续；

9. 在出现的打开温度校正窗口点击选取温度校正文件，再在出现的打开灵敏度校正窗口点击选取灵敏度校正文件；

10. 进入 DSC 温度设定程序窗口[4]，按照样品测试条件设定温度，点击继续；

11. 在设定测量文件名窗口为将要测试的样品的数据结果命名，点击保存；

12. 点击"开始"，开始测量样品[5]；

13. 测试结束后，使用 Proteus Analysis 软件对数据进行分析。

注释：

[1] 样品用量为 5～10mg，不宜过多，以免导致峰形扩大和分辨率下降。

[2] 样品的颗粒应尽可能小，并且样品应尽可能增大与坩埚底部的接触面积，以获得较为精确的峰温。

[3] 坩埚盖上要扎一个小孔，防止有些聚合物高温分解放出气体引起爆炸。

[4] 温度设定时必须设置保护装置温度；

[5] 温度低于 200℃前，不能完全打开测试装置来加速冷却。

五、思考题

1. 分析、处理数据时，DSC 谱图中的 T_g、T_c、T_m 是怎样确定的？

2. 影响综合热分析的因素有哪些？

3. 在进行综合热分析时，应注意哪些问题？

实验二十七　均相沉淀法制备纳米 CeO₂

一、实验目的

1. 了解纳米粒子制备的原理和方法；

2. 学习"均相沉淀法"制备纳米粒子的原理及操作要点；

3. 学习差热-热重分析及透射电镜（TEM）分析的操作；

4. 学习 DTA-TG 谱图及 TEM 谱图的解析。

二、实验原理

纳米微粒的制备有沉淀法、水热法、溶胶-凝胶法、微乳液法等多种方法，其中均相沉淀法是制备纳米微粒粉体的一类方法，其特点是利用某一化学反应，使溶液中的构晶离子由溶液中缓慢、均匀地产生。此法克服了直接沉淀法制备超细粒子时存在的反应物混合不均匀、反应速率不可控等缺点，因此可制得形貌各异、颗粒均匀、易于洗涤的超细粒子粉体，从而避免了其他杂质的共沉淀，使获得的超细粉体更为纯净。

本实验采用草酸二甲酯（DMO）作为沉淀剂，在一定温度和强烈搅拌下水解产生 $C_2O_4^{2-}$，与 Ce^{3+} 生成 $Ce_2(C_2O_4)_3$（25℃时，$K_{sp} = 3.2 \times 10^{-26}$）沉淀；将制得的沉淀在 500℃高温下焙烧 2h，即转化为黄色纳米级的 CeO₂。其机理可分以下三个步骤。

（1）DMO 水解　草酸二甲酯在恒温水浴中，被加热至 40℃以上时，即开始水解，其反应如下：

$$(CH_3)_2C_2O_4 + 2H_2O \xrightarrow{40℃} 2CH_3OH + C_2O_4^{2-} + 2H^+$$

(2) 水解沉淀　水解产生的 $C_2O_4^{2-}$，一旦遇到 Ce^{3+}，就会生成 $Ce_2(C_2O_4)_3 \cdot 10H_2O$ 沉淀，化学反应为：

$$3C_2O_4^{2-} + 2Ce^{3+} + 10H_2O \Longrightarrow Ce_2(C_2O_4)_3 \cdot 10H_2O \downarrow$$

由于 $C_2O_4^{2-}$ 是逐步生成的，因而生成的沉淀为超细粒子，沉淀完全后，将生成的十水合草酸铈过滤、洗涤并室温干燥。

(3) 高温分解　将第二步制得的白色粉体干燥后，放入马弗炉中，在500℃高温下焙烧2h，使之转化为黄色的目标产物 CeO_2，其反应为：

$$Ce_2(C_2O_4)_3 \cdot 10H_2O + 2O_2 \Longrightarrow 2CeO_2 + 6CO_2 \uparrow + 10H_2O \uparrow$$

反应生成的前驱体 $Ce_2(C_2O_4)_3 \cdot 10H_2O$ 的热分解过程可以通过差热-热重（DTA-TG）实验进行测定；目标产物 CeO_2 的微粒粒径可以通过透射电镜（TEM）分析确定。

三、实验步骤

1. 按 Ce^{3+}：DMO＝1∶7.5（摩尔比）的比例称取一定量的固体 $Ce(NO_3)_3 \cdot 6H_2O$ 和草酸二甲酯，用去离子水分别溶解后混合，将混合液放入圆底烧瓶中。

2. 将混合液放入恒温水浴中，在快速搅拌下升温至85℃反应，当混合液出现白色浑浊时，说明反应已经开始，然后继续在85℃恒温下强力搅拌反应2h，反应结束。

3. 将制得的悬浮液经离心分离并用去离子水洗涤多次，得到白色前驱体 $Ce_2(C_2O_4)_3 \cdot 10H_2O$，放在培养皿中，在室温下干燥约10～20min。

4. 将制备的前驱体 $Ce_2(C_2O_4)_3 \cdot 10H_2O$ 留样（应不少于1g，作差热-热重实验之用）后，其余的放入陶瓷坩埚中，在500℃马弗炉中焙烧2h，即得到最终目标产物 CeO_2 超细粉体。

四、样品分析

1. 十水草酸铈的差热分析

(1) 实验仪器

热重-差热（TG-DTA）分析仪

(2) 实验步骤

称取一定量所制备的干燥十水草酸铈放入氧化铝坩埚中，选升温速率10℃/min，温度范围设为0～1000℃，研究十水草酸铈的热分解过程，可得到如图6.16所示的十水草酸铈的差热-热重曲线。

(3) DTA-TG 图谱的解析

由图谱可以看出，DTA 曲线在112～220℃时出现一吸热峰，对应 TG 曲线显示失重，说明此温度下十水草酸铈开始分解失水，由失重率（9.65%）可以得出，在112～220℃之间前驱体 $Ce_2(C_2O_4)_3 \cdot 10H_2O$ 失去6个结晶水，生成 $Ce_2(C_2O_4)_3 \cdot 4H_2O$。

$$Ce_2(C_2O_4)_3 \cdot 10H_2O \xrightarrow{112～220℃} Ce_2(C_2O_4)_3 \cdot 4H_2O + 6H_2O$$

温度升至300℃时，DTA 曲线开始显示放热，同时 TG 曲线明显显示失重，从300℃至425℃，出现一较大的放热峰，同时 TG 曲线显示失重率为34.61%，说明 $Ce_2(C_2O_4)_3 \cdot 4H_2O$ 的失水、分解和氧化是同时进行的，$Ce_2(C_2O_4)_3 \cdot 4H_2O$ 失水分解并氧化为 CeO_2，放出 CO_2 和 H_2O，反应式为：

$$Ce_2(C_2O_4)_3 \cdot 4H_2O + 2O_2 \Longrightarrow 2CeO_2 + 6CO_2 \uparrow + 4H_2O \uparrow$$

最后，温度升至425℃时，DTA曲线回至基线，TG曲线走平，由425℃至1000℃无任何放热吸热现象（CeO_2的熔点约2600℃），说明十水草酸铈已分解完全，生成目标产物CeO_2。

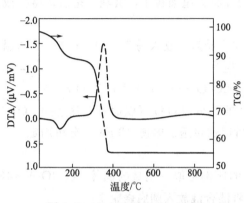

图 6.16　$Ce_2(C_2O_4)_3 \cdot 10H_2O$
的 DTA-TG 图谱

图 6.17　CeO_2 的 TEM 图谱
（放大倍数 100×1000）

2. CeO_2 的透射电镜实验（TEM 图谱）

（1）实验仪器

H-600 透射电子显微镜。

（2）实验步骤

取制备的 CeO_2 少许，放入塑料样品管中，加入一定量的无水乙醇，在超声波分散器中进行超声分散，水浴温度 40℃，振荡时间 30min，制成标准试样，在透射电镜上观察拍照，得如图 6.17 所示的 TEM 图谱照片（放大倍数 100×10^3）。

（3）图谱分析

由图 6.17 可以看出，本方法所合成制备的 CeO_2 微粒大多为均匀球形，粒径为 30～50nm。

五、思考题

1. 何谓均相沉淀法？与共沉淀法相比，此方法有什么优点？

2. 查阅差热分析的有关资料，学习差热分析方法的原理及操作要点，学习差热-热重（DTA-TG）谱图的解析。

3. 查阅透射电镜（TEM）分析的有关资料，学习透射电镜（TEM）分析的原理及操作要点，学习透射电镜（TEM）分析谱图的解析。

实验二十八　洗衣粉中活性组分与碱度的测定

一、实验目的

1. 培养独立解决实物分析的能力；

2. 提高灵活运用定量化学分析知识的水平。

二、实验原理

烷基苯磺酸钠是一种阴离子表面活性剂，具有良好的去污力、发泡力和乳化力。同时，它在酸性、碱性和硬水中都很稳定，因而是目前市场上绝大多数民用洗衣粉的主要活性物。分析洗衣粉中烷基苯磺酸钠的含量，是控制产品质量的重要步骤。

烷基苯磺酸钠的分析主要采用对甲苯胺法，即使其与盐酸对甲苯胺溶液混合，生成的复盐能溶于 CCl_4 中，再用标准溶液滴定。有关反应为：根据消耗标准碱液的体积和浓度，即可求得其含量。需要注意的是，烷基苯磺酸钠的侧链取代基是含 $C_{10} \sim C_{14}$ 的混合物。在本实验中，要求以十二烷基磺酸钠来表示其含量。

洗衣粉的组成十分复杂，除活性物外，还要添加许多助剂。例如，配用一定量的碳酸钠等碱性物质，可以使洗涤液保持一定的 pH 值范围。当洗衣粉遇到酸性污物时，仍有较高的去污能力。

在对洗衣粉中碱性物质的分析中，常用活性碱度和总碱度两个指标来表示碱性物质的含量。活性碱度是仅指由于氢氧化钠（或氢氧化钾）产生的碱度；总碱度包括有碳酸盐、碳酸氢盐、氢氧化钠及有机碱（如三乙醇胺）等产生的碱度。利用酸碱滴定的有关知识，可以测定洗衣粉中的碱度指标。

三、实验用品

1. 仪器

分析天平，酸式及碱式滴定管，容量瓶，锥形瓶，移液管，烧杯，玻璃棒，分液漏斗，煤气灯或电炉，滴管，量筒。

2. 药品

盐酸对甲苯胺溶液，CCl_4，盐酸（1:1），NaOH（固），乙醇（95%），间甲酚紫指示剂（0.04%钠盐），pH 试纸，酚酞指示剂，甲基橙指示剂，邻苯二甲酸氢钾（基准物）。

四、实验步骤

1. 分别配制 $0.1 \text{mol} \cdot \text{L}^{-1}$ 的 HCl 和 $0.1 \text{mol} \cdot \text{L}^{-1}$ NaOH 标液，并标定其准确浓度。

2. 配制盐酸对甲苯胺溶液：粗称 10g 对甲苯胺，溶于 20mL 1:1 盐酸中，加水至 100mL，使 pH<2。溶解过程可适当温热，以促进其溶解。

3. 称取洗衣粉样品 1.5～2g（准确至 0.001g），分批加入 80mL 水中，搅拌促使其溶解（可温热）。转移至 250mL 容量瓶中，稀释至刻度，摇匀。因液体表面有泡沫，读数应以液面为准。

4. 移取 25.00mL 洗衣粉样品溶液于 250mL 分液漏斗中，用 1:1 盐酸调 pH≤3。加 25mL CCl_4 和 15mL 盐酸对甲苯胺溶液，剧烈振荡 2min（注意时常放气，为什么？），再以 15mL CCl_4 和 5mL 盐酸对甲苯胺溶液重复萃取两次。合并三次提取液于 250mL 锥形瓶中，加入 10mL 95% 乙醇溶液增溶，再加入 0.04% 间甲酚紫指示剂，以 $0.01 \text{mol} \cdot \text{L}^{-1}$ 的碱标准溶液滴定至溶液由黄色突变为紫蓝色，且 3s 不变即为终点。重复两次，计算活性物质的质量分数。

5. 活性碱度的测定 吸取洗衣粉样液 25.00mL，加入 2 滴酚酞指示剂，用 $0.1 \text{mol} \cdot \text{L}^{-1}$ 的 HCl 标准溶液滴定至浅粉色（15s 不褪色），计算以 Na_2O 形式表示的活性碱度。平行测定两次。

6. 总碱度的测定 与测定过活性碱度的溶液中再加入 2 滴甲基橙指示剂，继续滴定至橙色。平行测定两次，计算以 Na_2O 形式表示的总碱度。

1. 试比较试验过程中，对有效数字的要求和以前相比有何变化？为什么？
2. 仔细分析实验全过程后，试比较实物分析与以前的教学实验异同点。

实验二十九　利用微型实验仪器电解水实验设计

一、实验目的

1. 理解在不同电解质溶液环境中电解水的原理规律；
2. 探究微型实验仪器电解水过程中电极变化的原因。

二、实验原理

用大头针（镀镍）作电极电解水，稀硫酸、氢氧化钠、硫酸钠的原理实际上是电解水的原理。电极不参与反应时电解水的电极反应方程式如下：

酸性	碱性

阴极：$2H^+ + 2e^- \longrightarrow H_2\uparrow$　　　　$2H_2O + 2e^- \longrightarrow 2OH^- + H_2\uparrow$

阳极：$2H_2O \longrightarrow O_2\uparrow + 4H^+ + 4e^-$　　$4OH^- \longrightarrow 2H_2O + O_2\uparrow + 4e^-$

若大头针外部的镀层破损，电极变成铁电极，则阳极反应变为：

$$Fe \longrightarrow Fe^{2+} + 2e^-$$

在碱性或者中性条件下，亚铁离子不稳定，于是发生：

$$Fe^{2+} + 2OH^- \longrightarrow Fe(OH)_2$$

$$4Fe(OH)_2 + O_2 + 2H_2O \longrightarrow 4Fe(OH)_3\downarrow$$

三、实验用品

1. 仪器

多用滴管，井穴板，低压电源，大头针（表面镀镍），肥皂水，火柴。

2. 试剂

去离子水，Na_2SO_4 溶液（$0.5mol \cdot L^{-1}$），NaOH 溶液（$0.5mol \cdot L^{-1}$），H_2SO_4 溶液（$0.5mol \cdot L^{-1}$）。

3. 实验装置

电解水实验装置如图 6.18 所示。

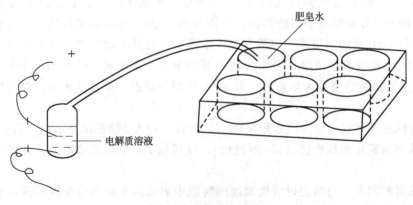

图 6.18　电解水实验装置

四、实验步骤

用多用滴管分别吸取去离子水、Na$_2$SO$_4$溶液（0.5mol·L^{-1}）、NaOH溶液（0.5mol·L^{-1}）、H$_2$SO$_4$溶液（0.5mol·L^{-1}），插入两根大头针作为电极，连接低压电源，观察现象。当多用滴管中产生较多气泡时，将滴管尖嘴插入井穴板中盛有的肥皂水中，用火柴点燃吹起的肥皂泡。实验一段时间后，观察电极（大头针）的变化。

实验现象记录如下：

所用溶液	实验现象			实验解释
	电极	溶液	肥皂泡	
去离子水				
稀硫酸				
氢氧化钠				
硫酸钠				

由上述实验现象可知：

1. 电解去离子水，由于其中可自由移动的离子数量少，因此速率很慢，看不到明显有气泡产生的现象。

2. 加入稀硫酸、硫酸钠、氢氧化钠等强电解质溶液，溶液导电性大大增强，有明显的电解现象。此时溶液中放电的离子仍是 H$^+$、OH$^-$，电解的物质仍然是水。

3. 在实验中，由于使用的大头针镀层破损，铁与电解液直接接触，在电解水过程中铁质大头针在阳极被氧化为亚铁离子，在碱性或中性条件下，被空气继续氧化成三价铁离子，并结合氢氧根离子，最终变成氢氧化铁红褐色沉淀，由于量较少，故呈棕黄色。

电解过程中产生氢气与氧气，因此能吹起肥皂泡，并由于氢气不纯，所以点燃肥皂泡会发生清脆响亮的爆鸣声。

从上述实验中可以看到微型化学实验具有"实验仪器微型化"和"试剂用量节约化"两个基本特征，因此仪器价格相对低廉，实验较易于成功，过程较为环保，不会造成危险。所以应用微型化学实验有利于激发学生学习化学的兴趣，培养学生的环保意识和绿色化学观念，培养学生的动手能力和观察能力，培养学生的创造性思维能力和探究能力等。

但在本实验中，由于气体混合在一起，无法证明有氧气产生，也无法证明可燃性气体是氢气，也无法对阴阳极产生的氧气与氢气进行定量比较，这是一个值得继续探讨的问题。

实验三十　利用手持技术研究酸碱中和反应电导率的变化规律

一、实验目的

1. 学习利用手持技术研究电导率变化；

2. 分析酸滴定混合碱的电导率变化规律。

二、实验原理

手持实验技术是一套先进的便携式数据采集系统，可以利用对许多自然现象和科学进行探究性学习。手持实验技术主要由两部分组成：数据采集器和传感器。传感器是一系列根据一定的物理化学原理制成的物理化学量的感应器具，它们能把外界环境中的某个物理化学量的变化以电信号的方式输出，再经数据模拟装置转化成数据或图表的形式在数据采集器显示并存储起来。

三、实验用品

1. 仪器

数据采集器，电导率传感器，磁力搅拌器，磁力搅拌子，酸式滴定管，100mL 烧杯。

2. 试剂

$0.1mol \cdot L^{-1}$ 盐酸，$0.1mol \cdot L^{-1}$ 氢氧化钠溶液，$2mol \cdot L^{-1}$ 氨水。

3. 实验装置

实验装置如图 6.19 所示。

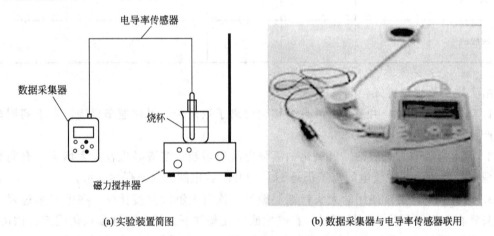

(a) 实验装置简图   (b) 数据采集器与电导率传感器联用

图 6.19　实验装置

四、实验步骤

取 1mL $2mol \cdot L^{-1}$ 氨水，加入 19mL 去离子水，稀释成 $0.1mol \cdot L^{-1}$，取用 10mL，加入 10mL $0.1mol \cdot L^{-1}$ 氢氧化钠溶液，配制成 20mL 混合碱液，盛放在 100mL 烧杯中；用 $0.1mol \cdot L^{-1}$ 盐酸润洗酸式滴定管，然后装液调零；组装装置，打开磁力搅拌器，设置软件，开始记录数据的同时打开酸式滴定管活塞，控制滴加速度稳定；待后期电导率平稳上升，盐酸消耗体积约为 25mL，停止数据记录，关闭酸式滴定管活塞、磁力搅拌器，拆除并清理仪器。

五、数据记录和处理

根据实验结果，绘制如图 6.20 所示的电导率随时间的变化曲线，然后进行分析。混合碱 NaOH 为强电解质，NH_3 为弱电解质，滴加的 HCl 先与 NaOH 反应，再与氨水反应，溶液的电导率曲线先下降（$A \sim B$ 段）后上升（$B \sim C$ 段），随后滴加的 HCl 过量，溶液电导率曲线又上升（$C \sim D$ 段）。仔细分析各个阶段溶液中粒子的变化，列表 6.7 进行汇总，通过各阶段粒子的增加或减少分析电导率在酸碱中和过程中的变化。

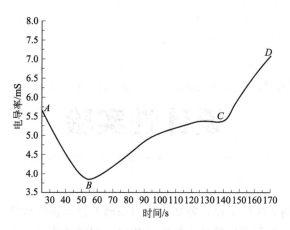

图 6.20 电导率随时间的变化曲线

表 6.7 各阶段溶液中粒子的变化

阶段	溶液中粒子	减少的粒子	增加的粒子
$A \sim B$	Na^+、OH^-、NH_4^+、H^+、H_2O、$NH_3 \cdot H_2O$		
$B \sim C$	Na^+、OH^-、NH_4^+、H^+、H_2O、$NH_3 \cdot H_2O$、Cl^-		
$C \sim D$	Na^+、OH^-、NH_4^+、H^+、H_2O、$NH_3 \cdot H_2O$、Cl^-		

第7章

设计性实验

实验设计是一项创造性的工作，需要有关的基础理论知识作指导，再通过实验来验证理论。实验方案的设计，有利于培养学生解决化学实际问题的能力，为今后从事实际工作尤其是开展科学研究打下良好的基础。

设计性实验的内容分两个层次，即初级阶段和高级阶段。

(1) 初级阶段实验

初级阶段的实验是给出命题及所用的试剂，要求学生按照给定的试剂等条件设计实验方案，通过实验得出应有的结论。本阶段选取的实验内容，着眼于引导学生进行实验设计的思维方式，培养学生独立工作的思路和方法，使学生由常规的实验方式逐步过渡到新的实验模式，为进入高级阶段的实验打下初步基础。

初级阶段设计性实验的设计原理和方法：

初级阶段的设计性实验是给出命题及所用试剂等条件，要求学生按照给定的试剂设计实验方案，再通过实验得出应有的结论。即用可观察的实验现象，如颜色的变化、沉淀的生成或溶解、气体的逸出等直观的实验现象，检验、证明性质、规律、理论等理性认知的正确性。

具体设计过程可分为三步：

① 把实验命题由演示推理转变为可由实验直接观察的命题；

② 把可直接观察的命题设计为可进行操作的实验步骤；

③ 进行论证。

(2) 高级阶段实验

高级阶段的实验只是给出设计标准和要求，留给学生更多的发挥空间，本阶段选取的实验内容是根据某个学科专业的特点而设计的。其开设目的在于进一步巩固加强化学实验基础和技能的训练，拓宽学生的知识面，突出学生的专业特点，将科研与教学紧密结合，克服以往实验内容与专业脱节的现象，使学生学习的知识与实际工作更加接近，从而毕业后更容易适应新的工作岗位，培养学生综合运用化学理论知识和化学实验技能去解决实际问题的能力、查阅文献资料的能力、操作使用现代仪器的能力和深入处理实验数据的能力，使学生的实验素养达到一个更高的层次，为学生独立设计实验和从事科学研究打下良好的基础。

高级阶段设计性实验的设计原理和方法：

高级阶段设计性实验仅给出设计提示和要求，因而对学生进行实验设计提出了更高的要求，难度也较大。其过程可分为四步：

① 选题及查阅文献；

② 综合分析所获得的原始材料拟定实验方案；

③ 独立完成实验；

④ 总结实验结果。

高级阶段设计实验报告应按照小论文的形式来撰写。其格式可参照一般化学、化工杂志的论文，其内容应当包括：题目、作者、摘要、关键词、前言、实验内容、结果与讨论、主要参考文献等。其整个过程相当于本科生毕业论文，但总体要求简单得多，时间可按一周左右安排。

本章给出了十七个设计性选题，其内容主要涉及"普通化学"的理论知识。题目难度由浅入深，一般经过学生的认真准备及教师的指导，均能独立完成。

选题一　pH 试纸的系列微型化学实验

一、实验目的

1. 根据滤纸的特性结合所学知识进行设计性实验；

2. 自行组建实验装置，确定实验步骤，记录并分析实验结果。

二、实验原理

由于滤纸本身具有毛细特质、颜色纯白等特点，在滤纸上进行化学实验已经成为微型化学实验研究的热点之一，pH 试纸质地与滤纸相似，在一些趣味实验和微型实验中完全可以替代滤纸，而且能及时呈现出反应进程中体系酸碱性的变化，经过设计与实验验证，设计出四则 pH 试纸上的微型实验。

三、实验设计及结果

（1）pH 试纸上的微型电解

电解质溶液电解过程中往往伴随着两极酸碱性的变化。取一条广泛 pH 试纸，浸润了饱和 Na_2SO_4 溶液后放置于玻璃片上，取两只回形针夹住试纸两端，另取导线、鳄鱼夹、9V 电池连接好电路，当两根鳄鱼夹夹住回形针后，试纸上立刻出现以下现象：阳极回形针处很快出现大片红棕色，阴极附近迅速呈现大片蓝紫色，对照比色卡发现其 pH 值约为 13。这是因为阴极发生如下电极反应：

$$2H_2O+2e^- \longrightarrow H_2+2OH^-$$

电解硫酸钠溶液相当于电解水，本应该在阳极得到氧气，电极附近溶液显酸性，但在本实验中得到是红棕色物质。由于电极采用铁制回形针，推测可能是回形针被氧化得到的氧化铁。随后将红棕色物质从试纸上刮下少许置于试管中，加稀盐酸完全溶解后，发现溶液呈棕黄色，滴加一滴 KSCN 溶液振荡，溶液出现血红色，从而证明了推测正确。

如果采用铅笔芯作为电极，对 pH 试纸上的硫酸钠溶液电解，可见阳极与试纸接触处呈现红色圆点，阴极与试纸接触处呈现蓝色圆点，更好地说明了电解水的本质。

（2）pH 试纸上的"纸色谱法"

纸色谱法又叫纸层析法，一般以滤纸为承载物。在滤纸的毛细作用下，可将移动速度不同的组分分离，最早应用于分离植物色素时会形成不同颜色的谱带，后来广泛用于物质的分离。如今纸色谱法已经进入高中化学新课程"实验化学"选修模块，教材中介绍利用粉笔也可以完成色谱分离。用 pH 试纸也可以方便地设计一个类似"纸色谱法"的趣味微型实验。

取一张广泛 pH 试纸，在离试纸末端约 2mm 处用铅笔画一条细线平行于短边。用多用滴管在细线处滴加一滴 10％的 NaOH 溶液，液滴立刻蔓延开来，显示蓝紫色 pH 值约为 13。将 pH 试纸显示蓝紫色的一端浸在蒸馏水中，水平面与细线处大致相平，随着水在试纸上由底端向另一端展开，试纸上的颜色也逐渐展开，由下而上色带为淡黄色、蓝紫色、深绿色、青绿色。将试纸从水中取出，保持原来方向垂直放置片刻，待水相停止流动，颜色分布稳定下来时，pH 试纸由下而上的色素带分别为淡黄色、土黄色、青绿色、蓝紫色、墨蓝色，颜色所表示的 pH 值与碱的浓度有关，距离浸入端越近的区域蒸馏水展开越多，NaOH 的浓度越低；距离太远的地方，移动抵达的 NaOH 溶液也少。

如果用稀硫酸替代 NaOH 溶液重复该实验，则无此效果。

（3）用 pH 试纸验证盐类溶液酸碱性

盐类水解是《化学反应原理》选修模块中重要章节内容，传统的实验需要配制大量不同类型的盐溶液来进行实验探究，但其实真正用上的不过一两滴。我们在玻璃板上放置五张 pH 试纸，每张纵向间隔 2cm 左右。在每张试纸的一端分别放置一小粒不同盐类的固体，用多用滴管在盐粒上滴加 2 滴蒸馏水，即可见试纸上颜色变化。

需要注意的是，为了准确表现盐类水解产生的酸碱性变化，该实验所配制的盐溶液最好是无色透明的。

（4）用 pH 试纸演示盐类水解平衡移动

盐类水解是吸热反应，温度升高可使水解程度变大。pH 试纸不仅可以表现盐溶液静态的酸碱性，还可以通过温度的改变，表现水解平衡的移动。分别配制饱和碳酸钠溶液与硫酸铝溶液，用玻璃棒蘸取少许盐溶液于两张广泛 pH 试纸上，显示颜色表示 pH 在 10 和 4 左右。将浸润盐溶液的试纸置于酒精灯火焰上方 4cm 处加热（距离不宜过近，否则容易烧着），随着温度升高，碳酸钠溶液浸润的试纸显示 pH 值变大，而硫酸铝溶液浸润的试纸显示酸性增强。另取 8.2～10.0 范围内的精密 pH 试纸浸润碳酸钠溶液后在火焰上方加热，发现蓝紫色表现出的 pH 值由原先的 10.0 增加至 10.0 以上；而 0.5～5.0 范围内的精密 pH 试纸浸润硫酸铝溶液加热，颜色由 4 变到 3.5 再变到 3，而将试纸一移开火焰上方，pH 值变大。

采用 pH 试纸进行微型实验，不仅节省药品，绿色环保，而且操作方便，现象明显，便于由学生亲手完成该实验，有利于学生对实验中的现象进行思考与探究。

选题二　稀溶液通性实验

1. 液体的蒸气压
① 目的：了解液体蒸气压的存在。
② 药品：乙醚、红水。
③ 提示：乙醚易挥发，因此会产生明显的蒸气压。
④ 要求：设计简单的装置，通过具体操作步骤验证液体具有蒸气压。
2. 溶液的凝固点下降
① 目的：了解溶液比纯溶剂的凝固点低。

② 药品：浓糖水（50%）、固体 NH_4Cl、冰。

③ 仪器：5mL 离心管两支（作冷冻管），50mL 烧杯，低温温度计一支（$-50\sim0℃$）。

④ 要求及提示：NH_4Cl 溶于水是一吸热反应，可使冰水温度迅速降低至零度以下。要求利用简单的装置和操作，证明溶液的凝固点比纯水的凝固点更低。

选题三　缓冲溶液的配制及缓冲性能实验

1. 目的：证明缓冲溶液具有缓冲性能。

2. 药品：$HAc(0.1mol\cdot L^{-1})$，$HCl(0.1mol\cdot L^{-1})$，$NaOH(0.1mol\cdot L^{-1})$，$NaAc$（$0.1mol\cdot L^{-1}$）。

3. 用品：烧杯（50mL）、试管、pH 试纸。

4. 要求：

① 设计两个以上配制 10mL pH 为 $3\sim10$ 的缓冲溶液的实验方案。其中一个必须用 $NaOH(0.1mol\cdot L^{-1})$ 溶液配制。

② 对配制的缓冲溶液的缓冲性能进行测试。

选题四　催化剂对反应速率的影响

1. 目的：了解 MnO_2 催化剂能加快 H_2O_2 的分解速率。

2. 药品：3% 的 H_2O_2 溶液、MnO_2 固体粉末、甲基橙指示剂（便于观察气泡逸出）。

3. 要求：采用试管实验，利用 H_2O_2 分解放出气泡的多少证明 MnO_2 具有催化作用。

选题五　氧化剂氧化能力大小的比较

1. 目的：比较 Br_2、I_2、Fe^{3+} 氧化能力的大小。

2. 药品：Br_2 水、I_2 水、$FeCl_3$、$FeSO_4$、KI、KBr（均为 $0.1mol\cdot L^{-1}$）。

3. 要求：采用试管实验，设计几组实验操作，比较上述三个氧化剂氧化能力的大小并排序。

选题六　配合物的磁性实验

1. 目的：了解物质顺磁性、逆磁性与未成对电子数的关系。

2. 药品：固体 $Fe_2(SO_4)_3$、$K_4[Fe(CN)_6]$。

3. 用品：透明塑料管（$\phi 5mm\times20mm$）两根，U 形磁铁一个，细线等。

4. 要求：利用物质磁性的差异证明上述化合物分子中 Fe 有无未成对电子数。

选题七　碳酸盐的热稳定性

1. 目的：比较碳酸正盐与酸式盐热稳定性的差异。
2. 药品：固体 Na_2CO_3、$NaHCO_3$、$MgCO_3$、$CaCO_3$、饱和石灰水。
3. 仪器：酒精喷灯、硬质大试管、导气管及软木塞等。
4. 要求：利用学习过的知识证明碳酸正盐、酸式盐热稳定性的大小差异。

选题八　铬酸盐与重铬酸盐的相互转化

1. 目的：了解重铬酸盐与铬酸盐由于溶液 pH 值的变化而相互转化。
2. 药品：$0.2mol \cdot L^{-1}$ $K_2Cr_2O_7$ 溶液、$2mol \cdot L^{-1}$ $NaOH$、$2mol \cdot L^{-1}$ H_2SO_4。
3. 要求：采用试管实验，利用颜色变化说明铬酸盐和重铬酸盐在不同酸度下的相互转化。

选题九　银氨配离子配位数的测定

1. 目的：应用配位平衡和溶度积原理，测定银氨配离子 $[Ag(NH_3)_n]^+$ 的配位数 n。
2. 原理：在 $AgNO_3$ 溶液中加入过量氨水即生成稳定的 $[Ag(NH_3)_n]^+$，再向溶液中加入 KBr 溶液，直至刚刚出现 AgBr 沉淀（混浊）为止。这时混合液中同时存在如下平衡：

$$Ag^+ + nNH_3 \rightleftharpoons [Ag(NH_3)_n]^+$$

$$K_{稳} = \frac{[Ag(NH_3)_n^+]}{[Ag^+] \cdot [NH_3]^n}$$

$$Ag^+ + Br^- \Longrightarrow AgBr \downarrow$$

$$K_{sp} = [Ag^+] \cdot [Br^-]$$

体系中 $[Ag^+]$ 必须同时满足上述两个平衡，所以

$$\frac{[Ag(NH_3)_n^+][Br^-]}{[NH_3]^n} = K_{稳} K_{sp} = K$$

$$[Ag(NH_3)_n^+][Br^-] = K[NH_3]^n$$

对上式两边取对数，得直线方程

$$\lg[Ag(NH_3)_n^+][Br^-] = n\lg[NH_3] + \lg K$$

以 $\lg[Ag(NH_3)_n^+][Br^-]$ 为纵坐标，$\lg[NH_3]$ 为横坐标作图，所得直线的斜率（取最接近的整数）即为 $[Ag(NH_3)_n]^+$ 的配位数 n。

3. 提示：上式中 $[Br^-]$、$[Ag(NH_3)_n^+]$、$[NH_3]$ 均为平衡时的浓度，实验中可以采用滴管（大小规格尽量一致）分别吸取三种溶液和蒸馏水，再用同一只微量滴头进行计量和滴定，所以可用各溶液所取滴数和有关原始浓度 $[Br^-]_0$、$[Ag^+]_0$、$[NH_3]_0$ 对各平衡浓度进行如下计算：

$$[Br^-]=[Br^-]_0 \times \frac{Br^- 滴数}{总滴数}$$

$$[Ag(NH_3)_n^+]=[Ag^+]_0 \times \frac{Ag^+ 滴数}{总滴数}$$

$$[NH_3]=[NH_3]_0 \times \frac{NH_3 滴数}{总滴数}$$

本实验可以采用微型实验的多用滴管作为实验仪器进行实验操作。

4. 要求：采用坐标纸绘图。

5. 参考资料：微型化学实验. 周宁怀主编. 浙江科学技术出版社. 1992.4.

选题十　凝固点下降法测定分子量

1. 目的：学习用凝固点下降法测定难挥发非电解质分子量的方法，加深对稀溶液依数性的认识。

2. 原理：一种难挥发的溶质溶解于某一溶剂后，由于溶液的蒸气压下降，导致溶液的凝固点低于纯溶剂的凝固点，这种现象称为凝固点下降。稀溶液的凝固点下降值（ΔT_f）与溶解在溶剂中的溶质的量（以质量摩尔浓度 b 表示）成正比而与溶质的本性关系：

$$\Delta T_f = K_f b$$

式中，K_f 是溶剂的凝固点下降常数，如水的 $K_f=1.86$，苯的 $K_f=5.12$。若有 $m_1(g)$ 的溶质溶剂在 $m_2(g)$ 的溶剂中，而且溶质的摩尔质量为 M，则有：

$$\Delta T_f = K_f b = K_f \frac{\dfrac{m_1}{M} \times 1000}{m_2}$$

$$M = K_f \frac{m_1 \times 1000}{\Delta T_f m_2}$$

利用上式，在已知溶质和溶剂质量的前提下，只要测出稀溶液凝固点下降值，即可求出溶质的摩尔质量或分子量。为了测定稀溶液的凝固点下降值，必须测定纯溶剂的凝固点和含待测溶质的稀溶液的凝固点。而这些凝固点可以通过作溶剂和稀溶液的温度-时间冷却曲线求得。

3. 提示：采用萘在苯中形成的稀溶液的凝固点必然低于纯苯的凝固点的性质，可以测定萘的分子量。

利用两支大小不同可以套在一起的试管（A、B）作为反应仪器，一烧杯盛有冰-水混合物作冰-水浴，再将试管 A 上部装上低温温度计（$-50 \sim 0℃$，$0.01℃$），分别测定不加萘和加入一定量萘的苯溶液的凝固点，按上式进行计算。

4. 要求：本实验要求测定两次，且两次测定误差应在 0.04℃ 以内。

选题十一　醋酸解离常数的测定

1. 目的：学习简单测定醋酸解离常数 K 的方法。

2. 原理：根据缓冲溶液 pH 的计算公式

$$pH=pK_a-\lg\{c^{eq}(HAc)/c^{eq}(Ac^-)\}$$

若 $c^{eq}(HAc)=c^{eq}(Ac^-)$，则上式即简化为

$$pH=pK_a=-\lg K_a$$

因此取一定量 HAc 溶液，分为体积相同的两部分，其中一部分溶液用 NaOH 滴定至终点（此时 HAc 几乎完全转化为 Ac^-），再用另一部分溶液混合，并测定该溶液（即缓冲溶液）的 pH 值，即可求得 HAc 的解离常数 K_a。测定时无需知道 HAc 和 NaOH 溶液的浓度。

3. 要求：本实验必须进行 2～3 次平行实验，测出的 K_a 取 2～3 次的平均值。

选题十二　盐类溶解热的测定

1. 目的：学习采用简单量热计测定盐类的溶解热。

2. 原理：盐类的溶解同时进行着两个过程：一是晶格破坏，为吸热过程；二是离子的溶剂化，即离子的水合作用，为放热过程。溶解热则是这两个过程的热效应的总和。因此，盐类的溶解过程最终是吸热还是放热，则由这两个热效应的相对大小来决定。

通常在（近似）绝热的量热计中，当把某种盐溶解于量热计中一定量的水中时，若测得溶解过程的温度变化 ΔT，则该物质的摩尔溶解热为：

$$\Delta_r H^\ominus(溶解)=[(V_{H_2O}\rho_{H_2O}C_{H_2O}+mC_质)+C_量]\times\frac{\Delta TM}{m}$$

式中，$\Delta_r H^\ominus$（溶解）为盐在溶液中的溶解热，$J\cdot mol^{-1}$；V_{H_2O} 为水的体积，L；ρ_{H_2O} 为水的密度，$g\cdot L^{-1}$；C_{H_2O} 为水的比热容，$J\cdot g^{-1}\cdot K^{-1}$；$m$ 为溶质盐的质量，g；$C_质$ 为溶质的比热容，$J\cdot g^{-1}\cdot K^{-1}$；$C_量$ 为量热计的热容，$J\cdot K^{-1}$；M 为溶质盐的分子量。

3. 提示：采用“化学反应摩尔焓变的测定”的实验装置；利用外推作图法求得反应过程中的 ΔT。盐的称量应采用分析天平进行。量热计的热容可采用“化学反应摩尔焓变的测定”中的方法来进行。

4. 要求：测定 KCl、KNO_3 和 NH_4Cl 三种盐的溶解热。

选题十三　中和热的测定

1. 目的：学习采用简易量热计测定中和热。

2. 原理：在一定温度、压力和浓度下，1mol H^+ 和 1mol OH^- 完全发生中和反应时所放出的热叫中和热。对于强酸和强碱来说，由于其在水溶液中几乎全部解离，所以反应实际上是 $H^++OH^-\longrightarrow H_2O$，由此可见，这类反应的中和热与酸的阴离子无关，故任何强酸和强碱的中和热都是相同的。

如果中和反应是在绝热反应杯中进行，并让酸和碱的起始温度相同，同时使碱稍微过量，以使酸能被完全中和，则中和反应放出的热量可以全部被溶液和量热计所吸收，这时，可写出如下热平衡式：

$$\frac{c_{酸}V_{酸}}{1000} \times \Delta_r H_{中和}^{\ominus} + (m_{溶液}C_{溶液} + C_{量})\Delta T = 0$$

式中，$c_{酸}$ 为酸的浓度，$mol \cdot L^{-1}$；$V_{酸}$ 为酸的体积，L；$\Delta_r H_{中和}^{\ominus}$ 为反应温度下的中和热，$J \cdot mol^{-1}$；$m_{溶液}$ 为酸、碱总质量，g；$C_{溶液}$ 为溶液比热容，$J \cdot g^{-1} \cdot K^{-1}$；$C_{量}$ 为量热计的热容，$J \cdot K^{-1}$；ΔT 为溶液中和反应温度差，由外推法求得。

3. 提示：采用"化学反应摩尔焓变的测定"的实验装置，用外推作图法求得反应的 ΔT。

4. 要求：每一次实验平行两次；选用 HCl、H_2SO_4 和 $NaOH$，测定不同强酸与 $NaOH$ 反应的中和热。

选题十四　1,2,4-三唑的制备

1. 目的：了解无取代三唑环的合成和应用。

2. 原理：1,2,4-三唑环中有两个相邻的氮原子，在合成上可以由 NH_2NH_2 来提供，通过和其他带有活性基团的化合物如甲酰胺缩合而成。甲酰胺法是目前工业上生产 1,2,4-三唑常用的方法。另一类方法是通过 1mol 的甲酰胺和 1mol 甲酰胺环合而成。但用这种方法，甲酰肼尚需要由甲酸甲酯肼来制备，路线较长，成本较前类方法高。用肼的衍生物（如酰肼）代替肼，可用类似的方法合成取代的三唑化合物。

3. 要求：利用甲酰胺法进行 1,2,4-三唑制备，用乙醇重结晶，并测熔点。

$$3HCONH_2 + NH_2NH_2 \cdot H_2O \xrightarrow{180℃} HN\underset{N}{\overset{N}{\diagup}} + 2H_2O + HCOOH + 2NH_3$$

4. 提示：本实验时间较长，实验前应认真熟悉所用磨口仪器的安装及注意事项。

选题十五　橘皮中果胶和橙皮苷的提取

1. 目的：通过对橘皮中果胶和橙皮苷的分步提取，掌握天然产物的提取技术。

2. 原理：橘皮中含有丰富的糖类，如橙皮苷、果胶及色素等，在食品和医药中有广泛的用途。柑橘皮约占果实重的 1/4。果胶在医药工业中做肠功能调节剂、止血剂、抗毒剂；在食品工业中做增稠剂或胶凝剂，它还可以代替琼脂用于化妆品的生产。果胶为淡黄色粉末，难溶于乙醇，能溶于 20 倍水中，在酸性条件下稳定，在强碱性条件下分解；其提取方法有水沉淀法、离子交换法和微生物法，其中水沉淀法操作方便，成本低，收率高。果胶的分子量为 $1 \times 10^5 \sim 4 \times 10^5$，其结构如下：

橘皮苷为灰白色粉末状物质，难溶于水，微溶于乙醇，具有较高的药用价值，能维持血管的正常渗透压，降低血管的脆性，缩短出血时间。它是合成新型甜味剂二氢查耳酮的主要原料，其结构式如下：

提取果胶的橘皮残渣经水浸泡、碱溶液处理、酸化等步骤可提取橘皮苷。经乙醇重结晶，可得产品。

3. 要求：自行设计方案进行果胶和橘皮苷的提取。

选题十六　利用手持技术研究酸碱中和反应 pH 值的变化规律

1. 目的：采用手持技术测量中和反应过程中 pH 值的变化。

2. 原理：以往的滴定实验都只是定性试验，只能通过滴加指示剂，通过溶液颜色的变化来说明 pH 值发生突变，只能知道化学计量点附近溶液颜色从无色到淡红色再到红色，从而说明化学计量点的存在。但学生无法知道中和滴定过程中具体的 pH 值变化、滴定前后溶液中各种粒子浓度变化，无法对化学计量点附近的突跃进行理性认识。

现在通过 pH 传感器，利用手持技术，不仅操作方便简单，在学生保持对实验的感性认识的同时，还可以让学生观察到溶液在整个滴定过程中具体 pH 数值的变化情况，让学生对化学计量点附近的突跃进行理性认识。

3. 试验仪器与试剂

仪器：数据采集器、pH 传感器、磁力搅拌器、磁力搅拌子、酸式滴定管、100mL 烧杯。

试剂：0.1mol·L⁻¹盐酸、0.1mol·L⁻¹氢氧化钠溶液。

4. 要求：采集数据，绘制 pH-时间变化曲线进行分析。

注：参考实验步骤

量取 25mL 氢氧化钠溶液（0.1mol·L⁻¹）于 100mL 烧杯中；酸式滴定管用 0.1mol·L⁻¹盐酸润洗，装液，调零；打开磁力搅拌器，设置软件，开始记录数据的同时打开酸式滴定管活塞，控制滴加速度稳定；待加入盐酸与氢氧化钠溶液的体积比约为 1∶1，停止数据记录，关闭酸式滴定管活塞、磁力搅拌器，拆除并清洗仪器。

选题十七　利用手持技术进行"温室效应"的探究

1. 目的：采用手持技术测量温度变化，探究二氧化碳的"温室效应"。

2. 原理：近几十年来，由于人类消耗的能源急剧增加，森林遭到破坏，大气中二氧化碳的含量不断上升。大气中的二氧化碳气体能像温室的玻璃或塑料薄膜那样，使地面吸收的太阳光的热量不易散失，从而使全球变暖，这种现象叫温室效应。能产生温室效应的气体除二氧化碳外，还有臭氧、甲烷、氟氯代烷等。

利用较先进的手持仪器（包括数据采集器与温度传感器等），研究空气和二氧化碳在接受相同的灯光照射两种情况下的温度变化趋势，比较出它们的温室效应强弱，并研究大气中的温室气体二氧化碳对气温变化的影响。

3. 实验仪器与试剂

仪器：温度传感器、数据采集器、玻璃瓶、胶塞、锥形瓶、长颈漏斗、导管。

试剂：碳酸氢钠、稀硫酸溶液。

4. 要求：在相同的红外灯条件下比较二氧化碳及空气的温度效应强度，验证二氧化碳是否对红外长波辐射有强烈吸收。

（1）二氧化碳及空气制备

用盐酸和碳酸氢钠反应，并用大试管收集二氧化碳，用点燃的火柴伸到试管口，若熄灭，说明已收集满。收满后塞上胶塞，用另外一个等体积的大试管收集空气做对比实验。

（2）数据采集器的设置与数据的采集

为了研究在红外光下二氧化碳与空气的温室效应强度差异，将收集好二氧化碳和空气的大试管放在实验室的红外灯下实验（图7.1）。实验中要注意保证两个试管的位置光照强度是相同的，使两个大试管接受相同的热量辐射，分别将两根温度传感器穿过塞子中间的小孔插入大试

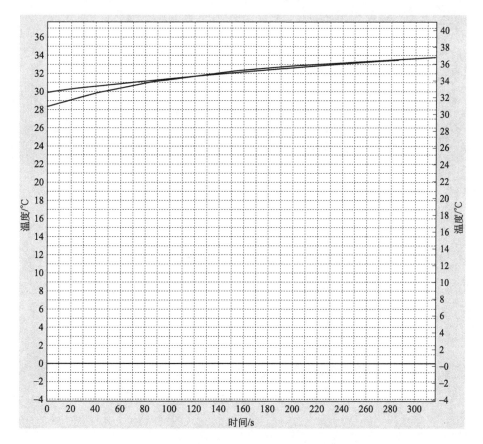

图 7.1　空气和二氧化碳的温室效应

管中。

　　打开数据采集器，将两根温度传感器连接到数据采集器的端口，设置数据采集模式为每秒采集十个数据，停止时间设为手动停止。传输到计算机上并根据两种气体的温度高低来分析实验结果和它们的变化规律。

　　装有二氧化碳的大试管比装有空气的大试管升温速度快，说明二氧化碳气体对红外长波辐射有强烈吸收，可知大气的温室效应强度与大气的组成和各成分的含量有关。若大气中二氧化碳含量过高，会导致温室效应加重、厄尔尼诺现象、两极冰盖融化等严重生态破坏，所以，要提倡低碳环保生活。

附　　录

1. 常用酸、碱的质量分数和相对密度 (d_{20}^{20})

质量分数/%	相　对　密　度						
	HCl	HNO$_3$	H$_2$SO$_4$	CH$_3$COOH	NaOH	KOH	NH$_3$
4	1.019 7	1.022 0	1.026 9	1.005 6	1.044 6	1.034 8	0.982 8
8	1.039 5	1.044 6	1.054 1	1.011 1	1.088 8	1.070 9	0.966 8
12	1.059 4	1.067 9	1.082 1	1.016 5	1.132 9	1.107 9	0.951 9
16	1.079 6	1.092 1	1.111 4	1.021 8	1.177 1	1.145 6	0.937 8
20	1.100 0	1.117 0	1.141 8	1.026 9	1.221 4	1.183 9	0.924 5
24	1.120 5	1.142 6	1.173 5	1.031 8	1.265 3	1.223 1	0.911 8
28	1.141 1	1.168 8	1.205 2	1.036 5	1.308 7	1.263 2	0.899 6
32	1.161 4	1.195 5	1.237 5	1.041 0	1.351 2	1.304 3	
36	1.181 2	1.222 4	1.270 7	1.045 2	1.392 6	1.346 8	
40	1.199 9	1.248 9	1.305 1	1.049 2	1.432 4	1.390 6	
44			1.341 0	1.052 9		1.435 6	
48			1.378 3	1.056 4		1.481 7	
52			1.417 4	1.059 6			
56			1.458 4	1.062 4			
60			1.501 3	1.064 8			
64			1.544 8	1.066 8			
68			1.590 2	1.068 7			
72			1.636 7	1.069 5			
76			1.684 0	1.069 9			
80			1.730 3	1.069 9			
84			1.772 4	1.069 2			
88			1.805 4	1.067 7			
92			1.827 2	1.064 8			
96			1.838 8	1.059 7			
100			1.833 7	1.049 6			

注：摘自 R. C. Weast，Handbook of Chemistry and Physics，70th. edition，D-222，1989~1990。

2. 常见离子和化合物的颜色

附录表 2.1　常见离子的颜色

无色阳离子	Ag$^+$，Cd^{2+}，K$^+$，Ca^{2+}，As^{3+}（在溶液中主要以 AsO$_3^{3-}$ 存在），Pb^{2+}，Zn^{2+}，Na$^+$，Sr^{2+}，As^{5+}（在溶液中几乎全部以 AsO$_4^{3-}$ 存在），Hg$_2^{2+}$，Bi^{3+}，NH$_4^+$，Ba^{2+}，Sb^{3+} 或 Sb^{5+}（主要以 [SbCl$_6$]$^{3-}$ 或 [SbCl$_6$]$^-$ 存在），Hg^{2+}，Mg^{2+}，Al^{3+}，Sn^{3+}，Sn^{4+}
有色阳离子	Mn^{2+} 浅玫瑰色，稀溶液无色；[Fe(H$_2$O)$_6$]$^{3+}$ 淡紫色，但平时所见 Fe^{3+} 盐溶液黄色或红棕色，Fe^{2+} 浅绿色，稀溶液无色；Cr^{3+} 绿色或紫色；Co^{2+} 玫瑰色；Ni^{2+} 绿色；Cu^{2+} 浅蓝色

无色阴离子	SO_4^{2-}，PO_4^{3-}，F^-，SCN^-，$C_2O_4^{2-}$，SO_3^{2-}，BO_2^-，Cl^-，NO_3^-，S^{2-}，WO_4^{2-}，$S_2O_3^{2-}$，$B_4O_7^{2-}$，Br^-，NO_2^-，ClO_3^-，VO_3^-，CO_3^{2-}，SiO_3^{2-}，I^-，Ac^-，BrO_3^-
有色阴离子	$Cr_2O_7^{2-}$ 橙色，CrO_4^{2-} 黄色，MnO_4^- 紫色，MnO_4^{2-} 绿色，$[Fe(CN)_6]^{4-}$ 黄色，$[Fe(CN)_6]^{3-}$ 黄棕色

附录表 2.2 有特征颜色的常见无机化合物

黑色	CuO，NiO，FeO，Fe_3O_4，MnO_2，FeS，CuS，Ag_2S，NiS，CoS，PbS
蓝色	$CuSO_4 \cdot 5H_2O$，$Cu(NO_3)_2 \cdot 6H_2O$，许多水合铜盐，无水 $CoCl_2$
绿色	镍盐，亚铁盐，铬盐，某些铜盐如 $CuCl_2 \cdot 2H_2O$
黄色	CdS，PbO，碘化物（如 AgI），铬酸盐（如 $BaCrO_4$，K_2CrO_4）
红色	Fe_2O_3，Cu_2O，HgO，HgS①，Pb_3O_4
粉红色	$MnSO_4 \cdot 7H_2O$ 等锰盐，$CoCl_2 \cdot 6H_2O$
紫色	亚铬盐（如 $CrAc_2 \cdot H_2O$），高锰酸盐

① 某些人工制备的和天然的物质常有不同的颜色，如沉淀生成的 HgS 是黑色的，天然的是朱红色。

3. 弱酸弱碱的解离平衡常数 K

酸（碱）	温度$(T)/℃$	$K_a(K_b)$	$pK_a(pK_b)$
硼酸(H_3BO_3)	20	$(K_{a1})7.3×10^{-10}$	9.14
氢氰酸(HCN)	25	$4.93×10^{-10}$	9.31
碳酸(H_2CO_3)	25	$(K_{a1})4.30×10^{-7}$	6.37
	25	$(K_{a2})5.61×10^{-11}$	10.25
次氯酸$(HClO)$	18	$2.95×10^{-8}$	7.53
氢氟酸(HF)	25	$3.53×10^{-4}$	3.45
亚硝酸(HNO_2)	12.5	$4.6×10^{-4}$	3.34
磷酸(H_3PO_4)	25	$(K_{a1})7.52×10^{-3}$	2.12
	25	$(K_{a2})6.23×10^{-8}$	7.21
	18	$(K_{a3})2.2×10^{-13}$	12.67
氢硫酸(H_2S)	18	$(K_{a1})9.1×10^{-8}$	7.04
	18	$(K_{a2})1.1×10^{-12}$	11.96
亚硫酸(H_2SO_3)	18	$(K_{a1})1.54×10^{-2}$	1.81
	18	$(K_{a2})1.02×10^{-7}$	6.991
草酸$(H_2C_2O_4)$	25	$(K_{a1})5.90×10^{-2}$	1.23
	25	$(K_{a2})6.40×10^{-5}$	4.19
醋酸(CH_3COOH)	25	$1.76×10^{-5}$	4.75
磺基水杨酸	18~25	$(K_{a2})4.7×10^{-3}$	2.33
$C_6H_3(SO_3H)(OH)COOH$		$(K_{a3})4.8×10^{-12}$	11.32
氨(NH_3)	25	$1.77×10^{-5}$	4.75

4. 标准电极电势 $E^{\ominus}$ (298K)

电 对 （氧化态/还原态）	电极反应 （氧化态$+ne^- \rightleftharpoons$还原态）	标准电极电势 $E^{\ominus}/V$
Li^+/Li	$Li^+(aq)+e^- \rightleftharpoons Li(s)$	$-3.040\,1$
K^+/K	$K^+(aq)+e^- \rightleftharpoons K(s)$	-2.931
Ca^{2+}/Ca	$Ca^{2+}(aq)+2e^- \rightleftharpoons Ca(s)$	-2.868
Na^+/Na	$Na^+(aq)+e^- \rightleftharpoons Na(s)$	-2.7109
Mg^{2+}/Mg	$Mg^{2+}(aq)+2e^- \rightleftharpoons Mg(s)$	-2.378
Al^{3+}/Al	$Al^{3+}(aq)+3e^- \rightleftharpoons Al(s)$	-1.662

电　　对 （氧化态/还原态）	电极反应 （氧化态 $+ne^-\Longrightarrow$ 还原态）	标准电极电势 $E^\ominus$/V
Mn^{2+}/Mn	$Mn^{2+}(aq)+2e^-\Longrightarrow Mn(s)$	-1.029
Zn^{2+}/Zn	$Zn^{2+}(aq)+2e^-\Longrightarrow Zn(s)$	$-0.761\,8$
Fe^{2+}/Fe	$Fe^{2+}(aq)+2e^-\Longrightarrow Fe(s)$	-0.447
Cd^{2+}/Cd	$Cd^{2+}(aq)+2e^-\Longrightarrow Cd(s)$	$-0.403\,0$
Co^{2+}/Co	$Co^{2+}(aq)+2e^-\Longrightarrow Co(s)$	-0.28
Ni^{2+}/Ni	$Ni^{2+}(aq)+2e^-\Longrightarrow Ni(s)$	-0.257
Sn^{2+}/Sn	$Sn^{2+}(aq)+2e^-\Longrightarrow Sn(s)$	$-0.137\,5$
$CrO_4^{2-}/Cr(OH)_3$	$CrO_4^{2-}(aq)+4H_2O(l)+3e^-\Longrightarrow Cr(OH)_3(s)+5OH^-(aq)$	-0.13
Pb^{2+}/Pb	$Pb^{2+}(aq)+2e^-\Longrightarrow Pb(s)$	$-0.126\,3$
CrO_2^-/Cr	$CrO_2^-(aq)+2H_2O(l)+3e^-\Longrightarrow Cr(s)+4OH^-(aq)$	-0.12
H^+/H_2	$H^+(aq)+e^-\Longrightarrow \dfrac{1}{2}H_2(g)$	$\pm 0.000\,0$
$S_4O_6^{2-}/S_2O_3^{2-}$	$S_4O_6^{2-}(aq)+2e^-\Longrightarrow 2S_2O_3^{2-}(aq)$	$+0.09$
S/H_2S	$S(s)+2H^+(aq)+2e^-\Longrightarrow H_2S(aq)$	$+0.142$
Sn^{4+}/Sn^{2+}	$Sn^{4+}(aq)+2e^-\Longrightarrow Sn^{2+}(aq)$	$+0.151$
SO_4^{2-}/H_2SO_3	$SO_4^{2-}(aq)+4H^+(aq)+2e^-\Longrightarrow H_2SO_3(aq)+H_2O$	$+0.172$
Hg_2Cl_2/Hg	$Hg_2Cl_2(s)+2e^-\Longrightarrow 2Hg(l)+2Cl^-(aq)$	$+0.268\,8$
Cu^{2+}/Cu	$Cu^{2+}(aq)+2e^-\Longrightarrow Cu(s)$	$+0.341\,9$
O_2/OH^-	$\dfrac{1}{2}O_2(g)+H_2O+2e^-\Longrightarrow 2OH^-(aq)$	$+0.401$
Cu^+/Cu	$Cu^+(aq)+e^-\Longrightarrow Cu(s)$	$+0.521$
I_2/I^-	$I_2(s)+2e^-\Longrightarrow 2I^-(aq)$	$+0.535\,5$
MnO_4^-/MnO_4^{2-}	$MnO_4^-(aq)+e^-\Longrightarrow MnO_4^{2-}(aq)$	$+0.558$
MnO_4^-/MnO_2	$MnO_4^-(aq)+2H_2O(l)+3e^-\Longrightarrow MnO_2(s)+4OH^-(aq)$	0.595
O_2/H_2O_2	$O_2(g)+2H^+(aq)+2e^-\Longrightarrow H_2O_2(aq)$	$+0.695$
Fe^{3+}/Fe^{2+}	$Fe^{3+}(aq)+e^-\Longrightarrow Fe^{2+}(aq)$	$+0.771$
Hg_2^{2+}/Hg	$\dfrac{1}{2}Hg_2^{2+}(aq)+e^-\Longrightarrow Hg(l)$	$+0.797\,3$
Ag^+/Ag	$Ag^+(aq)+e^-\Longrightarrow Ag(s)$	$+0.799\,6$
Hg^{2+}/Hg	$Hg^{2+}(aq)+2e^-\Longrightarrow Hg(l)$	$+0.851$
NO_3^-/NO	$NO_3^-(aq)+4H^+(aq)+3e^-\Longrightarrow NO(g)+2H_2O$	$+0.957$
HNO_2/NO	$HNO_2(aq)+H^+(aq)+e^-\Longrightarrow NO(g)+H_2O$	$+0.983$
Br_2/Br^-	$Br_2(l)+2e^-\Longrightarrow 2Br^-(aq)$	$+1.066$
IO_3^-/I_2	$2IO_3^-(aq)+12H^+(aq)+10e^-\Longrightarrow I_2(s)+6H_2O$	$+1.195$
MnO_2/Mn^{2+}	$MnO_2(s)+4H^+(aq)+2e^-\Longrightarrow Mn^{2+}(aq)+2H_2O$	$+1.224$
O_2/H_2O	$O_2(g)+4H^+(aq)+4e^-\Longrightarrow 2H_2O$	$+1.229$
$Cr_2O_7^{2-}/Cr^{3+}$	$Cr_2O_7^{2-}(aq)+14H^+(aq)+6e^-\Longrightarrow 2Cr^{3+}(aq)+7H_2O$	$+1.232$
Cl_2/Cl^-	$Cl_2(g)+2e^-\Longrightarrow 2Cl^-(aq)$	$+1.358\,27$
MnO_4^-/Mn^{2+}	$MnO_4^-(aq)+8H^+(aq)+5e^-\Longrightarrow Mn^{2+}(aq)+4H_2O$	$+1.507$
H_2O_2/H_2O	$H_2O_2(aq)+2H(aq)+2e^-\Longrightarrow 2H_2O$	$+1.776$
$S_2O_8^{2-}/SO_4^{2-}$	$S_2O_8^{2-}(aq)+2e^-\Longrightarrow 2SO_4^{2-}(aq)$	$+2.010$
F_2/F^-	$F_2(g)+2e^-\Longrightarrow 2F^-(aq)$	$+2.866$

注：数据录自 David R. Lide. CRC Handbook of Chemistry and Physics 71 st ed. 1990～1991，（8），16～20。

5. 常见难溶电解质的溶度积 K_{sp}（298K）

难溶物质	化学式	溶度积 $K_{sp}^{①}$	难溶物质	化学式	溶度积 $K_{sp}^{①}$
溴化银	AgBr	5.53×10^{-13}	氢氧化亚铁	$Fe(OH)_2$	4.87×10^{-17}
氯化银	AgCl	1.77×10^{-10}	氢氧化铁	$Fe(OH)_3$	2.64×10^{-39}
铬酸银	Ag_2CrO_4	1.12×10^{-12}	硫化亚铁	FeS	1.59×10^{-19}
碘化银	AgI	8.51×10^{-16}	碳酸镁	$MgCO_3$	6.28×10^{-4}
氢氧化银	AgOH	1.52×10^{-18}	氢氧化镁	$Mg(OH)_2$	5.61×10^{-12}
硫化银	Ag_2S	1.20×10^{-49}	二氢氧化锰	$Mn(OH)_2$	2.06×10^{-13}
硫酸银	Ag_2SO_4	1.20×10^{-5}	硫化亚锰	MnS	4.65×10^{-14}
氢氧化铝②	$Al(OH)_3$	1.3×10^{-33}	氢氧化镍	$Ni(OH)_2$	5.47×10^{-14}
碳酸钡	$BaCO_3$	2.58×10^{-9}	碳酸铅	$PbCO_3$	1.46×10^{-13}
铬酸钡	$BaCrO_4$	1.17×10^{-10}	二氯化铅	$PbCl_2$	1.17×10^{-5}
硫酸钡	$BaSO_4$	1.07×10^{-10}	铬酸铅	$PbCrO_4$	2.8×10^{-13}
碳酸钙	$CaCO_3$	4.96×10^{-9}	二碘化铅	PbI_2	8.49×10^{-5}
氟化钙	CaF_2	1.46×10^{-10}	氢氧化铅	$Pb(OH)_2$	1.42×10^{-20}
磷酸钙	$Ca_3(PO_4)_2$	2.07×10^{-33}	硫化铅	PbS	9.04×10^{-29}
硫酸钙	$CaSO_4$	7.10×10^{-5}	硫酸铅	$PbSO_4$	1.82×10^{-8}
硫化镉	CdS	1.40×10^{-29}	氢氧化亚锡	$Sn(OH)_2$	5.45×10^{-27}
氢氧化铬②	$Cr(OH)_3$	6.3×10^{-21}	硫化亚锡	SnS	3.25×10^{-28}
氢氧化铜	$Cu(OH)_2$	2.2×10^{-20}	碳酸锌	$ZnCO_3$	1.19×10^{-10}
硫化铜	CuS	1.27×10^{-36}	氢氧化锌	$Zn(OH)_2$	1.8×10^{-14}
六氰合铁(Ⅱ)酸铁(Ⅲ)②	$Fe_4[Fe(CN)_6]_3$	3.3×10^{-41}	硫化锌	ZnS	2.93×10^{-29}

① 数据录自 David R. Lide. CRC Handbook of Chemistry and Physics. 71 st ed. 1990~1991，（8）39。

② 数据录自 J. A. Dean. Lange's Handbook of Chemistry. 13 th ed.. 1985，（5）7~12。

6. 常见配离子的稳定常数 $K_{稳}$（K_f）

配离子①	K_f	$\lg K_f$	K_i	$\lg K_i$
$[AgBr_2]^-$	2.1×10^7	7.33	4.8×10^{-8}	-7.33
$[Ag(CN)_2]^-$	4×10^{20}	20.6	2.5×10^{-21}	-20.6
$[AgCl_2]^-$	1.1×10^5	5.04	9.1×10^{-6}	-5.04
$[AgI_2]^-$	5.5×10^{11}	11.74	1.8×10^{-12}	-11.74
$[Ag(NH_3)_2]^+$	1.1×10^7	7.05	9.1×10^{-8}	-7.05
$[Ag(S_2O_3)_2]^{3-}$	2.9×10^{13}	13.46	3.4×10^{-14}	-13.46
$[Al(OH)_4]^-$	1.1×10^{33}	33.03	9.1×10^{-34}	-33.03
$[Ca(EBT)]^{-②}$	2.5×10^5	5.4	4×10^{-6}	-5.4
$[Ca(EDTA)]^{2-}$	1×10^{11}	11.0	1×10^{-11}	-11.0
$[Co(NH_3)_6]^{2+}$	1.3×10^5	5.11	7.8×10^{-6}	-5.11
$[Cu(CN)_2]^-$	2.0×10^{30}	30.30	5.0×10^{-31}	-30.30
$[Cu(NH_3)_2]^+$	7.2×10^{10}	10.86	1.448×10^{-11}	-10.86
$[Cu(NH_3)_4]^{2+}$	2.1×10^{13}	13.32	4.8×10^{-14}	-13.32
$[Cu(SCN)_2]^-$	1.5×10^5	5.18	6.7×10^{-6}	-5.18
$[Fe(CN)_6]^{3-}$	1×10^{42}	42	1×10^{-42}	-42

续表

配离子[①]	K_f	$\lg K_f$	K_i	$\lg K_i$
$[FeF_6]^{3-}$	2.0×10^{14}	14.31	5.0×10^{-15}	−14.31
$[Fe(SSA)]^{③}$	4.4×10^{14}	14.64	2.3×10^{-15}	−14.64
$[HgBr_4]^{2-}$	1.0×10^{21}	21.00	1.0×10^{-21}	−21.00
$[Hg(CN)_4]^{2-}$	3×10^{41}	41.4	3×10^{-42}	−41.4
$[HgCl_4]^{2-}$	1.2×10^{15}	15.07	8.3×10^{-16}	−15.07
$[HgI_4]^{2-}$	6.8×10^{29}	29.83	1.5×10^{-20}	−29.83
$[Mg(EBT)]^{-}$	1×10^{7}	7.0	1×10^{-7}	−7.0
$[Mg(EDTA)]^{2-}$	4.4×10^{8}	8.64	2.3×10^{-9}	−8.64
$[Ni(EN)_3]^{2+}$	2.1×10^{18}	18.33	4.8×10^{-19}	−18.33
$[Ni(NH_3)_6]^{2+}$	5.5×10^{8}	8.74	1.8×10^{-9}	−8.74
$[PbCl_4]^{2-}$	40	1.6	2.5×10^{-2}	−1.6
$[Zn(CN_4)]^{2-}$	5×10^{16}	16.7	2×10^{-17}	−16.7
$[Zn(EN)_2]^{2+}$	2.0×10^{10}	10.83	5.0×10^{-11}	−10.83
$[Zn(NH_3)_4]^{2+}$	2.9×10^{9}	9.46	3.4×10^{-10}	−9.46
$[Zn(OH)_4]^{2-}$	4.6×10^{17}	17.66	2.2×10^{-18}	−17.66

① 数据主要录自 J. A. Dean. Lange's Handbook of Chemistry. 13 th ed. 1985，(5)，72～90；温度一般为 20～25℃；K_f、K_i、$\lg K_i$ 的数据是根据上述 $\lg K_f$ 的数据换算而得到的。

② EBT 为铬黑 T (eriochrome black T) 酸根离子。

③ SSA 为磺基水杨酸 (sulfosalicylic acid) 根离子。

参 考 文 献

[1] 王明华.大学化学展望.杭州：浙江大学出版社，2000.

[2] 浙江大学普通化学教研组.普通化学实验.北京：高等教育出版社，1996.

[3] 南京大学化学实验教学组.大学化学实验.北京：高等教育出版社，1999.

[4] 柯以侃.大学化学实验.北京：化学工业出版社，2001.

[5] 中国科学院化学学部 国家自然科学基金委员化学科学部.展望21世纪的化学.北京：化学工业出版社，2001.

[6] 周其镇.大学基础化学基础.北京：化学工业出版社，2000.

[7] 甘孟瑜.工科大学化学实验.重庆：重庆大学出版社，1996.

[8] 刘祖武.现代无机合成.北京：化学工业出版社，1999.

[9] 西北工业大学化学教研室.大学化学实验.西安：西北工业大学出版社，1995.

[10] 徐甲强.无机及分析化学实验.北京：海洋出版社，1999.

[11] 史启祯.无机化学与化学分析实验.北京：高等教育出版社，1995.

[12] 成都科学技术大学分析化学教研组 浙江大学分析化学教研组.分析化学实验.北京：高等教育出版社，1989.

[13] 华东化工学院无机化学教研组.无机化学实验.北京：高等教育出版社，1982.

[14] 马立群.微型高分子化学实验技术.北京：中国纺织出版社，1998.

[15] 杨桂荣.工程化学实验.杭州：浙江大学出版社，1993.

[16] 周宁怀.微型化学实验.杭州：浙江科学技术出版社，1992.

[17] 北京大学化学系分析化学教研组.基础分析化学实验.北京：北京大学出版社，1998.

[18] 王世敏.纳米材料制备技术.北京：化学工业出版社，2002.

[19] 张立德.超微粉体制备与应用技术.北京：中国石化出版社，2001.

[20] 郭伟强.大学化学基础实验.第2版.北京：科学出版社，2011.

[21] 刘丽，秦超，李阳光，刘术侠.普通化学实验.北京：高等教育出版社，2018.

[22] 刘霞.普通化学实验.北京：科学出版社，2014.

[23] 徐伟亮.基础化学实验.第2版.北京：科学出版社，2010.

[24] 周祖新，高永红.化学实验（无机化学实验和有机化学实验）.北京：化学工业出版社，2017.

[25] 陈凌霞.化学专业综合实验.北京：化学工业出版社，2018.

[26] 刘岩峰.普通化学实验.第2版.哈尔滨：哈尔滨工程大学出版社，2017.

元 素 周 期 表

IUPAC 2013

氧化态单质的氧化态为0，未列入；常见的为红色）

以 ¹²C=12为基准的原子量
（注＋的是半衰期最长同位素的原子量）

95	← 原子序数
Am	← 元素符号（红色的为放射性元素
镅	← 元素名称（注＋的为人造元素）
5f⁷7s²	← 价层电子构型
243.0613(2)＋	
氧化态	-2 +3 +4 +5 +6

s区元素　p区元素
d区元素　ds区元素
f区元素　稀有气体

族 周期	1 IA	2 IIA	3 IIIB	4 IVB	5 VB	6 VIB	7 VIIB	8	9 VIIIB(VIII)	10	11 IB	12 IIB	13 IIIA	14 IVA	15 VA	16 VIA	17 VIIA	18 VIIIA(0)	电子层
1	1 H 氢 1s¹ 1.008																	2 He 氦 1s² 4.002602(2)	K
2	3 Li 锂 2s¹ 6.94	4 Be 铍 2s² 9.0121831(5)											5 B 硼 2s²2p¹ 10.81	6 C 碳 2s²2p² 12.011	7 N 氮 2s²2p³ 14.007	8 O 氧 2s²2p⁴ 15.999	9 F 氟 2s²2p⁵ 18.998403163(6)	10 Ne 氖 2s²2p⁶ 20.1797(6)	L K
3	11 Na 钠 3s¹ 22.98976928(2)	12 Mg 镁 3s² 24.305											13 Al 铝 3s²3p¹ 26.9815385(7)	14 Si 硅 3s²3p² 28.085	15 P 磷 3s²3p³ 30.973761998(5)	16 S 硫 3s²3p⁴ 32.06	17 Cl 氯 3s²3p⁵ 35.45	18 Ar 氩 3s²3p⁶ 39.948(1)	M L K
4	19 K 钾 4s¹ 39.0983(1)	20 Ca 钙 4s² 40.078(4)	21 Sc 钪 3d¹4s² 44.955908(5)	22 Ti 钛 3d²4s² 47.867(1)	23 V 钒 3d³4s² 50.9415(1)	24 Cr 铬 3d⁵4s¹ 51.9961(6)	25 Mn 锰 3d⁵4s² 54.938044(3)	26 Fe 铁 3d⁶4s² 55.845(2)	27 Co 钴 3d⁷4s² 58.933194(4)	28 Ni 镍 3d⁸4s² 58.6934(4)	29 Cu 铜 3d¹⁰4s¹ 63.546(3)	30 Zn 锌 3d¹⁰4s² 65.38(2)	31 Ga 镓 4s²4p¹ 69.723(1)	32 Ge 锗 4s²4p² 72.630(8)	33 As 砷 4s²4p³ 74.921595(6)	34 Se 硒 4s²4p⁴ 78.971(8)	35 Br 溴 4s²4p⁵ 79.904	36 Kr 氪 4s²4p⁶ 83.798(2)	N M L K
5	37 Rb 铷 5s¹ 85.4678(3)	38 Sr 锶 5s² 87.62(1)	39 Y 钇 4d¹5s² 88.90584(2)	40 Zr 锆 4d²5s² 91.224(2)	41 Nb 铌 4d⁴5s¹ 92.90637(2)	42 Mo 钼 4d⁵5s¹ 95.95(1)	43 Tc 锝 4d⁵5s² 97.90721(3)＋	44 Ru 钌 4d⁷5s¹ 101.07(2)	45 Rh 铑 4d⁸5s¹ 102.90550(2)	46 Pd 钯 4d¹⁰ 106.42(1)	47 Ag 银 4d¹⁰5s¹ 107.8682(2)	48 Cd 镉 4d¹⁰5s² 112.414(4)	49 In 铟 5s²5p¹ 114.818(1)	50 Sn 锡 5s²5p² 118.710(7)	51 Sb 锑 5s²5p³ 121.760(1)	52 Te 碲 5s²5p⁴ 127.60(3)	53 I 碘 5s²5p⁵ 126.90447(3)	54 Xe 氙 5s²5p⁶ 131.293(6)	O N M L K
6	55 Cs 铯 6s¹ 132.90545196(6)	56 Ba 钡 6s² 137.327(7)	57~71 La~Lu 镧系	72 Hf 铪 5d²6s² 178.49(2)	73 Ta 钽 5d³6s² 180.94788(2)	74 W 钨 5d⁴6s² 183.84(1)	75 Re 铼 5d⁵6s² 186.207(1)	76 Os 锇 5d⁶6s² 190.23(3)	77 Ir 铱 5d⁷6s² 192.217(3)	78 Pt 铂 5d⁹6s¹ 195.084(9)	79 Au 金 5d¹⁰6s¹ 196.966569(5)	80 Hg 汞 5d¹⁰6s² 200.592(3)	81 Tl 铊 6s²6p¹ 204.38	82 Pb 铅 6s²6p² 207.2(1)	83 Bi 铋 6s²6p³ 208.98040(1)	84 Po 钋 6s²6p⁴ 208.98243(2)＋	85 At 砹 6s²6p⁵ 209.98715(5)＋	86 Rn 氡 6s²6p⁶ 222.01758(2)＋	P O N M L K
7	87 Fr 钫 7s¹ 223.01974(2)＋	88 Ra 镭 7s² 226.02541(2)＋	89~103 Ac~Lr 锕系	104 Rf 𬬻 6d²7s² 267.122(4)＋	105 Db 𬭊 6d³7s² 270.131(4)＋	106 Sg 𬭳 6d⁴7s² 269.129(3)＋	107 Bh 𬭛 6d⁵7s² 270.133(2)＋	108 Hs 𬭶 6d⁶7s² 270.134(2)＋	109 Mt 鿏 6d⁷7s² 278.156(5)＋	110 Ds 𫟼 6d⁸7s² 281.165(4)＋	111 Rg 𬬭 281.166(6)＋	112 Cn 鿔 285.177(4)＋	113 Nh 鿭 286.182(5)＋	114 Fl 𫓧 289.190(4)＋	115 Mc 镆 289.194(6)＋	116 Lv 𫟷 293.204(4)＋	117 Ts 鿬 293.208(6)＋	118 Og 鿫 294.214(5)＋	Q P O N M L K

★ 镧系

| 57 La ★ 镧 5d¹6s² 138.90547(7) | 58 Ce 铈 4f¹5d¹6s² 140.116(1) | 59 Pr 镨 4f³6s² 140.90766(2) | 60 Nd 钕 4f⁴6s² 144.242(3) | 61 Pm 钷 4f⁵6s² 144.91276(2)＋ | 62 Sm 钐 4f⁶6s² 150.36(2) | 63 Eu 铕 4f⁷6s² 151.964(1) | 64 Gd 钆 4f⁷5d¹6s² 157.25(3) | 65 Tb 铽 4f⁹6s² 158.92535(2) | 66 Dy 镝 4f¹⁰6s² 162.500(1) | 67 Ho 钬 4f¹¹6s² 164.93033(2) | 68 Er 铒 4f¹²6s² 167.259(3) | 69 Tm 铥 4f¹³6s² 168.93422(2) | 70 Yb 镱 4f¹⁴6s² 173.045(10) | 71 Lu 镥 4f¹⁴5d¹6s² 174.9668(1) |

★ 锕系

| 89 Ac ★ 锕 6d¹7s² 227.02775(2)＋ | 90 Th 钍 6d²7s² 232.0377(4) | 91 Pa 镤 5f²6d¹7s² 231.03588(2) | 92 U 铀 5f³6d¹7s² 238.02891(3) | 93 Np 镎 5f⁴6d¹7s² 237.04817(2)＋ | 94 Pu 钚 5f⁶7s² 244.06421(4)＋ | 95 Am 镅 5f⁷7s² 243.06138(2)＋ | 96 Cm 锔 5f⁷6d¹7s² 247.07035(3)＋ | 97 Bk 锫 5f⁹7s² 247.07031(4)＋ | 98 Cf 锎 5f¹⁰7s² 251.07959(3)＋ | 99 Es 锿 5f¹¹7s² 252.0830(3)＋ | 100 Fm 镄 5f¹²7s² 257.09511(5)＋ | 101 Md 钔 5f¹³7s² 258.09843(3)＋ | 102 No 锘 5f¹⁴7s² 259.1010(7)＋ | 103 Lr 铹 5f¹⁴6d¹7s² 262.110(2)＋ |

_____大学

普通化学实验报告

院　　系：_____

班　　级：_____

姓　　名：_____ 学号：_____

指导老师：_____

学　　期：_____

二〇　　年　　月

实验报告书写要求

1. 按要求填写实验的各项信息。

2. 实验报告正文分为 5 个部分，各部分书写要求如下：

① 实验目的与要求　列项写出本次实验的目的和要求完成的目标。

② 实验原理　根据预习和课堂讲解总结本次实验的原理，要求写出所涉及的原理及其主要内容。

③ 仪器与试剂　写出主要仪器和试剂即可。

④ 实验步骤及数据处理　根据实验性质，按照实际操作过程书写实验步骤，定性实验要求写出每一步的实验现象及所涉及的化学反应方程式；定量实验以表格形式记录数据（表格样式参看实验教材），并进行相应的数据处理。

⑤ 结果与讨论　定性实验要求对实验现象进行解释，写出性质变化规律；定量实验要求将理论值和实验值对比，计算误差，然后对实验过程中的不足或误差产生的原因、以后实验的改进措施或设想等进行总结。

实验题目：实验（　　　）_____

班　　级：_____　　姓　　名：_____　　学　　号：_____

实验日期：_____　　指导教师：_____　　得　　分：_____

一、实验目的和要求

二、实验原理

三、仪器与试剂

1. 主要仪器

2. 主要试剂

四、实验步骤及数据处理

五、结果与讨论

实验题目：实验（　　　）＿＿＿＿＿＿＿＿＿＿＿＿＿＿＿＿

班　　级：＿＿＿＿＿＿　姓　　名：＿＿＿＿＿＿　学　号：＿＿＿＿＿＿

实验日期：＿＿＿＿＿＿　指导教师：＿＿＿＿＿＿　得　分：＿＿＿＿＿＿

一、实验目的和要求

二、实验原理

三、仪器与试剂

1. 主要仪器

2. 主要试剂

四、实验步骤及数据处理

五、结果与讨论

实验题目：实验（   ） _____

班   级：_____   姓   名：_____   学   号：_____

实验日期：_____   指导教师：_____   得   分：_____

一、实验目的和要求

二、实验原理

三、仪器与试剂

1. 主要仪器

2. 主要试剂

四、实验步骤及数据处理

五、结果与讨论

实验题目：实验（　　　）_____

班　　级：_____　姓　　名：_____　学　　号：_____

实验日期：_____　指导教师：_____　得　分：_____

一、实验目的和要求

二、实验原理

三、仪器与试剂

1. 主要仪器

2. 主要试剂

四、实验步骤及数据处理

五、结果与讨论

实验题目：实验（　　）_____

班　　级：_____　姓　　名：_____　学　号：_____

实验日期：_____　指导教师：_____　得　分：_____

一、实验目的和要求

二、实验原理

三、仪器与试剂

1. 主要仪器

2. 主要试剂

四、实验步骤及数据处理

五、结果与讨论

实验题目：实验（　　）＿＿＿＿＿＿＿＿＿＿＿＿＿＿＿＿＿

班　　级：＿＿＿＿＿＿　姓　　名：＿＿＿＿＿＿　学　号：＿＿＿＿＿＿

实验日期：＿＿＿＿＿＿　指导教师：＿＿＿＿＿＿　得　分：＿＿＿＿＿＿

一、实验目的和要求

二、实验原理

三、仪器与试剂

1. 主要仪器

2. 主要试剂

四、实验步骤及数据处理

五、结果与讨论

ISBN 978-7-122-34098-6